普通高等职业教育计算机系列规划教材

产品包装设计案例教程

（第 2 版）

黄毅英　桂　恬　主　编

黄英琼　刘　凯　黄　韵　副主编

王永琦　主　审

電子工業出版社

Publishing House of Electronics Industry

北京 · BEIJING

内 容 简 介

本书共分为6章，通过介绍产品包装设计发展历程、产品包装设计的定义和功能、包装设计的分类、产品包装设计流程及定位构思等基础知识，结合实际的应用，介绍产品包装中的标志设计知识及应用案例、产品包装结构设计的基础知识及设计方法、产品包装容器造型设计知识及制作案例、产品包装中的装潢设计知识，并通过红酒系列包装设计、茶系列包装设计、糕点系列包装设计的案例分析，系统阐述了产品包装设计的知识、须掌握的技术及应用平面设计软件 Photoshop CS 和 CorelDRAW 进行包装设计图形绘制的方法。通过案例的分析与制作，帮助读者快速掌握产品包装设计的技术和方法，在每章后半部分都提出了相应的实践项目训练要求，体现教学做一体化的学习理念。

本书可作为高等职业院校、高等专科学校在校学生相关课程教材及参考书，也可作为产品包装设计人员及爱好者的参考书。

图书在版编目（CIP）数据

产品包装设计案例教程/黄毅英，桂恬主编. —2版. —北京：电子工业出版社，2017.4
（普通高等职业教育计算机系列规划教材）
ISBN 978-7-121-31134-5

Ⅰ. ①产… Ⅱ. ①黄… ②桂… Ⅲ. ①产品包装—包装设计—高等职业教育—教材 Ⅳ. ①TB482

中国版本图书馆CIP数据核字（2017）第057539号

策划编辑：徐建军（xujj@phei.com.cn）
责任编辑：徐建军　　特约编辑：俞凌娣
印　　刷：涿州市京南印刷厂
装　　订：涿州市京南印刷厂
出版发行：电子工业出版社
　　　　　北京市海淀区万寿路173信箱　邮编 100036
开　　本：787×1 092　1/16　印张：16　字数：409.6千字
版　　次：2011年8月第1版
　　　　　2017年4月第2版
印　　次：2017年4月第1次印刷
印　　数：3 000册　　定价：36.00元

前言
Preface

在漫长的历史长河中，包装伴随着人类社会文明的不断进步、更新、变化发展而产生，并随着时代的发展不断变化发展。包装的产生起源于原始社会为了储存食物与携带食物而产生的原始包裹。而当今社会已进入电子商务时代，由于电子商务使商务活动表现出电子化、信息化、网络化、虚拟化等特点，企业就可以通过网络直接发布商品销售信息，消费者就可以直接在网络上查询自己需要的商品信息，并通过网络签订买卖合同，进而通过网络支付网下派送的方式，彻底改变了商品的传统销售方式，去掉了销售的中介环节，既节约了大量的原材料，又实现了商品、物资的优化配送，提高了运输效率，免去了对电子商品的人工、机械装卸、运输，降低了交易成本，扩大了广告宣传和商品销售。网络经济逐步成为世界经济的强劲推动力，同时也对产品的包装设计提出了新的要求。

我国具有丰富的农产品资源，这些天然的农产品资源由于销售渠道的限制，往往达不到理想的预期销售目标，而产品的加工与包装上的运输及宣传效果是大多农产品无法在电子商务市场上占据大销量的主要原因。当前，农村电商得到广泛重视，农村电商农产品上行对产品包装设计提出了更高的需求。因此，本书以农产品包装作为载体，详尽介绍产品包装设计的基础方法和技能，并通过相应的案例分解，让读者既掌握产品包装设计的基础知识，又能通过实际的训练掌握产品包装设计的方法和技术，适应高职教育理论结合实践，以技能训练为目的的教学目标。

本书在编写过程中，深入产品营销企业进行调研考查，与相关企业共同制定教材内容目录，并得到广西电子商务协会黄光强会长、广西特产网设计总监何彩云等企业人士提供的参与意见及相关的素材资料支持，在此表示感谢。

本书由广西经贸职业技术学院的教师组织编写，由黄毅英、桂恬担任主编，黄英琼、刘凯、黄韵担任副主编，参加编写的还有黎强、周明、罗菲菲等。全书由王永琦主审，黄毅英制定编写大纲及整体写作风格。其中，第 1 章、第 4 章由黄毅英、黄韵编写，第 2 章、第 3 章由黄英琼、桂恬编写，第 5 章由刘凯编写，第 6 章由黎强、周明、罗菲菲编写，所有参加编写的人员皆为专业教师及企业从事产品包装设计的设计人员，具有丰富的教学经验和行业设计经验。

为了方便教师教学，本书配有电子教学课件及相关教学资源，请有此需要的教师登录华信教育资源网（www.hxedu.com.cn）注册后免费进行下载，有问题时可在网站留言板留言或与电子工业出版社联系（E-mail: hxedu@phei.com.cn）。

在编写过程中，参考了部分网络资源及同类著作，在此表示感谢，由于篇幅有限，未能一一列出，敬请见谅。

编　者

目录

Contents

第1章 包装设计理论基础

本章就产品包装设计的发展历程，现代产品包装设计的定义、功能，产品包装设计的分类及现代包装的材料，产品包装设计的流程及市场定位分析等问题，以农产品流通及销售过程中的包装设计为载体，进行分析概括，并配以实例进行说明，让读者充分理解现代产品包装设计的基础知识，为产品包装设计实践打下基础。

要点

- ✧ 包装设计发展历程、产品包装定义和功能
- ✧ 包装设计分类
- ✧ 产品包装设计流程
- ✧ 产品包装设计定位构思

重点内容

- ✧ 了解产品包装设计流程，掌握产品包装设计定位构思方法。

1.1 产品包装设计概述

1.1.1 包装设计的发展历程

从原始的食品包裹到现代商业包装设计，产品包装经历了原始包装萌芽阶段、古代器物包装、近代工业包装、现代商业包装四个阶段。

1. 原始包装萌芽阶段

原始社会的产品包装处于包装设计的萌芽时期，即产品的包裹阶段。随着对工具的使用，人类开始有了部分剩余食物，为了移动、存储食物的方便，人们开始用植物叶、果壳、兽皮、贝壳、龟壳、竹筒、骨管等物品来盛装、转移食物和饮水。这些几乎没有经过技术加工的动、植物的某部分，被用来盛放和贮存生活必需品，就是原始形态的包装，虽然不能算真正意义上的包装，但从包装的含义来看，已是萌芽状态的包装。

此阶段的包装完全采用天然材料，就地取材、加工简单、成本低廉、适合于短程小量物资

转运。由于部分原始包装自然材料不可替代的特点，一直流传到现代生活，如在我国广西的少数民族地区，用竹叶来包粽子、用芭蕉叶包糍粑（见图 1-1），用竹筒煮饭，等等。

图 1-1　用芭蕉叶包裹的糍粑

2. 古代器物包装阶段

在西方，大约从公元前 3000 年到 18 世纪初；在中国，从公元前 2000 多年的夏朝，到 19 世纪中期封建经济崩溃为止，古代器物包装阶段历经了人类原始社会后期、奴隶社会、封建社会的漫长过程。农业和手工业的社会大分工促进了商品交换的发展，人类开始以多种材料制作作为商品的生产工具和生活用具，对自然材料的深加工产生了人工材料，特别是陶瓷、漆器、金属材料、纸张的出现，推动了包装的进步。

此阶段的包装既适应日益扩大的商品流通和市场销售，同时结合商品内容、性质与消费需求，开始注重对包装的方式和人造材料选择应用，主要满足保护商品适应长途大批量的运转及美化商品的功能要求。为此，这个时期的包装容器在材料、技术和造型上都有一定的特点。

从包装材料上看，陶器、青铜器（见图 1-2 和图 1-3）的相继出现，以及造纸术的发明使包装的水平得到了更明显的提高。

图 1-2　彩陶

图 1-3　青铜器

从包装技术上看，已采用了透明、遮光、透气、密封和防潮、防腐、防虫、防震等技术及便于封启、携带、搬运的一些方法。

中国先秦典故《买椟还珠》（见图 1-4），说明了我国早在先秦时期就有对产品进行精品包装的意识。

图 1-4　先秦典故《买椟还珠》

从造型上看，世界各地的包装工艺不断发展，已掌握了对称、均衡、统一、变化等形式美的规律，并采用了镂空、镶嵌、堆雕、染色、涂漆等装饰工艺，使包装不仅具有容纳、保护产品的实用功能，还具有审美价值，如图 1-5 所示。

图 1-5　北宋 划花人物纹壶

广西钦州坭兴陶（见图 1-6）作为一种传统民间工艺，产生于隋唐，至今已有 1300 多年历史，与江苏宜兴紫砂陶、云南建水陶、四川荣昌陶并称中国四大名陶，体现了广西这一时期包装及制陶技术的特点。

图 1-6　2010 年上海世博会上展出的钦州坭兴陶

3. 近代工业包装

自 18 世纪中期到 19 世纪晚期，西方经历了两次工业革命，先后出现了蒸汽机、内燃机，使电力得到广泛使用，人类的社会生产力成倍增长，商品贸易迅速发展，使得大规模远距离的商品在运输过程中需要有商品包装。

大量的商品包装使一些发展较快的国家开始形成机器生产包装产品的行业，包装设计从传统手工生产向机械工业包装过渡。在电力得到广泛应用后，机器生产包装行业成为一个独立行业，包装进入一个新的发展阶段，主要表现在印刷、造纸、容器制造等方面生产机械的发展。

在包装材料上，除继续采用陶瓷、木材和一些天然材料外，随着塑料的出现和陆续发明，已开始使用新材料，18 世纪发明了马粪纸及纸板制作工艺，出现纸制容器（见图 1-7），19 世纪初发明了用玻璃瓶（见图 1-8）、金属罐（见图 1-9）保存食品的方法。

图 1-7　瓦楞纸箱

图 1-8　可口可乐玻璃包装的演变

图 1-9　金属罐头包装

在包装技术上，各种容器的密封技术更为完善。16 世纪中叶，欧洲已普遍使用了锥形软木塞密封包装瓶口。17 世纪 60 年代，香槟酒问世时就是用绳系瓶颈和软木塞封口，到 1856 年发明了加软木垫的螺纹盖，1892 年又发明了冲压密封的王冠盖（见图 1-10），使密封技术更简捷可靠。

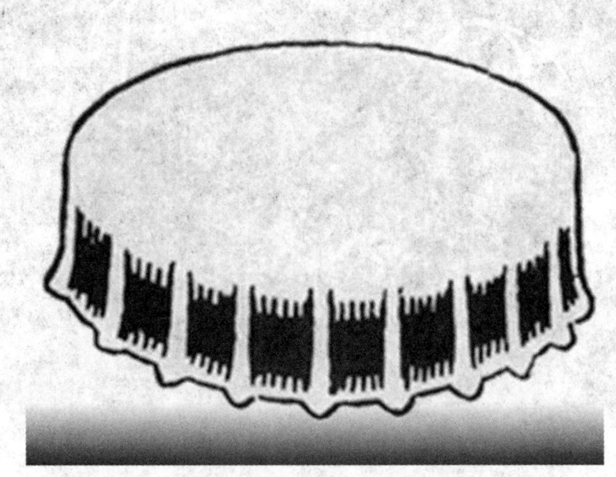

图 1-10　1892 年冲压密封的王冠盖

同时，近代包装开始注重产品包装的标识作用。1793 年，西欧国家开始在酒瓶上贴挂标签。1817 年，英国药商行业规定对有毒物品的包装要有便于识别的印刷标签等。

4. 现代商业包装

进入 20 世纪以后，伴随着商品经济的全球化扩展和现代科学技术的高速发展，包装的发展也进入了全新时期（见图 1-11）。

图 1-11　1913 年的香烟包装设计

第二次世界大战以后，随着经济飞速发展，超级市场相继出现，20 世纪 50 年代至 60 年代，世界范围的经济复苏使超级市场得到了普遍的发展，人们对包装设计商业化的重视程度也发生了变化。从 20 世纪中后期开始，国际贸易飞速发展，包装已被世界各国所重视，大约 90% 的商品需经过不同程度、不同类型的包装。包装已成为商品生产和流通过程中不可缺少的重要环节。

目前，电子技术、激光技术、微波技术被广泛应用于包装工业，包装设计实现了计算机辅助设计（CAD），包装生产也实现了机械化与自动化生产，如图 1-12 所示。

图 1-12　专用礼盒包装

1.1.2　产品包装设计的定义及功能

从产品包装设计发展的历程可以看出，产品包装设计从最初的产品包裹需求，演变到现代包装的商业化功能，其定义、功能均有了新的内涵。

包装设计是以产品的保护、促销、使用便利为目的，将科学、社会、艺术、心理等诸要素综合起来的专业技术和能力，其内容包括造型设计、结构设计、装潢设计等。

现代产品包装设计具有多种功能，其中最主要的是以下三种功能。

1. 保护功能

保护功能是产品包装最主要的功能。包装不仅要防止由外到内的损伤，也要防止由内到外产生的破坏。保护商品既要保护商品物理性的损坏，如防冲击、防震动、耐压等，也包括各种化学性及其他方式的损坏，如化学品的包装如果达不到要求而渗漏，就会对环境造成破坏。

如啤酒瓶的深色可以保护啤酒免受光线的照射，不变质（见图 1-13）。

图 1-13　漓泉啤酒瓶

各种复合膜（见图 1-14）的包装可以在防潮、防光线辐射等方面同时发挥作用。

图 1-14 复合膜包装

此外，包装对产品的保护还有一个时间的问题，有的包装需要提供较长时间甚至几十年不变的保护，如葡萄酒（见图 1-15）。

图 1-15 葡萄酒包装

而有的包装则可以运用简单的方式设计制作，用完可以很容易销毁（见图 1-16）。

图 1-16 大米包装

保护功能是产品包装设计的过程中首要考虑的因素。

2. 促销功能

对于产品的流通来说，保护功能是它的首要功能，而对于商品销售而言，包装设计最重要的功能则是其促销功能。

随着当今物质生产的高度发展和社会生产的不断扩大，市场中同类产品的竞争日益激烈，超市自选成为人们购买商品最普遍的途径。而在现代超市中，标准化生产的产品云集在货架上，不同厂家的商品依靠产品的包装展现自己的特色，这些包装都以精巧的造型、醒目的商标、得体的文字和明快的色彩等艺术语言宣传自己（见图 1-17）。

图 1-17　超市里的特产专区

促销功能以美感为基础，现代包装要求将“美化”的内涵具体化。包装的形象不但体现出生产企业的性质与经营特点，而且体现出商品的内在品质，能够反映不同消费者的审美情趣，满足他们的心理与生理需求。因此，产品包装设计成为大多生产企业 VI 设计中最主要的应用要素之一。

3. 便利功能

便利功能即便于运输和装卸，便于保管与储藏，便于携带与使用，便于回收与废弃处理。便利功能要求在产品包装设计中，考虑产品在存储和流通过程中时间、空间以及人体工学上的便利性。

时间方便性：科学的包装能为人们的活动节约宝贵的时间，如快餐、易开包装（见图 1-18）等。

图 1-18　易开包装

空间方便性：包装的空间方便性对降低流通费用至关重要。尤其对于商品种类繁多、周转快的超市更是十分重视货架的利用率，因而更加讲究包装的空间方便性。规格标准化包装（见图 1-19）、挂式包装、大型组合产品拆卸分装等，这些类型的包装都能比较合理地利用物流空间。

图 1-19　规格标准化包装

符合人体工程学：按照人体工程学原理，结合实践经验设计的合理包装（见图 1-20），能够省力方便，使人产生一种现代生活的享乐感。

图 1-20　符合人体工程学的包装

1.2　包装设计的分类

现代产品种类繁多，形态各异、五花八门，其功能、作用、外观内容也各有千秋，因此，产品包装也形式多样。按照产品本身特性、产品包装功能及内涵上的不同，我们对包装进行以下分类。

1.2.1　按包装材料为主要依据的分类

这是包装分类中最常用的一种方法，按使用材料不同，产品包装可分为：纸包装、塑料包装、金属包装、玻璃包装、陶瓷包装、木包装、纤维制品包装、复合材料包装和其他天然材料包装等，如图 1-21～图 1-29 所示。

图 1-21　纸包装

图 1-22　塑料包装

图 1-23　金属包装

图 1-24　玻璃包装

图 1-25　陶瓷包装

图 1-26　木包装

图 1-27　纤维制品包装

图 1-28　复合材料包装

图 1-29　天然材料包装

1.2.2　按商品不同价值进行的包装分类

按照产品市场定位，产品包装可分为：低档包装、中档包装和高档包装，如图 1-30～图 1-32 所示。

图 1-30　低档包装

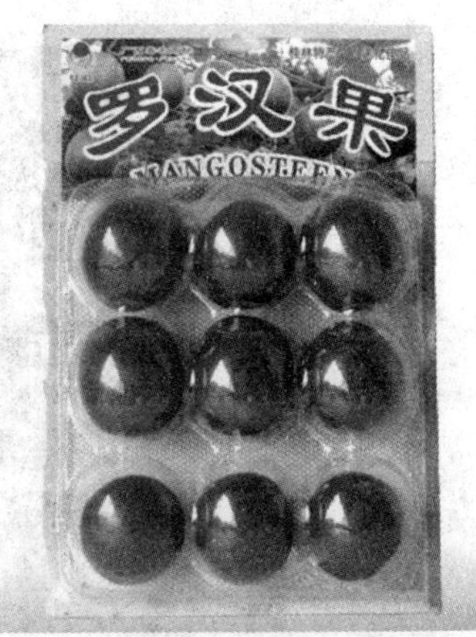

图 1-31　中档包装

图 1-32　高档包装

1.2.3　按包装容器的刚性不同分类

按包装容器刚性的不同，产品包装可分为：软包装、硬包装和半硬包装，如图 1-33～图 1-35 所示。

图 1-33　软包装

图 1-34　硬包装

图 1-35 半硬包装

1.2.4 其他分类

（1）按包装容器造型结构特点分类，可分为：便携式、易开式、开窗式、透明式、悬挂式、堆叠式、喷雾式、挤压式、组合式和礼品式包装等（详见第 4 章）。

（2）按包装在物流过程中的使用范围分类，可分为：运输包装、销售包装和运销两用包装。

（3）按在包装件中所处的空间地位分类，可分为：内包装、中包装和外包装。

（4）按包装适应的社会群体不同分类，可分为：民用包装、公用包装和军用包装。

（5）按包装适应的市场不同分类，可分为：内销包装和出口包装。

（6）按内装物内容分类，可分为：食品包装、药包装、化妆品包装、纺织品包装、玩具包装、文化用品包装、电器包装、五金包装等。

（7）按内装物的物理形态分类，可分为：液体包装、固体（粉状、粒状和块状物）包装、气体包装和混合物体包装。

1.3 产品包装设计流程

思考：如图 1-36 所示，从产品无包装到销售包装需要经过哪些程序？

图 1-36 加工现场及销售包装

设计人员接到设计任务后，首先，要对设计项目进行市场调研及分析，了解该产品包装设计的目的及各方面的需求；其次，确立包装设计的设计定位，根据定位绘图草图，进行可行性分析；再次，进行设计创作定稿，完成后打样；最后，交付生产，并进行市场的评价和反馈收集活动。

1.3.1 市场调研

在进行包装设计开始创作前，首先要了解包装相关的信息和资料，这就需要进行市场调研。市场调研是保证商品包装设计成功、适销对路的关键。也是开阔思路、深化构思必不可少的步骤。市场调研过程可按以下步骤进行。

1. 确定调研的目的

设计人员首先要根据产品与包装的营销性质来确定市场调研的目的，如企业的需要是进行新产品推出的包装设计，还是对已有产品包装进行改良或扩展。

例如：表 1-1 中两个产品包装设计任务有着明显的区别，应根据不同的需要来制定调研的目的。

表 1-1　某公司产品包装设计任务要求一览表

1. 产品：农业化工产品（农药）

2. 公司名称：××××农业科技有限公司

3. 需要设计的包装尺寸要求：

简易袋装：尺寸 55cm×72cm　　桶装：尺寸（直径）30cm×（高）40cm

4. 包装上需显示的内容（仅英文及图标）

（1）公司名称：××××农业科技有限公司

（2）公司商标：

（3）资质证书：

GMP food hygiene

REACH
Pre-registered

5. 要求：

（1）美观大方协调。

（2）包装的中间部分需空出来，用于粘贴产品标签。

很明显，这个设计任务的要求，是要为新产品的推出进行包装设计，在调研中，就要根据需要来制定内容和计划。

表 1-2 为另一公司产品包装设计任务要求。

表 1-2 某公司产品包装设计任务要求一览表

1．产品名称：罗汉果苦瓜清汁。

2．主要功效：减肥，瘦身，清脂。

3．设计修改要求：

（1）将设计原稿中核心图标里的“汇特无糖甜”字样替换为“罗汉果苦瓜清汁”，并对字体做艺术或创意性设计。整体效果要和谐，并保持一致。

（2）原始稿件如下：

（3）或以原设计稿为蓝本，在保持原稿风格基础上，进行适当发挥与修改。

（4）该产品系铁罐包装，因此整体设计要显示出高档，标识及字样要醒目且贴合产品功效特点，有较强的视觉冲击力和较高的产品辨识度。

（5）随稿附上立体效果图和创意说明。

这个设计任务的要求，是要为原有包装进行改造，在调研中，应据此来制定内容和计划。

2．制定市场调研计划

制定市场调研的计划，包括：市场调研的内容制定、调研对象抽样选择、调研方法选择、调研时间、地点及经费预算等。

（1）调研的内容。

了解自己要设计的产品的市场情况，包括：品种、品牌、销售市场、材料等情况，了解客户竞争对手的产品包装情况，了解相同产品或同类产品包装设计的成败情况，以及对销售的影响等因素；了解产品包装现状等基本信息，特别是竞争对手和模仿品牌的设计情况。具体内容如表 1-3 所示。

表 1-3　市场调研内容一览表

调 查 项 目	主 要 内 容
产品调查	a. 市场需求 b. 产品文化脉络、定位理念 c. 价格定位及策略 d. 产品层次及价格差 e. 商品实效、地域差异、气候因素 f. 市场变化及竞争程度 g. 耐用品或日用品、一次性用品、馈赠礼品 h. 宗教因素、民俗习惯
销售调查	a. 消费者的购买行为、方式、途径 b. 相同类型产品在市场的特点及差异：销售模式、销售区域、销售环境、陈列方式、促销手段、广告支持等
目标消费者相关背景调查	a. 年龄结构 b. 受教育程度 c. 家庭结构 d. 经济收入 e. 民族类别 f. 性别差异
消费者行为及消费者意向调查	a. 商品购买及使用调查（自主购买、代理购买） b. 商品知名度及市场占有率 c. 对商品的印象 d. 对商品的忠诚度 e. 对包装及材质的感受 f. 对商品销售服务态度的反应
同类产品包装设计信息调查	a. 包装材质 b. 包装造型结构 c. 包装尺寸规格 d. 印刷方式 e. 包装定位

（2）调研对象。

根据市场调研的目的，选择符合条件的市场活动参与者，如性别、文化水平、收入水平、职业、购买行为等方面符合条件的消费者，选定样本的数目作为调研的对象实施有效的市场调研。如选定产品的现有的主要消费群体中的部分消费者或者同类产品的部分消费者作为调研的对象。

（3）调研方法。

市场调研可分为直接调研法和间接调研法。直接调研指的是为当前特定的目的收集一手资料和原始信息的过程，常用的直接调研的方法有观察法、专题讨论法、问卷法和实验法；间接调研指的是二手资料的收集，二手资料的来源很多，如政府出版物、公共图书馆、大学图书馆、贸易协会、市场调查公司、广告代理公司和媒体、专业团体、企业情报室等。对于产品包装设计的市场调研来说，最常用的方法是观察法和问卷法。

观察法：指的是通过调研人员对产品、竞争产品的包装信息，消费者及其消费行为，市场营销状况等相关调研内容进行的观察、对比和分析。

问卷法：指调研人员将调研内容，通过科学的问卷编制方法，制作成调查问卷，向调查抽样对象发放并回收，通过对答卷的分析获取调查结果的方法。

（4）调研时间、地点及经费预算。

时间：市场调研工作进度及日程安排。产品包装设计所需的市场调研，相对于市场营销的专业市场调研来说，内容和深度较浅，因此，不适宜做出长时间的调研时间安排。应根据整个设计任务的时间期限，合理地做出切合实际的工作进度的日程安排。

地点：确定调查地点，要考虑产品所面对的消费区域范围，包装设计针对不同的销售区域是否有不同的要求，因此，调查的范围要以此为依据进行计划。

经费预算：在制订计划时，应根据整个产品包装设计任务的总经费支出预算，在坚持调查费用有限的条件下，力求取得最好的调查效果。

在现代信息技术迅速发展和互联网资源不断充实的条件下，编制调研计划，可充分考虑运用通信和网络资源，获得最全面、快捷的信息。

3. 调研实施

组织相关人员组成调研小组，按照调研计划制定内容，到实地进行调查，或者运行网络进行调研，收集相关的数据，并统计分析。

4. 撰写调研报告

根据调研过程收集产品包装设计定位所需的各项数据，加以分析、整理，形成产品包装设计的调研报告，为产品包装设计定位提供依据。

规范的市场调研报告，一般包含下列五个部分。

（1）序言。

主要介绍研究项目的基本情况。包括扉页和目录或索引。

（2）摘要。

概括地说明本次调研活动所获得的主要成果。可以是调研报告中极其重要的一节。一般不超过报告内容的20%。

（3）引言。

介绍研究进行的背景和目的。

（4）正文。

对调研方法、调研过程、调研结果以及所得结论和建议进行详细的叙述或阐述。包括研究方法、调研结果、结论和建议。

（5）附录。

呈现与正文相关的资料，以备阅读者参考。

包括调查问卷、技术性附录（如统计工具、统计方法）、其他必要的附录（如调研地点的地图等）、原始资料的来源、本次调研获得的原始数据图表。

1.3.2 确立设计定位

经过市场调研后，对所要设计的产品及与之相关的生产、销售情况都会有一个比较明晰的印象，设计人员要确立产品包装设计的风格和主题，进行不同类型的包装创意设计。

设计定位可用文案形式进行定位，包装是为商品服务的，它的定位是多方面、多角度的，不仅仅受商品本身的外造型、内结构、材料、色彩的限制，而且和品牌定位、价格定位、销售定位息息相关。

设计定位是一个产品包装设计项目成功的基础，影响整个设计的整体效果，因此是产品包装设计课题中最重要的内容之一。

1.3.3 设计阶段

1. 根据设计定位绘制草图

包装的创意设计一般通过草图来体现，设计人员把创作好的设计草图提交给客户，由客户组织相关人员与设计人员共同对草案进行可行性研究论证，设计人员在此基础上对草案不断加以修正。草图可手绘，也可用计算机绘图软件如 Photoshop、CorelDRAW、Illustrator 等进行绘制。无论是手绘还是计算机绘图，都需经过结构及造型设计、装饰纹样设计、色彩效果设计和版式构图设计，这四大部分构成产品包装设计的主要内容。

2. 设计定稿、出样

通过可行性研究论证之后，设计人员才可开始进行创作，经再审或者再修改直到定稿，这样才算完成了包装设计。

把包装设计生产出来后，仍需要设计人员制作印刷制版稿，把文件发排，生产出要使用的印版，然后打样，移交客户认证即可投入生产。

3. 交付生产

包装印刷会涉及多种印刷工艺，如烫金、压凸、上光等，投入生产之前，设计人员还要根据设计方案做一些印刷工艺的工作，比如做模切版设计，浮雕压凸版设计、烫金等，印刷完成后，进行样品核对，确认与设计无误后方可进入成型工序，交付生产。

4. 评价反馈

新包装生产出来后，可以少批量上市，设计人员通过市场对包装的评价和反馈，了解新包装的使用情况，对于存在的问题及时进行修改，同时为以后的设计积累经验，这样就完成了产品包装设计的全过程。

1.4 产品包装设计定位构思

包装设计定位，即将产品的销售诉求通过画面基本信息传递给消费者，设计定位的主要意义在于把自己优于其他商品的特点强调出来，把别人忽略的部分重视起来，将商品内在意义与目标消费群的心理需求契合在一起，确立设计的主题和重点。设计定位，通俗来说就是要明确我是谁？卖什么？买给谁？构思就是解答这些问题的过程。

产品包装设计的构思，就是要回答产品包装要表现什么及如何表现这两个问题，可通过表现重点和角度、表现手法和形式来实现。表现重点、表现角度、表现手法、表现形式构成包装设计定位构思的主要内容。

1. 表现重点和表现角度

表现重点和表现角度，主要回答“产品包装设计要表现什么”这个问题。

表现重点是指包装设计中要重点突出的产品的内容信息。

表现角度是确定表现重点后的深化，即按照表现重点的要求，选择相应的图文，表现产品包装需要重点表现的要素。

包装设计要在有限的画面内进行，同时，包装在销售中又是在短暂的时间内为购买者认识，这种限制要求包装设计不能盲目求全，而要有选择表现的重点和角度，选择的基本点是有利于提高销售。

所谓重点是指表现内容的集中点与视觉语言的冲击点。包装设计的画面是有限的，这是空间的局限。同时，产品也要在很短的时间内为消费者所认可，这是时间的局限。由于时间与空间的局限，我们不可能在包装上做到面面俱到。这就要求我们在设计时要把握重点，在有限的时间与空间里去打动消费者。总之不论如何表现，都要以传达明确的内容和信息为重点。

表现重点要通过对商品、消费、销售三方面的有关资料进行比较和选择，一般可重点突出的内容主要包括产品的品牌，产品本身具有的某种特性（如功能效果、质地属性、产地背景等），产品面对的主要使用对象、消费对象这三个方面。

对于不同的表现重点，在具体设计的时候，可用不同的角度来表现：如果以品牌为表现重点，是表现商标、牌号形象，或是表现牌号所具有的某种含义？如果以商品本身为表现重点，是表现商品外在形象，还是表现商品的某种内在属性，如功能、产地等？如果以使用对象为表现重点，是表现对象形象，还是表现对象特征？这就是表现角度的选择。

（1）表现产品的品牌。

具有较高知名度的品牌，可以用商标牌号为表现重点。它向消费者表明“我是谁”，往往与广告策划配合用于市场竞争。百事可乐、可口可乐（见图 1-37）等饮料的包装设计就是以牌名商标定位设计的突出例子。

图 1-37　重点表现产品品牌

在角度的选择上，可选择使用商标、牌号的 VI 形象来表现，也可用牌号所具有的某种含义来表现，如“百年老号”“中华老字号”等含义来辅助体现。商标牌号是商品生产厂家的标志。如果是新设计的商标牌号，其本身就有一个定位设计的问题。商标牌号的设计定位：一是联系商品，二是联系生产厂家，三是应易认易记。

（2）表现产品特性。

具有较突出的某种特色的产品或新产品的包装，可以用产品本身作为重点产品的功能效用，质地属性；对于具有地方特色的产品，如旅游地区的纪念产品等，可重点表现其产地背景，强化产品的纪念意义和产地意义，如图 1-38 所示。

图 1-38　表现产品的产地背景

（3）表现产品的使用对象。

产品的销售对象是现代包装设计必须重视的。忽略了消费者的需求也就谈不上适销对路，应当让消费者能感受到这件商品正是为他的需要而生产的。具有针对性强的产品包装可以消费者为表现重点，使消费者一看就明白该产品是为谁生产的，卖给什么人的。对具有特定消费者的产品包装设计定位，例如消费对象是儿童、女性、老年人，或特定职业、特定使用需求等，在设计处理上往往采用以对应消费者形象或相关形象为主体，加以典型性的表现，如图 1-39 所示。

图 1-39　表现产品的使用对象

2. 表现手法和形式

在明确包装设计需重点表现的元素及表现角度后，设计者接下来应考虑运用怎样的方法去体现包装所需表达的内容，包装装潢主要就是应想方设法去表现商品（内容物）或其某种特点。方法包括表现的手法和表现的形式。表现的手法与形式都是解决如何表现的问题。

包装设计的表现手法指包装设计中运用什么类型的图像、文字、色彩、版面去表达产品所需要表现的内容；表现形式则是指图像、文字、色彩、版面等元素如何具体地在包装设计中运用。

表现手法主要可分为直接表现和间接表现两大类。

（1）直接表现。

直接表现是将所需表达的重点元素用图形、文字直接明了地表述出来，使消费者在看到包装的第一眼，就能了解到包装上表达的产品相关内容是什么。最常用的方法是运用产品形象摄影图片或开窗包装来表现，如图 1-40 和图 1-41 所示。

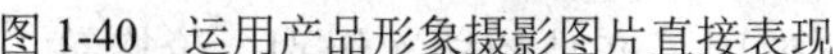

图 1-40 运用产品形象摄影图片直接表现

图 1-41 运用开窗包装直接表现

也可运用辅助性方式为其服务，可以起到烘托主体、渲染气氛、锦上添花的作用。但应切记，作辅助性烘托主体的形象，在处理中不能够喧宾夺主。辅助方式一般用衬托、对比、特写等手法来表现。

直接表现通常在表现重点是内容物本身的时候使用。这种手法直接将产品推向消费者，使消费者对所宣传的产品产生一种亲切感和信任感。通常，运用摄影或绘画等写实技巧，着力突出产品的品牌和产品本身最容易打动人心的部位，将产品精美的质地引人入胜地呈现出来，给人以逼真的现实感，增强包装画面的视觉冲击力。

（2）间接表现。

间接表现是一种较为含蓄的表现手法。在画面上不通过产品本身形象而是借助于其他有关事物来表现产品，即在构思上重点表现产品的某种属性或牌号、意念等。

间接表现通常用在无法进行直接表现的产品包装上，如香水、酒、饮料、洗衣粉等。常用的间接表现手法有比喻、联想和象征等。另外，在间接表现方式上，还有不少包装，尤其是一些高档礼品包装、化妆品包装、药品包装等往往不直接采用联想或寓意手法，而以纯装饰性的手法（即无任何含义）进行表现。

直接表现和间接表现除了可以通过以上所述的手法来达到外，还可以互相结合运用。

包装设计的创意构思确定了表现手法之后，接下来就要考虑表现形式的问题，这仍然属于如何表现的范围。手法是内在的“战术”问题，而形式是外在的“武器”，是设计表达的具体语言，是具体的视觉传达设计。

1.5 本章实践

完成对家乡农产品包装设计的市场调研，其过程如下。

1. 准备工作

（1）分组，每小组选定组长一名。

（2）拟定调研计划，包括调研产品、内容、时间。

2. 调研要求

（1）收集所选定产品不同种类的包装。

（2）将考察实物进行平面化处理（拍照）。

（3）记录每一个包装的不同的面所展示的信息。

（4）对包装进行文字、图形、色彩分析。

（5）分析产品包装的定位。

3. 撰写调研报告

（1）根据调研结果撰写调研报告。

（2）将调研报告制作为演示文稿并展示。

4. 调研报告内容

（1）包装基本信息收集。

① 产品：产品形态、原料、容量；产品的功能效用；产品的档次级别、价格等。

② 消费：包括消费对象的所有特点及消费需求的变化。

③ 销售：包括产品的销售地区，产品的销售方式。

④ 包装样式：包装形态、尺寸，印刷方式。

（2）包装设计构思，包括：

① 表现重点。

② 表现角度。

③ 表现手法。

④ 表现形式。

第2章 标志设计

随着人类文明的发展，语言、文字、符号、图形等成了人们互相交流的有力手段，它在现代消费者心目中往往是特定的企业和品牌的象征。标志作为一种用特殊文字或图形构成的传播符号，它包含着特殊意义，以精练形式传达特定的文化或商业内涵，是人们相互交流、传递信息的视觉媒介，也因此成为其拥有者与他人和社会沟通的桥梁，有助于其拥有者树立与传播形象。

标志是产品包装设计中的主要内容之一，是产品包装设计的核心，它给客户的心理暗示也是影响产品市场营销的主要因素之一。所以一般的商业性标志更讲究内涵和寓意，忌讳锋利、散乱不完整。在设计标志时，采用的主题一般有：企业名称、企业名称首字母、企业名称含义、企业文化与经营理念、企业经营内容与产品造型、企业与品牌的传统历史或地域环境等。

本章内容概述标志产生发展的历程以及标志的具体定义功能和分类、表现形式；配合实例将标志设计中所体现的具体原则，以及标志设计的详细步骤加以概括。力求在实例中加深认识，以达到独立完成标志设计的目的。

要点

- ✧ 标志设计的概念、功能、分类
- ✧ 标志设计的具体表现形式
- ✧ 标志设计的具体操作步骤

重点内容

- ✧ 了解标志设计的概念、功能和表现形式等内容，掌握标志设计构思、制作方法。

2.1 标志的概述

标志的来历，可以追溯到上古时代的“图腾”。那时，每个氏族和部落都选用一种认为与自己有特别神秘关系的动物或自然物象作为本氏族或部落的特殊标记（即称之为图腾）。如女娲氏族以蛇为图腾，夏禹的祖先以黄熊为图腾，还有的以太阳、月亮、乌鸦为图腾。最初，人们将图腾刻在居住的洞穴和劳动工具上，后来作为战争和祭祀的标志，演变成为族旗、族徽。

国家产生以后，又演变成国旗、国徽。

到本世纪，公共标志、国际化标志开始在世界普及。随着社会经济、政治、科技、文化的飞跃发展，经过精心设计从而具有高度实用性和艺术性的标志，已被广泛应用于社会一切领域，对人类社会性的发展与进步发挥着巨大作用和影响。发展到现在，标志可以说已经成为现代经济的产物，它承载着企业的无形资产，是企业综合信息传递的媒介。标志作为企业 CIS 战略的最主要部分，在企业形象传递过程，是应用最广泛、出现频率最高，同时也是最关键的元素，它是所有视觉设计要素的主导力量，是统合的所有视觉设计要素的核心。更为重要的是，在消费者心目中已经将标志与特定企业和品牌视为同一物了。

而标志设计则是将具体的事物、事件、场景和抽象的精神、理念、方向通过特殊的图形固定下来，使人们在看到标志的同时，自然地产生联想，从而对企业产生认同。标志与企业的经营紧密相关，是企业日常经营活动、广告宣传、文化建设、对外交流必不可少的元素。随着企业的成长，其价值也在不断增长。

2.1.1 标志的概念

标志是一种视觉识别符号，它在生活中犹如语言，起着传递信息的作用。它通过精练的艺术形象，使人一目了然，具有很强的概括性和象征性。标志的英文单词为 Symbol，即为符号、记号之意，与“象征”为同一词。是一种图形传播符号，将具体的事物、事件、场景和抽象的精神、理念、方向通过特殊的图形固定下来，以精练的形象向人们传达企业精神、产业特点等含义。

总之，标志指的是代表特定内容的标准识别符号，是表明事物特征的记号。它以简洁、醒目、易识别的物象、图形或文字符号为直观语言，具有标示、代替之意，还具有表达意义、情感和指令行动等作用。

2.1.2 标志的功能

标志，是标明事物特征的记号。标志的标准符号性质，决定了它的主要功能是象征性、代表性。在人们的心理上，习惯于将某一标志与其所象征和代表事物的信用、声誉、性质、规模等信息内容联系起来。标志具有以下功能。

1．识别功能

表现出其个性特点，形象直观，不受语言文字障碍约束。

商业标志（简称商标）代表了商品生产或经营企业的信誉，是商品质量的保证，是消费者选择和购买商品时的重要依据。

在当今大生产的时代里，市场上的商品花色品种繁多。在商品的海洋里，消费者只能根据不同的商标，区别同类商品的不同品牌和不同生产厂家，并以此进行比较与选择。商业企业在经营商品时，有的也通过自己的商标表示各自的经营特色。商标的这种作用，是商标取得法律保护的主要依据。在国际贸易中，这种作用也得到了普遍的承认。

2. 传播功能

标志代表了某组织、某项活动、某企业或品牌的形象和精神。对内，企业增强凝聚力；对外，企业树立企业形象，提高知名度。

对于商品及商品的生产和销售企业而言，商标本身就具有信息浓缩的广告作用。同时也有利于强化商品和企业的品牌地位，增加其商品对市场的占有率。尤其在现代企业经营策略的 CI 理念中，更强调以商标为核心，构建完整的企业形象识别体系。企业以商标为工具，通过创著名品牌扩大商标的知名度，提高商标的美誉度，从而使商标在激烈的市场竞争中，能够起到无声的产品推销员的促销作用。

3. 权益保护功能

商标注册使某组织、企业或品牌拥有某标志的知识产权，受到国家商标法的保护，也可以作为有形资产登入企业账户。

在市场经营活动中，品牌本身就是一种无形资产。商标的知名度、美誉度越高，商标的含金量也就越高。在市场竞争的规则中，商品的生产企业，可通过注册商标的专用权，有效维护其企业和商品已经取得的声誉、地位；企业可以注册商标为依据，利用有关商标的法律，保护企业的合法权益和应得的经济利益不受损害。

4. 审美功能

有亲和力，讨人喜欢，耐看，易认易记，有装饰性，让人赏心悦目，给人视觉享受。

标志具有装饰和美化的功能，这一功能在商标的使用中尤为显著。商标在产品包装造型的整体设计中，是一个不可缺少的部分。形式优美的商标可“画龙点睛”地起到对产品装饰美化作用。 对于社会而言，对标志的审美和设计水平，既可反映出一个国家或一个地区的文化传统和社会意识，又能从侧面反映出一个国家或一个地区的艺术设计水平。

2.1.3 标志的分类

标志的分类是按照不同的目的与要求将标志划分为不同的类型，以适应不同标志策划与设计的需求。只有分类准确合理才能为策划提供基础，为设计、制作和使用提供依据，从而达到最佳的效果。

1. 从功能上分类

（1）商业类标志：也即商标，主要是以商品的生产或经营为目的。具有很强商业性的标志，其主要作用就是为广告企业带来更大的利益，其针对性较强，如图 2-1 所示。

图 2-1 商业类标志

（2）非商业类标志：不以盈利为目的，具有一定团体性和专业性，具有一定的公益性。如交通标志、安全标志、体育标志等，具有教育意义和象征意义，具有社会意义和集体意义，如图 2-2 和图 2-3 所示。

国际委员会标志与国际联合会标志

图 2-2　公约性标志

图 2-3　体育类标志

2. 从表现形式上分类

（1）文字类标志：是指仅用文字构成的标志。文字标志目前在世界各国使用比较普遍。其特点是简明，便于称谓。

① 汉字标志：使用表示一定的含义的词汇，可以使商品购买者产生亲近之感。这种商标能加深印象，直接知道其商品的生产者或经营者，从而树立企业形象，如图 2-4 所示。

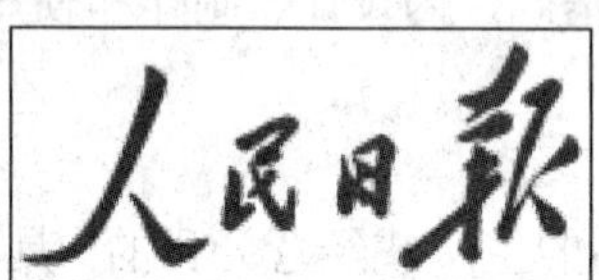

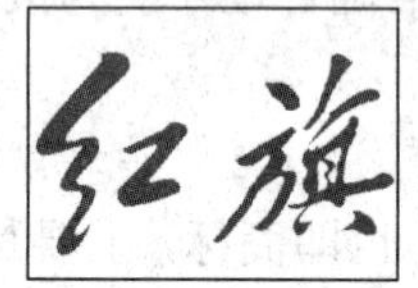

图 2-4　汉字标志

② 字母标志：将字母变形设计而成，如图 2-5 所示。

图 2-5　字母标志

③ 数字标志：其特点是不落俗套，别具一格，逐渐被一些人所认识，可以收到较好的效果。同时一些周年庆典标志，也是由数字为主体设计而成的，如图 2-6 所示。

④ 组合文字标志：文字商标也有其不足之处，就是受着民族、地域的限制。比如汉字商标在国外就不便于识别。同样，外文商标在我国也不便于识别。还有少数民族文字，也受一定地域所限。因此，在使用民族文字的同时，一般需要加其他文字说明，以便于识别，如图 2-7 所示。

图 2-6　数字标志

（2）图形标志：所谓图形标志是指仅用图形构成的标志。

图形标志丰富多彩，千变万化，可采用各种动物、植物以及几何图形等图形构成，图形标志的特点是比较直观，艺术性强，并富有感染力。图形商标还有一大特点，就是不受语言的限制，不论哪国人讲何种语言，一般都可以看懂，有的一看即可呼出名称，有的即使不能直呼名称，也可以给人留下较深的印象。

图 2-7　组合文字标志

① 具象图形标志：以具体生动的形象特征来象征某种含义。

② 抽象图形标志：以简单抽象的几何形态构成的标志图形，较多地采用现代的构成形式来进行表现。

③ 象征图形标志：以某些简洁的图形进行艺术处理，表现相关含义，较简洁，同时具有较好的艺术象征性。

（3）图文结合的标志：由文字和图形相结合构成的标志，能更好地融合文字标志与图形标志的优点。

2.1.4　标志的表现方式

标志的表现方式很多，主要有三种表现形式。

1. 具象形式

用一个基本的形象表达特定的含义。以动物、植物、景物等形象进行加工变化，造型基本忠实于客观对象的自然形态，将客观对象经过提炼、概括和简化，突出与夸张其本质特征给人以直观的感觉。这种经过艺术加工后的具体形象，与原本对象已有所不同，是现实形象的浓缩与提炼，是一种源于生活却高于生活的艺术图形。

这类标志手法直接、明确、一目了然，具有鲜明的形象性，含义清晰，指向明确，易懂易认，亲切明朗，很容易为人接受。

图 2-8 所示标志是以由无数花朵构成的彩带，像手镯，象征着鲜花所具有的无穷生命力。

2. 意象形式

以某种物象的形态和意义为基本意念，以影射、示意、暗示的方式表现标志内容和特点。关键是把握住某一形象在某一特定情景下所具有的特殊意义，准确地表达意念，用独特的视角去挖掘形象的内在特性，使其具有深刻的寓意。这种形式往往有更高的艺术格调、内涵和现代感。

如图 2-9 所示是北京奥运会会徽“同心结”或“中国结”的设计，一个人打太极的动感姿态，优美、和谐，体现着力量，寓意世界各国人民之间的团结、合作和交流。

图 2-8　具象形式的标志

图 2-9　意象形式的标志

3. 抽象形式

以点、线、面、体等造型元素设计而成的标志，以完全抽象的几何图形、文字或符号来表现的形式。具有深邃的抽象含义、象征意味或神秘感，具有较大的想象空间，能产生强烈的视觉刺激。这种形式往往具有更强烈的现代感和符号感，易于记忆，但在理解上容易产生不确定性。抽象标志富于象征性，尤其擅长表现事物的本质特征和精神理念等内容。

图 2-10 所示标志将“中国”的英文单词首字母 C 幻化成一头雄狮，标志东方狮张口怒吼，吼出了中国人的精神和力量。强烈和动感的图形，准确传达出了中国铁路高速所代表的更加深层的内涵。采用抽象的火车头图形突出了铁道行业。线条，既代表着速度，又体现出规范，象征着不断发展，勇往直前。整个标志稳重厚实，具有强烈的信任感、安全感，节奏富于变化，静中有动、稳中求变。视觉冲击力强，韵律现代，寓意丰富，便于传播。

图 2-10　抽象形式的标志

2.2　标志的设计与制作

2.2.1　标志设计的原则

标志设计不仅是实用物的设计，也是一种图形艺术的设计。它与其他图形艺术表现手段既有相同之处，又有自己的艺术规律。必须体现前述的特点，才能更好地发挥其功能。由于对其简练、概括、完美的要求十分苛刻，即要完美到几乎找不到更好的替代方案，其难度比之其他任何图形艺术设计都要大得多。

标志设计者应遵循以下 4 条原则。

1. 富于个性，新颖独特

品牌标志是用来表达品牌的独特性格的，又是以此为独特标记的。要让消费者认清品牌的独特品质、风格和情感，因此，标志在设计上必须与众不同，别出心裁，展示出品牌独特的个性。标志要特别注意避免与其他品牌的标志雷同，更不能模仿他人的设计。创造性是标志设计的根本性原则，要设计出可视性高的视觉形象，要善于使用夸张、重复、节奏、寓意和抽象的手法，使设计出来的标志达到易于识别、便于记忆的功效。

2. 简练明朗，通俗易记

标志是一种视觉语言，要求产生瞬间效应，因此标志设计简练、明朗、醒目。切忌图案复杂，过分含蓄，构图要凝练、美观、适形（适应其应用物的形态），图形、符号既要简练、概括，又要讲究艺术性。这就要求设计者在设计中要体现构思的巧妙和手法的洗练，而且要注意清晰、明目，适合各种使用场合，做到近看精致巧妙，远看清晰醒目，从各个角度、各个方向看上去都有较好的识别性。同时，设计者还必须考虑到标志在不同媒体上的传播效果或放大、缩小时的视觉效果。

3. 符合美学原理

标志设计是一种视觉艺术，要符合人们直观接受能力、审美情趣、社会心理和禁忌，要遵循一定的艺术规律，创造性地探求恰当的艺术表现形式和手法，锤炼出精当的艺术语言，使所设计的标志具有高度的整体美感、获得最佳视觉效果。

4. 体现时代精神

标志是企业同一化的表征，在企业识别系统中，居于核心和领导地位。而时代性又是标志在企业形象树立中的核心。商业标志既是产品质量的保证，又是识别商品的依据。商标代表一种信誉，这种信誉是企业几年、几十年，甚至上百年才培植出来的。经济的繁荣，竞争的加剧，生活方式的改变，流行时尚的趋势导向，等等，都要求商标必须适应时代。

此外，设计标志时，还必须考虑它与其他视觉传达要素的组合运用，因此必须满足系统化、规格化及标准化的要求，做出必要的应用组合规模，避免非系统性的分散和混乱，产生负面效应。

2.2.2 标志设计的步骤

标志可分为企业标志和品牌商标（即商品标志）。标志是企业识别系统的核心，是把抽象的企业形象或品牌形象转化成具象的符号，把潜在无形的观念塑造成具体有形的“图腾”。好的标志是企业形象、品牌形象的最佳代言人，它具有简明易认、个性突出、永久性等特征。一个好的标志来之不易：需要创意构想、模拟测试、反复周密的修改和评估，最后还要经受市场的考验。

标志设计一般采用以下 4 个步骤。

【第一步】调研分析：商标、Logo 标志设计不仅仅是一个图形或文字的组合，它是依据企业的构成结构、行业类别、经营理念，并充分考虑标志接触的对象和应用环境，为企业或商品制定的标准视觉符号。在设计之前，首先要对企业做全面深入的了解，包括经营战略、市场分析以及企业最高领导人员的基本意愿，这些都是标志设计开发的重要依据。对竞争对手的了解也是这一步骤中的重要内容，标志的重要作用即识别性，就是建立在对竞争环境的充分掌握上。

【第二步】要素挖掘：要素挖掘是为设计开发工作做进一步的准备。依据对调查结果的分析，提炼出标志的结构类型、色彩取向，列出标志所要体现的精神和特点，挖掘相关的图形元素，找出标志设计的方向，使设计工作有的放矢，而不是对文字图形的无目的组合。

【第三步】设计开发：有了对企业的全面了解和对设计要素的充分掌握，可以从不同的角度和方向进行设计开发工作。通过设计师对标志的理解，充分发挥想象，用不同的表现方式，将设计要素融入设计中，标志必须达到含义深刻、特征明显、造型大气、结构稳重、色彩搭配能适合企业，避免流于俗套或大众化。不同的标志所反映的侧重或表象会有区别，经过讨论分析或修改，找出适合企业的标志。

【第四步】标志修正：提案阶段确定的标志，可能在细节上还不太完善，需要经过对标志的标准制图、大小修正、黑白应用、线条应用等不同表现形式的修正，使标志使用时更加规范，同时标志的特点、结构在不同环境下使用时，也不会丧失，达到统一、有序、规范的传播。

2.3 实例操作

标志是应用最广泛、出现频率最高的要素，它是所有视觉设计要素的主导力量，是所有视觉设计要素的核心。更重要的是，标志在消费者心目中是特定企业、品牌的同一事物。因此，标志的设计不仅要考虑企业的产品，还要注入企业的思想与理念。

1. 要求

本例以广西创美电器有限公司为蓝本，指导创意设计一款标志。要求该标志能体现该公司的奋斗理念，展示一种健康、积极向上的精神风貌，给人以振奋精神的心理感受，以符合产品的特点和社会的潮流。

2. 设计思路

本标志设计采用该公司名称汉语拼音首字母 C 稍做变形，再配以一对飞翔的翅膀寓意企业展翅高飞及其远大理想。本实例设计制作过程中主要使用 CorelDRAW“钢笔”工具绘制图形；色彩上主要运用蓝色与灰色两种色彩，蓝色代表科技，刚好也与该公司产品相匹配。其标效果如图 2-11 所示。

3. 操作步骤

（1）启动 CorelDRAW 软件，执行“文件”→“新建”命令，在属性框中进行设置，参数如图 2-12 所示。

图 2-11 创美标志效果

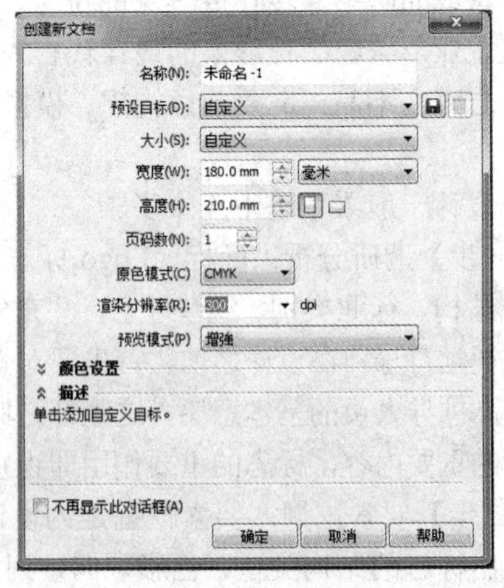

图 2-12 新建文档

（2）选择“钢笔”工具，并用“形状”工具进行修改，绘制如图 2-13 所示图形。

（3）选中左翅形状中的一部分，并复制，执行“排列”→“变换”→“比例”中的“镜像”命令，对形状进行翻转变形，并用“形状”工具调整成如图 2-14 所示形状。

（4）继续使用“钢笔”工具将右翅图形绘制完成，并用“形状”工具调整，效果如图 2-15 所示。

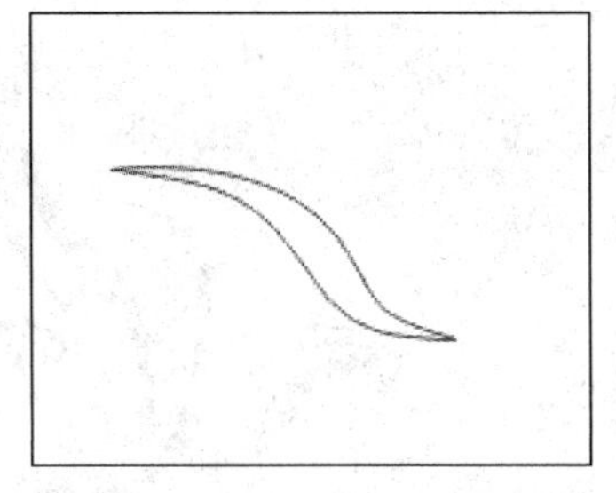

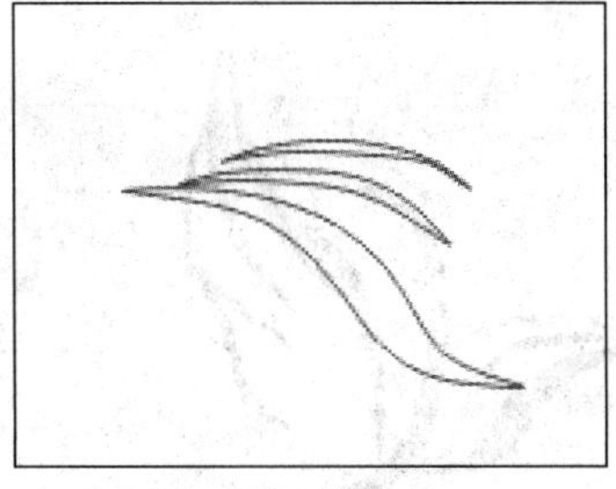

图 2-13　绘制左翅形状

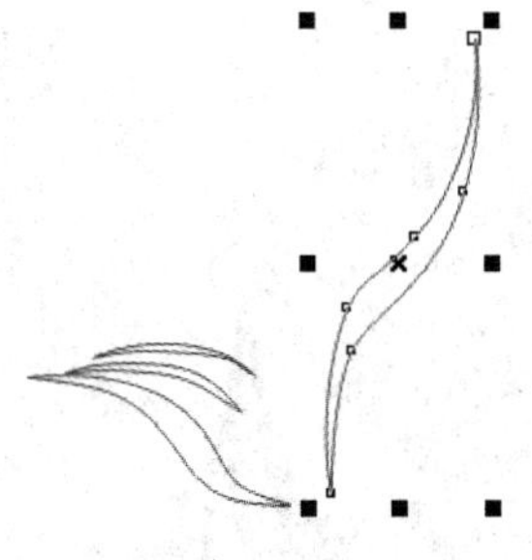

图 2-14　绘制右翅形状

图 2-15　再绘形状

（5）用文字工具输入字母 C，字体为 Batang，设置到适当大小。将其转换为曲线，用“形状”工具调整成如图 2-16 所示形状。

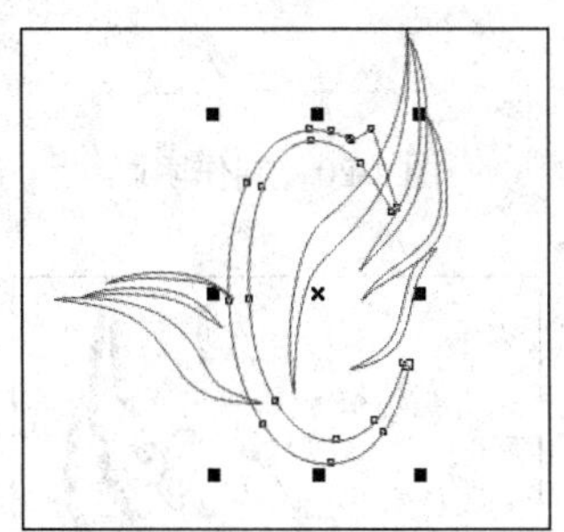

图 2-16　制作变形 C 字

（6）打开“对象管理器”，选中图层 1 中的所有对象并复制，新建图层 2，然后在图层 2 中粘贴，如图 2-17 所示。

（7）选中图层 1 中所有形状，无轮廓填充黑色，如图 2-18 所示。

（8）选中图层 2 中的形状，分别将其无轮廓填充为灰色与蓝色，效果如图 2-19 所示。

（9）选中图层 2 中所有的形状，并单击“选择”工具，打开“变换”面板，设置参数如图 2-20（a）所示，然后单击“应用”按钮，将其稍稍移动小部分位置，效果如图 2-20（b）所示。

（10）输入文字，并画一条蓝色的线，最终效果如图 2-21 所示。

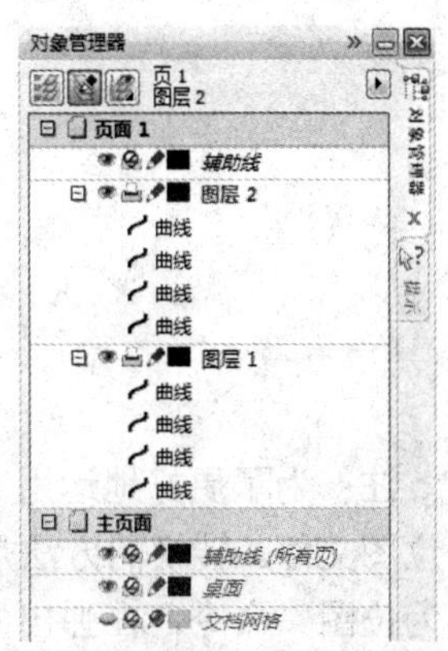

图 2-17　新建图层并复制形状

图 2-18　填充黑色

图 2-19　填充颜色

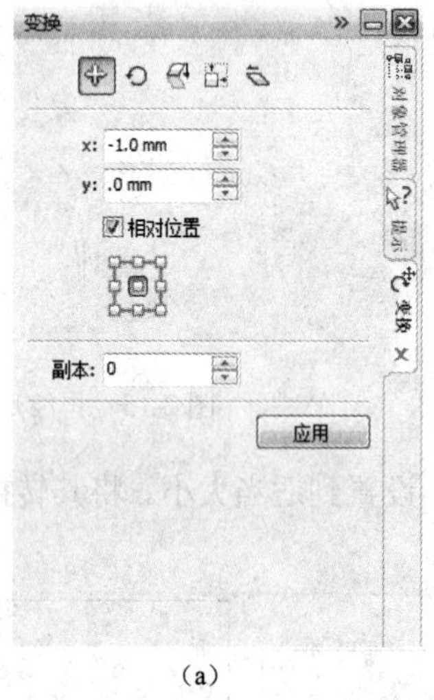

（a）　　　　　　（b）

图 2-20　制作阴影

图 2-21　最终效果图

注：为了更好地运用 Photoshop 等其他软件对已做好的标志进行编辑，最好将文件保存一个位图文件。转换的方法是：选取所有组件，按 Ctrl+G 组合键组合图形，执行“位图”→“转换为位图”命令，在弹出的对话框中，将颜色栏设置为“灰阶（8 位）”，分辨率为 300dpi。

2.4　本章实践

1．设计一个运动会上具有本班特色的标志。

2．给学校各专用教室设计一个标志。

3．给学校的音乐会、艺术节、讲演比赛、故事会、家长会、书法比赛、绘画比赛、校庆等活动设计一个标志。要求形象鲜明，传递信息准确、独特、美观。

第3章 包装结构设计

包装结构指包装设计产品的各个有形部分之间相互联系、相互作用的技术方式。这些方式不仅包括包装体各部分之间的关系，如包装瓶体与封闭物的啮合关系、折叠纸盒各部的配合关系等，还包括包装体与内装物之间的作用关系、内包装与外包装的配合关系以及包装系统与外界环境之间的关系。

在学习本章课程之前，应了解包装材料、包装机械及包装工艺等其他方面的知识，掌握造型和装潢设计的基本知识和基本技能，具备一定的审美情趣和鉴赏能力。在课程学习中，要不断加强立体空间物体的想象能力；同时要加强实践环节的练习，多模仿，多设计，多思考，多创新。

本章内容主要概述包装结构设计的概念功能及其设计原则，对常见的包装设计结构详细举例，并对纸盒结构进行详细介绍，比如：粘贴、折叠纸盒等内容。理论联系实际，最后通过实例达到对以上内容学习的升华。

● 要点

- ✧ 包装结构设计概述
- ✧ 包装结构设计分类功能
- ✧ 常见纸盒结构设计

● 重点内容

- ✧ 了解包装结构设计分类功能，具体流程，通过实例掌握产品包装结构设计的实际制作方法。

3.1 包装结构概述

包装结构指包装设计产品的各个有形部分之间相互联系、相互作用的技术方式。

3.1.1 包装结构设计的目的

包装结构设计指从科学原理出发，根据不同包装材料、不同包装容器的成型方式，以及包装容器各部分的不同要求，对包装的内、外构造所进行的设计。从设计的目的上主要解决科学性与技术性；从设计的功能上主要体现容装性、保护性、方便性和“环境友好”性，同时与包装造型和装潢设计共同体现显示性与陈列性。

3.1.2　包装结构设计的功能

1. 保护功能

保护功能即保护商品使用价值，这是包装的首要功能，也是最重要的功能。

为了保护被装的商品不被损坏，在进行包装结构设计时必须考虑其所载重量，抗压力、振动、跌落等多方面的力学情况，考虑是否符合保护商品的科学性。而决定包装保护功能的主要方面是：结构和材料。好的结构，合适的材料，对于保护商品可起到决定性作用。

2. 方便功能

方便功能主要体现在方便储运、方便使用和方便销售上。

在设计时要考虑消费者的实际需要，必须注意以下两点。

- 在搬运时，要便于携带，在设计上要有手提搬运的形态和构造，如烟、点心盒、电热水瓶等。
- 在使用时，要便于开启/关闭，如饮料罐的易开装置，小食品袋的封口边上有一个或一排撕裂口，洗发水、沐浴露的按压式结构，等等。

3. 促销功能

促销功能主要表现在包装件的外观方面，造型和装潢是否符合新潮流将起主要作用。

3.1.3　包装结构设计的原则

1. 科学性

科学性原则就是应用先进正确的设计方法，使用恰当合适的结构材料及加工工艺，使设计标准化、系列化和通用化，符合有关法规，产品适应批量机械化自动生产。

2. 可靠性

可靠性原则就是包装结构设计应具有足够的强度、刚度和稳定性，在流通过程能承受住外界各种因素作用和影响。

3. 美观性

包装结构设计达到造型和装潢设计中的美学要求，其中包括结构形态六要素和结构形式六法则。

4. 经济性

经济性是包装结构设计的重要原则，要求合理选择材料、减少原材料成本、降低原材料消耗，要求设计程序合理、提高工作效率、降低成本等。

可口可乐的玻璃瓶包装，至今仍为人们所称道。玻璃瓶的设计不仅美观，而且使用非常安全，手握不易滑落。更令人叫绝的是，其瓶型的中下部是扭纹型，而瓶子的中段则圆满丰硕，给人以甜美、柔和、流畅、爽快的视觉和触觉享受。此外，由于瓶子的结构是中大下小，当它盛装可口可乐时，给人的感觉是分量很多，如图 3-1 所示。

图 3-1　可口可乐包装设计

3.2　常见的包装结构

商品的包装结构是多种多样的，而这些结构的形成主要基于商品对包装的需要，包括其保护性、销售性、展示性等的需要，另外也基于包装材料的特性，包括其优越性和可塑性。常见的包装结构主要有：盒箱式结构、罐（桶）式结构、瓶式结构、袋式结构、盘式结构、套式结构、管式结构、篮式结构等。

1．盒箱式结构

盒箱式包装结构是最常见的一种包装结构形式，根据其材料及制作工艺的不同，可以有无数种形态的盒箱式结构，盒箱式包装结构的结构简单，且盛装效率高，目前已成为主流的包装结构形式，多用于包装固体状态的商品，既利于保护商品，也利于堆放和运输，如图 3-2 所示。

图 3-2　盒箱式结构

2. **罐（桶）式结构**

罐（桶）是用金属、纸、塑料、陶瓷等材料制成的，多用于液体或液固体混装的商品。其密封性好，利于保鲜，对商品的防护性能好，防水、防潮，耐酸、耐冲击，耐压性能也很好；质量轻，价格低，使用方便，是常见的食品包装，如易拉罐、茶叶罐（见图 3-3）等。配以喷雾阀结构，可制成各式喷雾罐，被广泛应用于各个领域。

图 3-3　罐（桶）式结构

3. **瓶式结构**

此类包装结构多用于液体商品，通常用塑料、玻璃、陶瓷等材料制作而成，其特点是密封性比较强、坚固、易加工成各种形状，其中有不少还采用特殊结构。瓶式结构耐水性强且成本价格低廉，被广泛用于化工、医药、日用品、食品等领域，瓶式包装结构具有线条流畅、美观实用等优点，如图 3-4 所示。

图 3-4　瓶式结构

4. **袋式结构**

袋式包装结构一般采用布、塑料或纸等材料制作而成，多用于包装固体商品。容积较大的有布袋、麻袋、编织袋等；容积较小的有手提的塑料袋、纸袋等，如图 3-5 所示。

5. **盘式结构**

盘式结构具有盘形的结构，大多数包装属于此种结构，它用途广泛，如食品点心、杂货、纺织品、成衣、礼品等商品都可以采用这种包装结构，如图 3-6 所示。

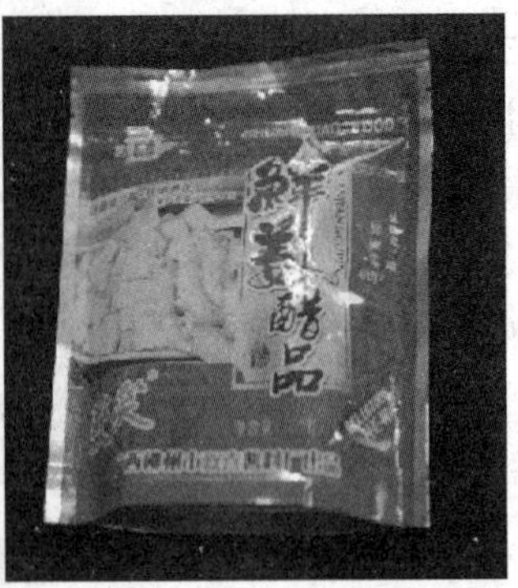

图 3-5　袋式结构

图 3-6　盘式结构

6. 套式结构

此类结构一般采用布、塑料或纸为材料，多用于包装筒状、条状、片状等商品。如伞套、领带套、光盘唱片、卷筒纸套等，如图 3-7 所示。

图 3-7　套式结构

7. 管式结构

管式结构一般由金属软管（如铅、铝、锡、PVC 等）、塑料软管制作而成，以便使用时挤压，不少管式结构的封装盖采用特殊结构。此类包装在化妆品中经常使用到，它适合灌装液体、膏体等商品，如图 3-8 所示。

图 3-8 管式结构

8. 篮式结构

多用于包装综合性礼品。将一组礼品装在一个精心设计的篮子里，外面再用透明的塑料薄膜或玻璃纸加以包扎，形成一个美观大气又看得见内容物的花篮，多为送礼之用。

3.3 纸包装结构设计

3.3.1 纸包装概述

纸质包装制品，简称纸包装。即以纸或以纸为主要材料的包装制品，如纸盒、纸箱、纸袋、纸管、纸罐、纸桶以及各种纸浆模塑制品等，还包括近年来新出现的纸杯、纸盘、纸碗、纸瓶等“日常用品”。

纸包装是我们日常生活中接触到的最为广泛的一种包装形式，这主要是因为纸材轻便，易于加工，且可与其他材料复合使用，还可以比较自由地加工成各种所需款式，它表面可以适应多种印刷技术，能较好、较方便地美化纸盒的外观。此外，在销售过程中，纸包装便于运输和携带，使用完毕后，也比较容易处理。

当然，纸包装也有其优缺点。

1. 优点

（1）原材料丰富、品种多、成本低。

（2）比重轻，比同类容器的塑料盒还轻。

（3）生产设备投资非常少。

（4）纸盒式样千变万化，却不需要更新设备。

（5）装饰性、陈列性最强。

（6）适应性强。携带、使用、运输方便，生产设备可全部自动化。

（7）废弃无公害，回收可再生利用。

2. 缺点

（1）承重小，只能作为小件或轻物的销售包装。

（2）机械性能差，因此只能做易损商品的外皮。

（3）没有阻隔性，怕潮。

（4）一次性使用。

3.3.2 纸盒包装结构的分类

我们日常所接触到的纸盒包装，形状大小不一，且种类繁多，可谓五花八门，琳琅满目。按其构造方法与结构特点分类，可分为折叠纸盒和粘贴（固定）纸盒两大类。其中：折叠纸盒又可分为管式折叠纸盒、盘式折叠纸盒、管盘式折叠纸盒及其他形式折叠纸盒；粘贴（固定）纸盒又可分为管式粘贴纸盒、盘式粘贴纸盒和组合式粘贴纸盒，如图 3-9 所示。

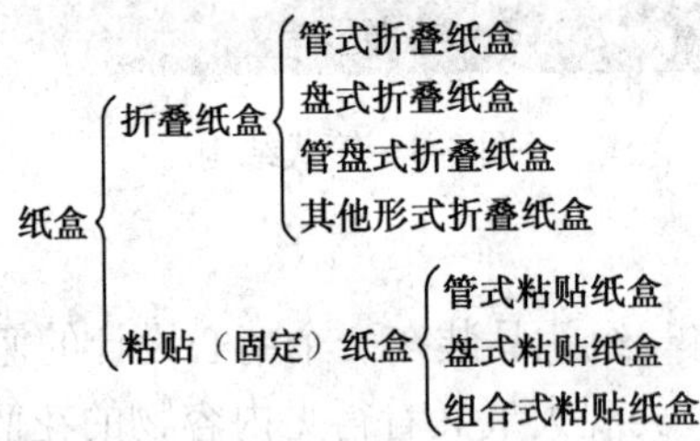

图 3-9 纸盒分类图

1. 折叠纸盒

用厚度为 0.3～1.1mm 的耐折纸板制造，白纸板和白卡纸是重要的包装材料，经彩色套印后制成纸盒（见图 3-10）。在装运商品之前可以平板状折叠堆码进行运输和储存。折叠纸盒有以下特点。

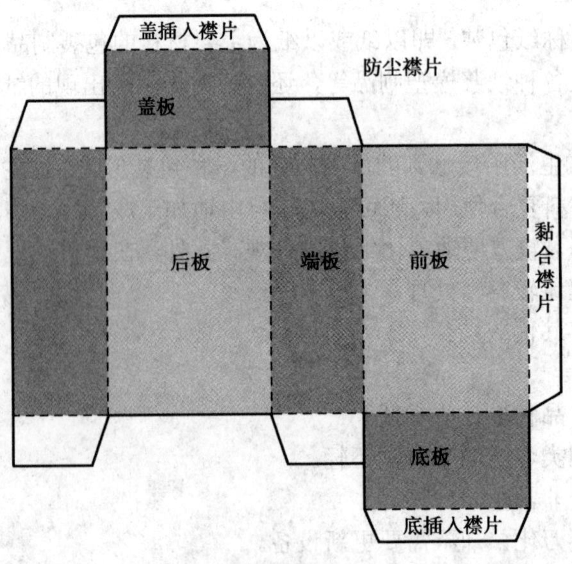

图 3-10 折叠纸盒的结构名称

（1）优点

① 成本低，强度较好，具有良好的展示效果，适合大中批量的生产。

② 与粘贴纸盒和塑料盒相比，占用空间小，运输、仓储等流通成本低廉。

③ 在包装机械上的生产效率高，可以实现自动张盒、装填、折盖、封口、集装、堆叠等。

④ 结构变化多，能进行盒内间壁，摇盖延伸、曲线压痕、开窗、展销台等多种处理。

（2）缺点

① 强度较粘贴纸盒及塑料盒等多种刚性容器低。

② 外观质地不够高雅，不宜作贵重礼品的包装。

2. 粘贴（固定）纸盒

粘贴（固定）纸盒是用贴面材料将基材纸板黏合裱贴而成型，成型后不能再折叠成平板状。基材主要选择挺度较高的非耐折纸板，厚度为0.41～1.57mm，常用厚度为1～1.3mm。内衬选用白纸或白细瓦楞纸、塑胶、海绵等。贴面材料品种较多。盒角可以采用胶纸带加固、钉合、纸（布）黏合等多种方式进行固定。表面装潢手段虽然可以多种多样，但造型与结构的变化也不太大。粘贴（固定）纸盒的特点如下。

（1）优点

① 可以选用众多品种的贴面材料。盒子高雅、华丽，可提高商品的身价。

② 防戳穿，保护性好。

③ 堆码强度高，外形稳定。

④ 较为经济，适合小批量订货。

⑤ 具有展示促销功能。

（2）缺点

① 生产成本高。

② 不能折叠堆码。

③ 贴面材料一般手工定位，印刷面容易偏移。

④ 生产速度低，储运困难。

3.3.3　折叠纸盒包装设计“三·三”原则

1. 整体设计三原则

（1）整体设计应满足消费者在决定购买时，首先观察纸盒包装的主要装潢面（即包括主体图案、商标、品牌、厂家名称及获奖标志的主要展示面）的习惯，或者满足经销者在进行橱窗展示、货架陈列及其他促销活动时让主要装潢面面对消费者给予最强视觉冲击力的习惯。

（2）整体设计应满足消费者在观察或取出内装物时由前向后开启盒盖的习惯。

（3）整体设计应满足大多数消费者用右手开启盒盖的习惯。

2. 结构设计三原则

根据整体设计三原则，要求纸盒包装的结构设计应遵循以下三原则：

（1）纸盒黏合襟片应连接在后板上。纸盒黏合襟片在大多数情况下，应连接在后板上；特殊情况下，可连接在能与后板黏合的边板上，但绝对不要连接在前板上。

（2）纸盒盖板应连接在后板上（黏合封口式主盖板除外）。

（3）纸盒主要底板一般应连接在前板上。

这样，当消费者正视纸盒包装时，看不到接缝或由接缝不良而引起的外观缺陷。也不致产生由后向前开启盒盖，而带来取包装内装物的不便。

3. 装潢设计三原则

根据整体设计三原则，要求纸盒包装的装潢设计也遵循以下三原则。

（1）纸盒包装的主要装潢面应设计在纸盒前板（管式盒）或盖板（盘式盒）上，说明文字及次要图案设计在端板或后板上。

（2）当纸盒包装需直立展示时，装潢面应考虑盖板与底板的位置，整体图形以盖板为上，底板为下（此情况适宜于内装物为不宜倒置的各种瓶型的包装），开启位置在上端。

（3）当纸盒包装需水平展示时，装潢面应考虑消费者用右手开启的习惯，整体图形以左端为上，右端为下，但开启位置在右端。

遵从上述“三・三”原则在中西文图案并存的设计中，内销产品包装的中文图案应作为主要装潢面设计在前板上，而出口产品包装则反之，外文图案应设计在前板上。

“高露洁”牙膏就很符合折叠纸盒包装设计“三・三”原则。它的主色调是暖色，色彩以中国消费者都非常喜欢的红色作为外包装的主题色彩，右侧以蓝白绿三种颜色点明牙膏的特性三重功效，纸盒的前板、端板及盖板都展示了“高露洁”的品牌和牙膏的效果，后板和端板也重点标明了三重功效的特性及产品说明，满足货架陈列及其他促销活动时给予消费者最强视觉冲击力，如图 3-11 所示。

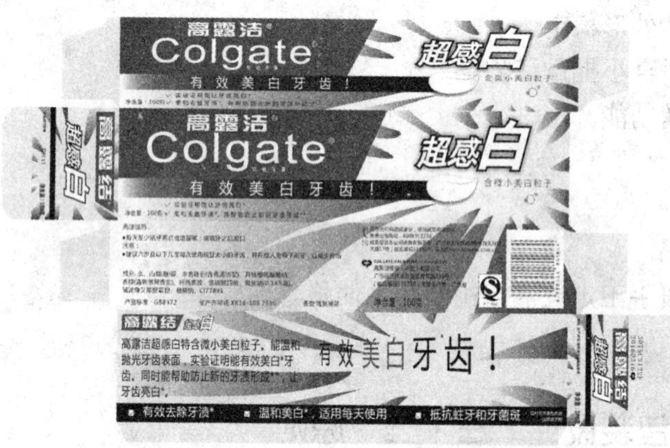

图 3-11　高露洁包装盒设计

3.4　常见纸盒结构设计

3.4.1　管式折叠纸盒结构设计

管式因开口面较小，形体较高，似管状而得名。管式的特点是：多为单体结构，展开为一整体。管式折叠纸盒是在纸盒成型过程中，将纸板按设计要求切裁、压痕后，盒体板沿周向依次旋转成型，纵接缝黏合或钉合连接，盒盖、盒底用与体板相连的襟片，按一定的结构形式封合的折叠纸盒。

1. 管式折叠纸盒的盒盖结构

盒盖是商品内装物进出的门户，盒盖的结构既要便于内装物的装填且在装入后不容易自开，又便于消费者开启取出内装物。盒盖有多种结构形式，有的具有多次开启功能；有的只能开启一次，具有防再封功能；有的可在开启后做成 POP 广告板。盒盖的固定方式主要有：摇盖插入式、锁口式、黏合封口式、连续折叠式、一次性防伪等。

（1）摇盖插入式。

这种盒盖只有 3 个摇翼。主摇翼适当伸长，封盖时插入盒体，它具有再封盖作用。如图 3-12 为摇盖插入式及展开图。在插入式盒盖的摇翼上可以做一些小变形来进行锁合（见图 3-13）。

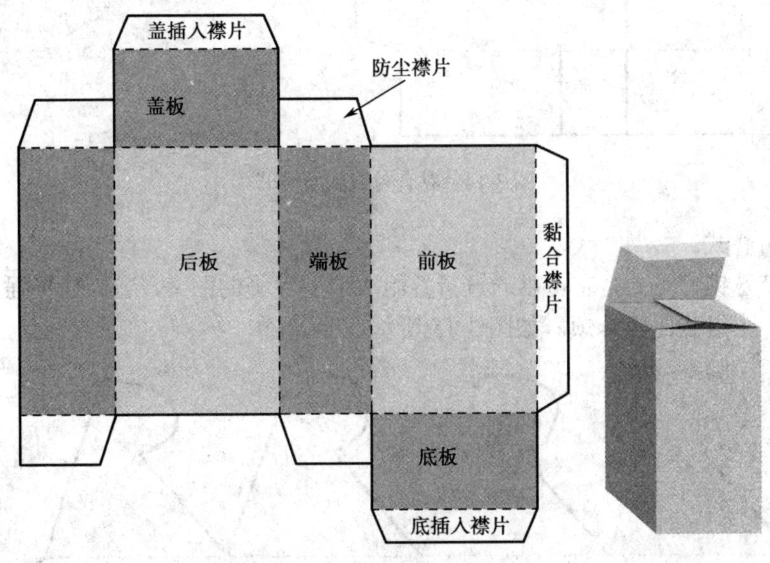

图 3-12　摇盖插入式及展开

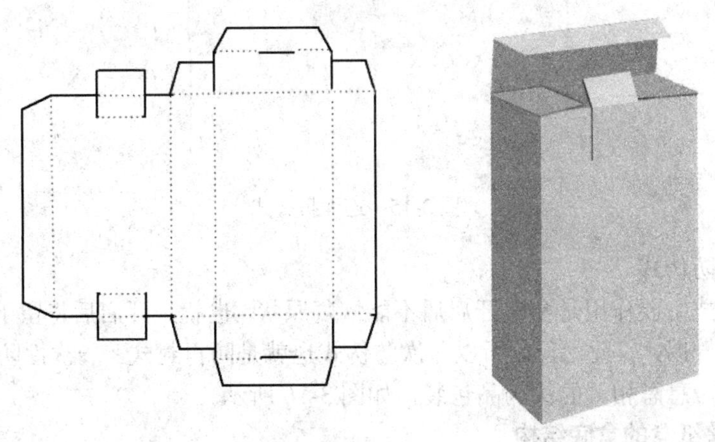

图 3-13　摇盖插入锁口式及展开

（2）黏合封口式。

黏合封口式盒盖是将盒盖 4 个摇翼互相黏合。有两种黏合方式：一是双条涂胶，二是单条涂胶，如图 3-14 所示。

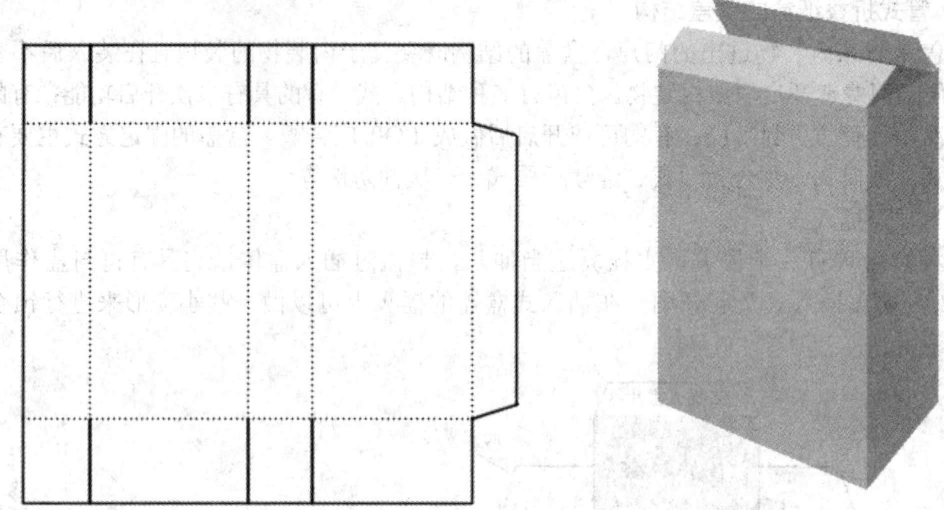

图 3-14　黏合封口式及展开

（3）连续折叠式。

这是一种特殊锁口形式，它可以通过折叠组成造型优美的图案，装饰性极强，可用于礼品包装。缺点是手工组装比较麻烦。如图 3-15 所示。

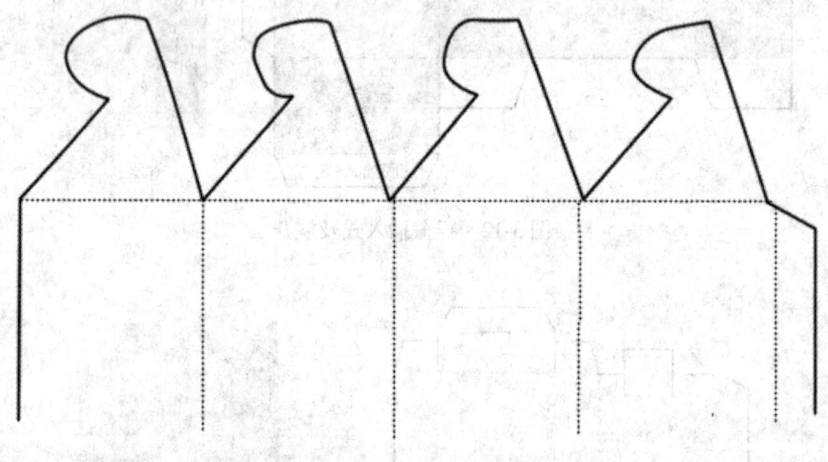

图 3-15　连续折叠式

（4）一次性防伪式。

一次性防伪式主要作用是盒盖开启后不能恢复原状，也就是开启后将留下痕迹，以引起经销人员和消费者警惕，仅此而已。所以一次防伪式也就是防再封式。一次性防伪式盒盖目前主要用于与公众生命息息相关的医药品包装，如图 3-16 所示。

2. 管式折叠纸盒的盒底结构

对于管式折叠纸盒来说，盒底结构尤为重要。要求盒底在设计时既要保证其强度，又要在其成型时力求简单。这主要是因为盒底不仅要承受内装物的重量，还要受压力、振动、跌落等情况的影响。但如果盒底结构过于复杂，将造成包装机结构复杂或包装速度降低，而手工组装又耗时耗力。

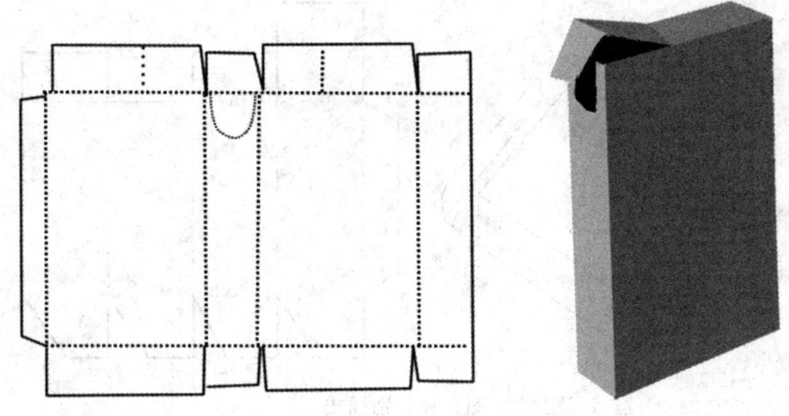

图 3-16　一次性防伪式及展开

盒底结构有许多种，如插入盖、锁口盖、插锁盖、正揿封口盖、黏合封口盖等也可作盒底使用。本文主要介绍锁底式、别插式及自动锁底式盒底结构。

（1）锁底式。

锁底式结构能包装多种类型的商品，盒底能承受一定的重量，因而在大中型纸盒设计中被广泛采用，如图 3-17 所示。

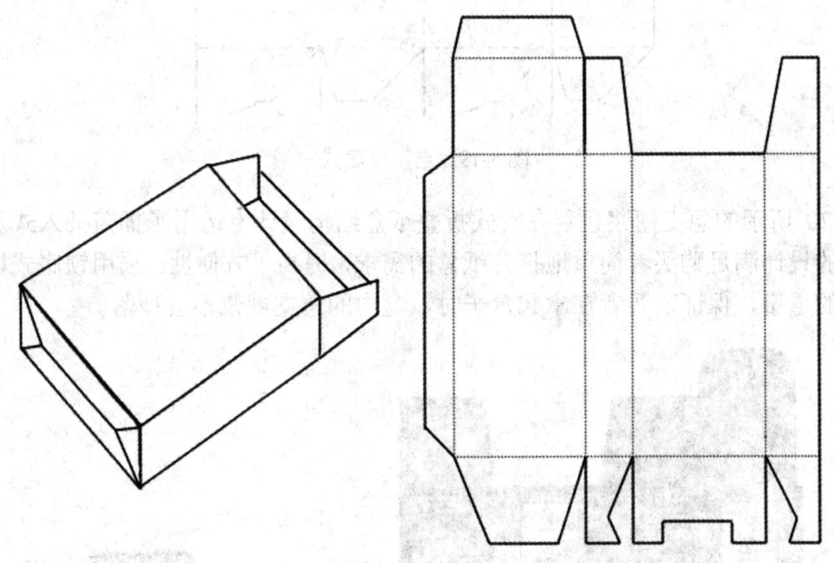

图 3-17　锁底式

（2）别插式参见图 3-18。

（3）自动锁底式。

自动锁底式结构是在锁底式结构的基础上改进而来的。主要结构特点是成型以后仍然可以折叠成平板状运输，到达纸盒自动包装生产线以后，只要张盒机构撑开盒体，盒底即自动恢复原封合状态；省去了锁底式结构需手工组装的工序和时间。在管式盒中，只要有压痕线能够使盒体折叠成平板状，都可设计自锁底，如图 3-19 所示。

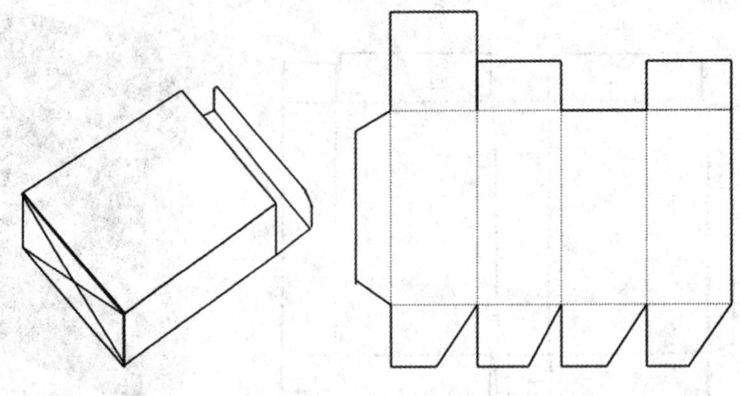

图 3-18　别插式

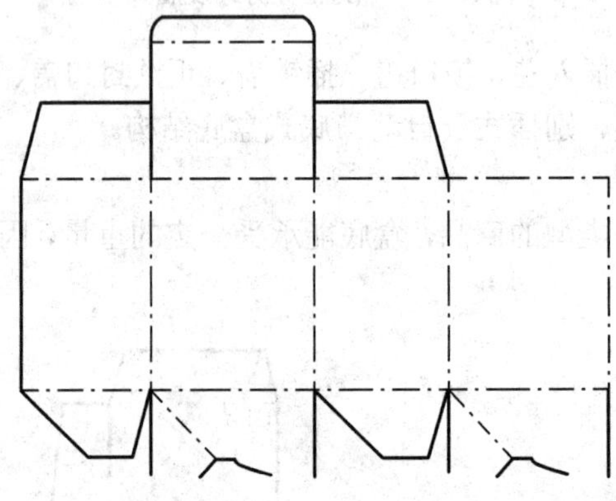

图 3-19　自动锁底式

如图 3-20 所示的急支糖浆包装在管式折叠纸盒结构设计上运用了摇盖插入式及锁底式。摇盖插入式的设计满足购买者简单地打开纸盒的需求，提高了方便性。采用锁底式设计的盒底能承受一定的重量，保证购买者在拿起盒子时，盒内的急支糖浆不会掉落。

图 3-20　急支糖浆包装

3.4.2　盘式折叠纸盒结构设计

盘式折叠纸盒是将纸板按设计要求切裁、压痕，周边体板按一定角度内折后再相互组构而成型的折叠纸盒，有时盒盖是体板延长部分形成的。其用途广泛，食品、杂货、纺织品、成衣、礼品等都可以用此包装。它最大的优点是不需要黏合剂，而是在纸盒本身结构上增加切口来进行拴接和锁定，从而使纸盒成型和封口，如图 3-21 所示。

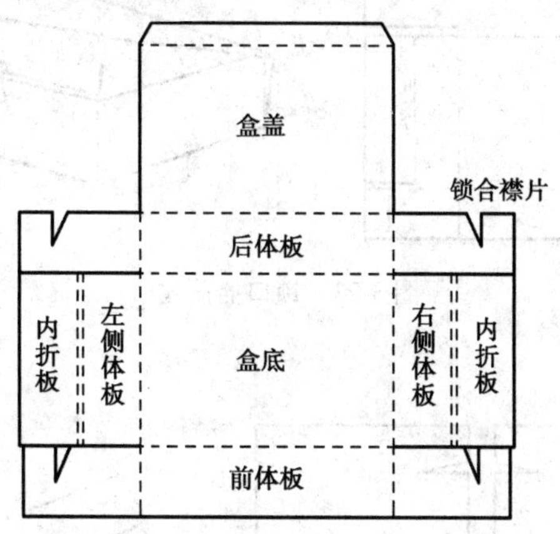

图 3-21　盘式折叠纸盒的结构名称

盘式折叠纸盒的一般特征：

（1）体板与底板整体相连，底板是纸盒成型后自然构成的，不需要像管式折叠纸盒那样，由底板、襟片组合封底。

（2）各个体板之间需用一定的组织形式连接，才能使纸盒成型。

（3）盒盖可以是与体板的连体结构，也可以设计独立的盒盖。

（4）对多数盘式折叠纸盒，盒盖（盒底）相对盒体其他面面积较大，盒底形式单一，基本没有变化。

（5）盘式折叠纸盒承重能力较强，主装潢面积大。

1．盘式折叠纸盒的盒盖结构

盘式折叠纸盒的盒盖结构可分为：摇盖式、锁口摇盖式、罩盖式、套盖式等。

（1）摇盖式（见图 3-22）。

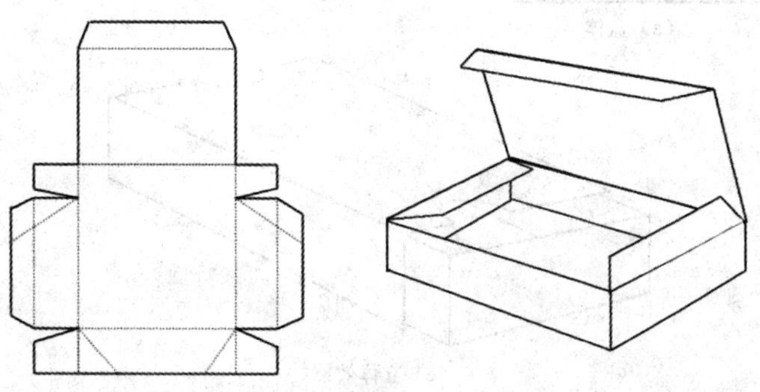

图 3-22　摇盖式

（2）锁口摇盖式。

在摇盖的基础上增加了锁口结构，避免摇盖因纸板弹性而自行弹开，如图 3-23 所示。

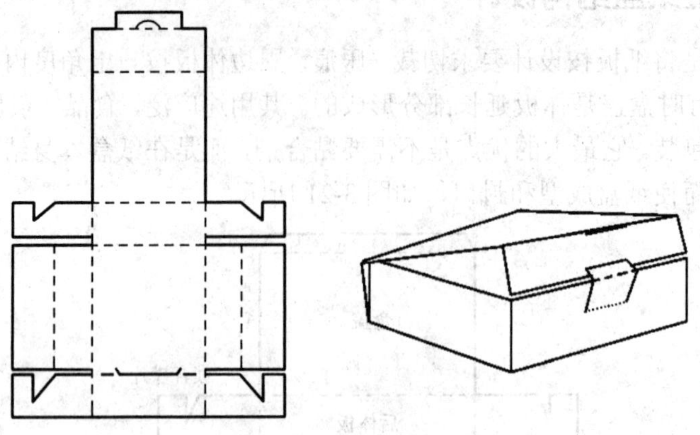

图 3-23 锁口摇盖式

（3）罩盖式参见图 3-24。

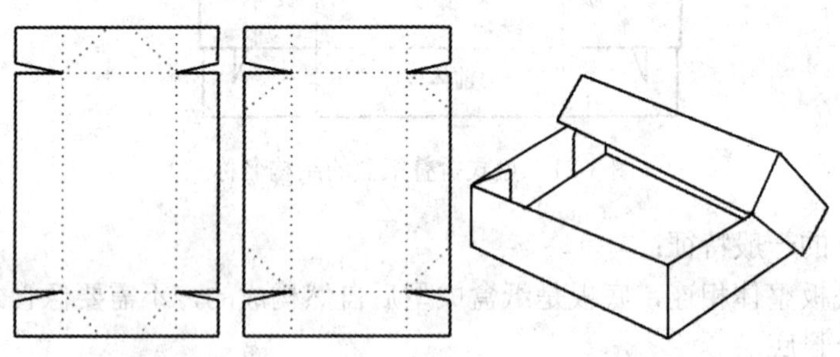

图 3-24 罩盖式

（4）套盖式参见图 3-25。

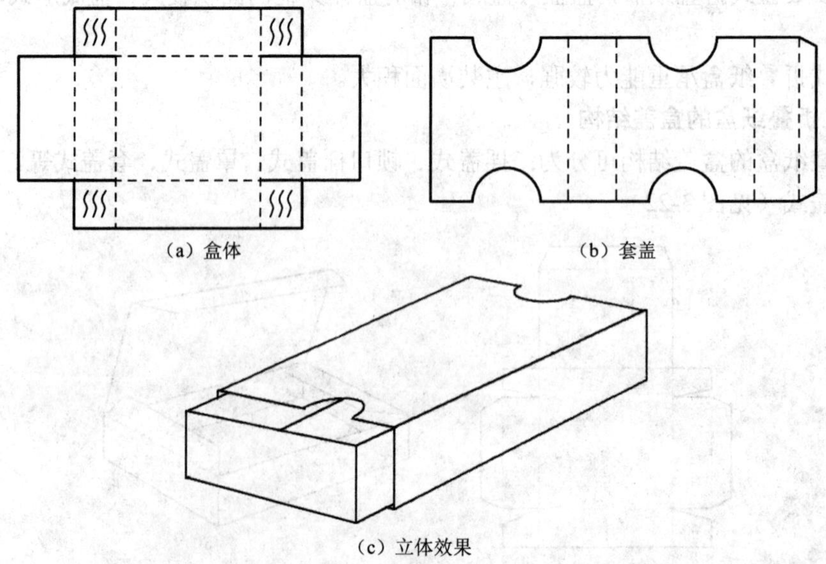

图 3-25 套盖式

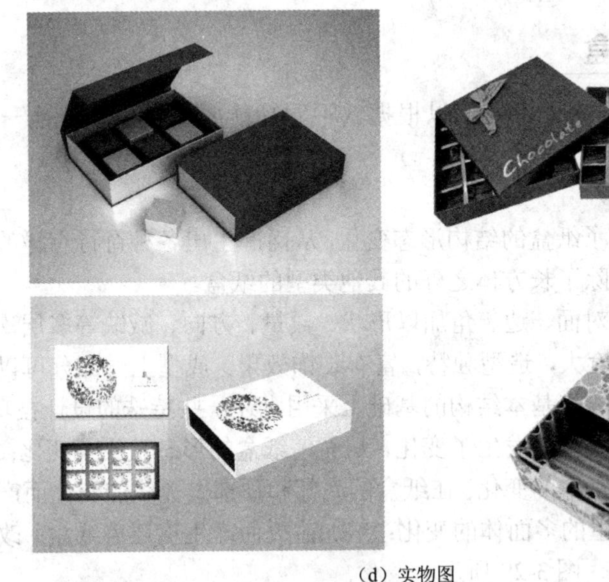

（d）实物图

图 3-25　套盖式（续）

盘式折叠纸盒在月饼、巧克力等食品的包装上使用极为广泛，因为盘式折叠纸盒承重能力较强，主装潢面积大，较强的承重能力可防止有着足够的分量食品压破纸盒。装潢面积大给设计师无限的发挥空间，同时也能给予消费者视觉上的冲击，并带来“高大上”的感觉，从而提高产品的销售量。

3.4.3　管盘式折叠纸盒

在一页纸板成型的条件下，单独采用管式或盘式成型方法均不能使其成型。所以可以采用管盘式成型方法，即用管式盒的旋转成型方法来成型盘式盒的部分盒体，这就是管盘式折叠纸盒。

如同盘式自动折叠纸盒一样，管盘式折叠纸盒也可以在各体板上设计内折叠角或外折叠角，使之成为自动折叠纸盒。图 3-26 所示为管盘式五星形自动折叠纸盒。

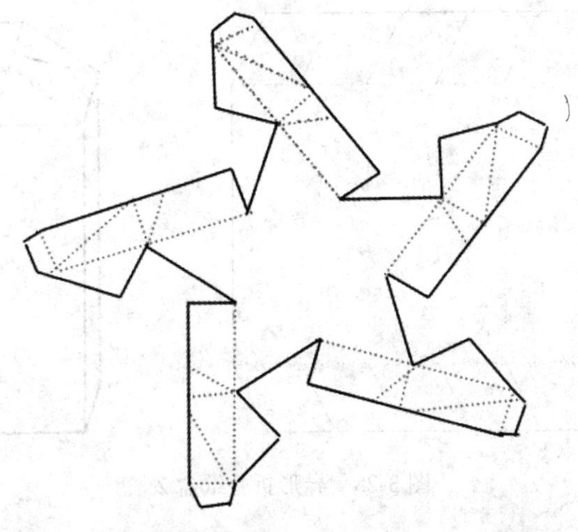

图 3-26　管盘式五星形自动折叠纸盒

3.4.4 其他形式折叠纸盒

折叠纸盒除了基本成型结构外，还可以根据其不同功能要求，设计其他一些局部特征结构。

1. 异形折叠纸盒

由于折叠线的变化而引起了纸盒的结构形态变化，从而产生出各种奇特有趣的异形折叠纸盒。广义上的异形折叠纸盒指除了长方体之外的其他类型的纸盒。

异形纸盒的处理手法常有对面、边、角加以形状、数量、方向、减缺等多层次处理，以呈现出来的包装造型，其变化幅度大，造型独特，富有装饰效果。成型上一部分可以采用前述的基本成型方法，另一部分则可以在基本结构的基础上采用上述一些特殊的设计技巧加以变化。如改变了壁板面的折褶线使口盖位置发生了变化，从而使纸盒的形态发生了变化；改变纸盒主体部分直线位置而产生的纸盒主体的变化；在纸盒的底部和顶部做弧线的变化而产生的纸盒形态的变化；增加面的数量时产生的多面体的变化；增加盖板而产生窗连盖纸盒；改变壁板结构而产生的连盖纸盒，如图 3-27～图 3-29 所示。

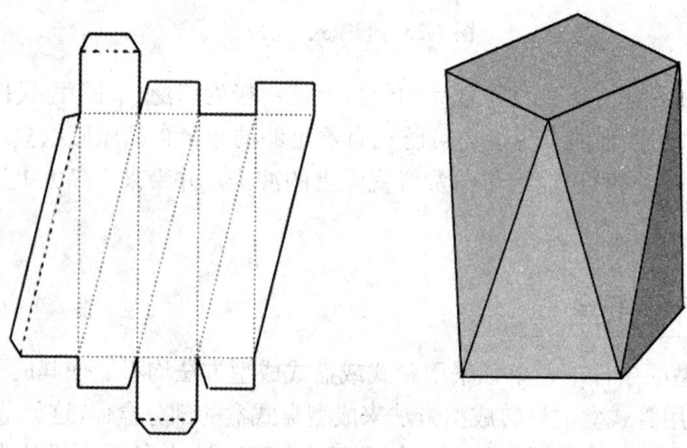

图 3-27 异形折叠纸盒 1

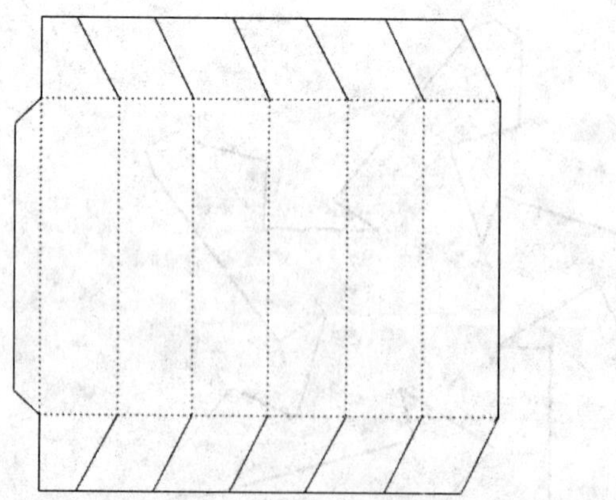

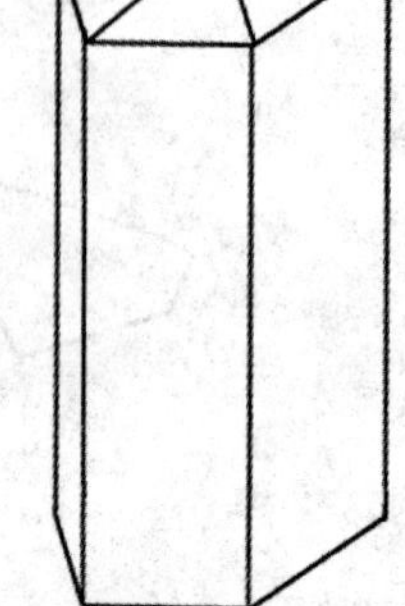

图 3-28 异形折叠纸盒 2

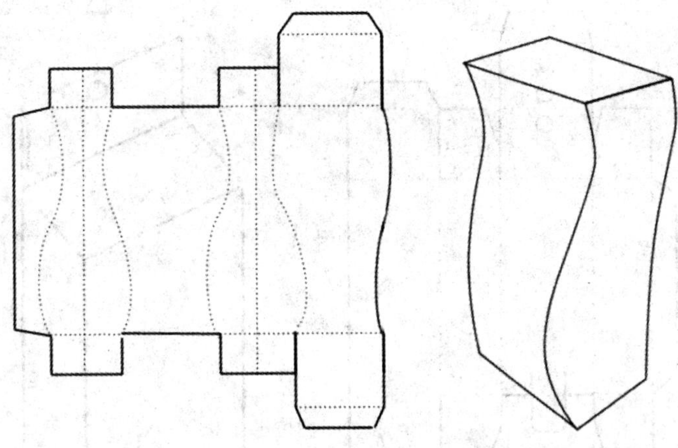

图 3-29 异形折叠纸盒 3

2. 展开式（POP）纸盒

展开式纸盒是一种能使消费者很快找到自己想要的商品，并能促进销售、起宣传作用的 POP 纸盒。它具有良好的生产性能，便于大量机械化生产；结构简单，既便于折叠成盒，又便于折叠展示；具有一定的强度和刚度，在预定的展示时间内保持盒型不变；便于运输，有些能兼作运输包装。由于置放地点的不同，形成了以下几种基本结构形态。

（1）悬挂式结构：延长纸盒的部分壁板，使用延长部分既可以打洞悬挂，又可以为产品做广告（见图 3-30 和图 3-31）。

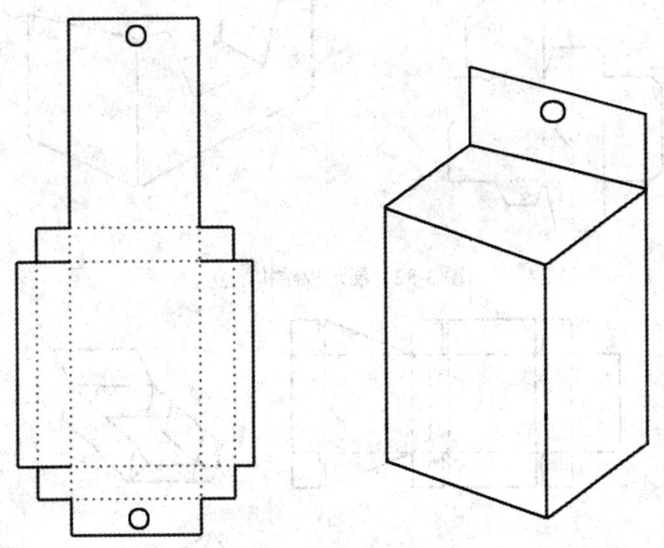

图 3-30 悬挂式结构纸盒 1

（2）展示板结构：这是一种连盖托盘体的结构，只要在盒盖上切上一条口子并连接上折叠线，就能折叠成为立式形态来为产品做广告，又能展示产品（见图 3-32）。这种结构既简单又实惠，可以说是最好的成品。

（3）陈列展示台结构：陈列展示台结构则是把纸盒作为支架，本身进行陈列（见图 3-33）。

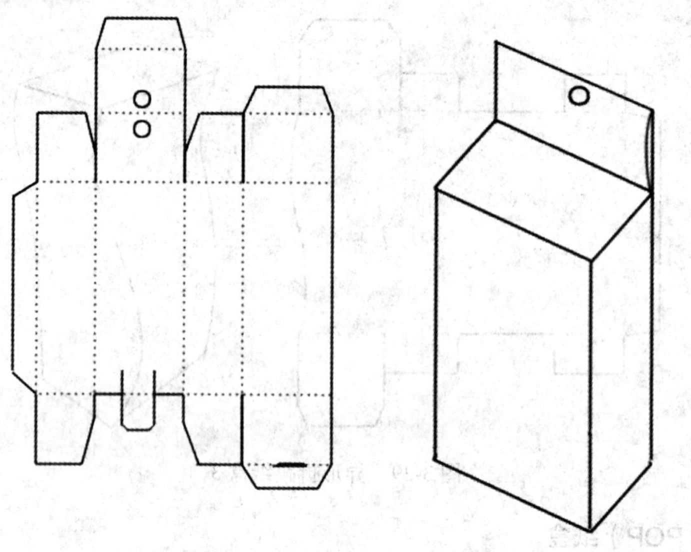

图 3-31　悬挂式结构纸盒 2

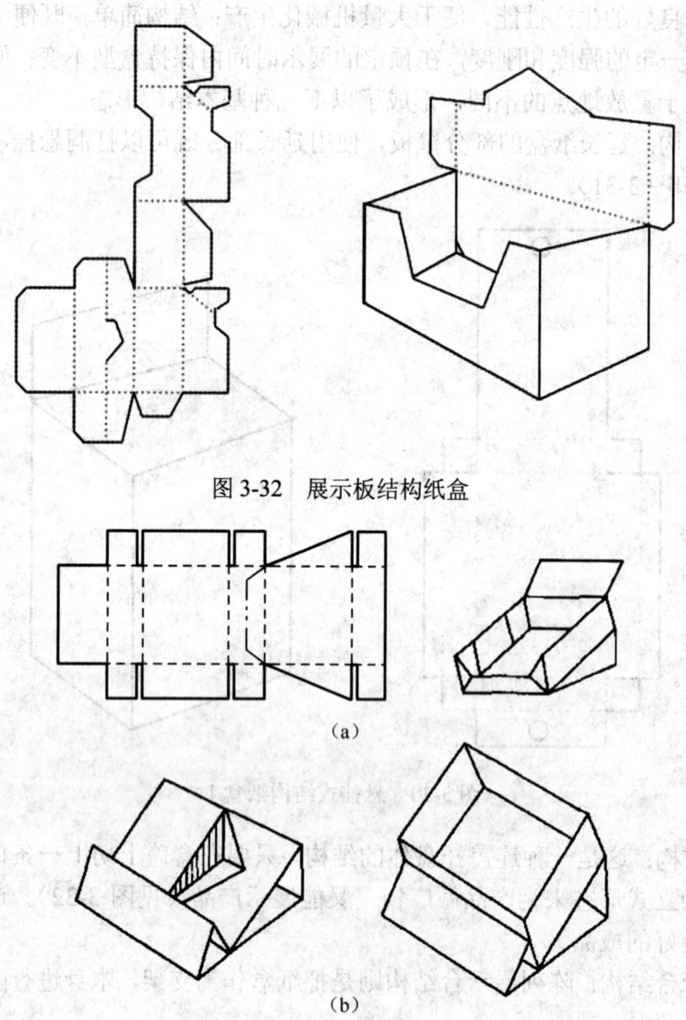

图 3-32　展示板结构纸盒

（a）

（b）

图 3-33　陈列展示台结构纸盒

3. 手提纸盒

手提纸盒是为了方便消费者携带而设计的纸盒，它必须具有携带的合理性，简洁、易拿、成本低，提手的设计要保证有足够的强度，安全可靠，如图 3-34～图 3-36 所示。

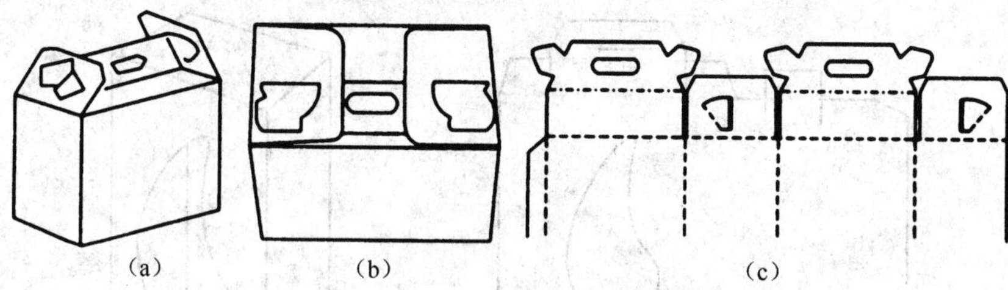

图 3-34　手提纸盒 1

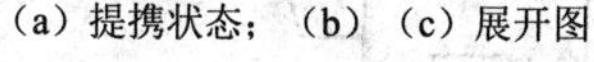

（a）提携状态；（b）（c）展开图

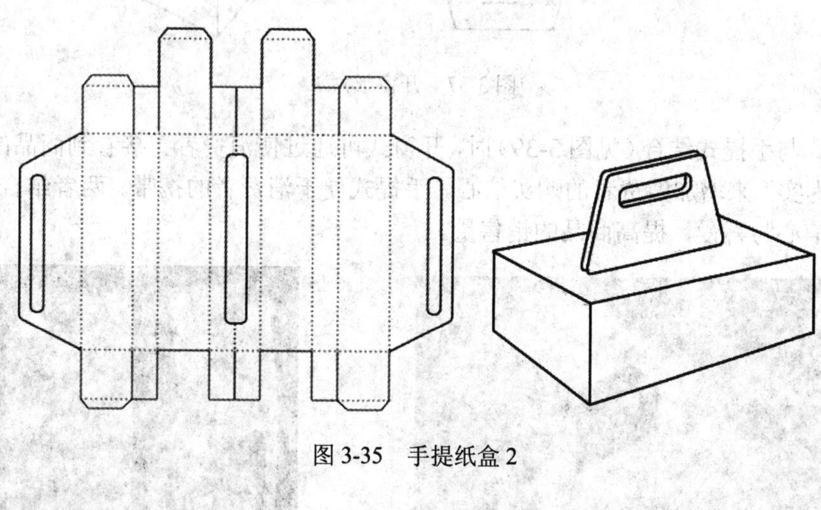

图 3-35　手提纸盒 2

图 3-36　手提纸盒 3

4. 开窗纸盒

开窗结构纸盒（见图 3-37 和图 3-38）可以将产品或部分产品真实呈现，特点是直观简明，吸引消费者的注意视线，增强其购买信心，具有促销功能。

开窗的基本位置如下。

① 一面（前板）开窗。

② 两面（前板和一个端板）开窗。

③ 三面（前板和两个端板）开窗。

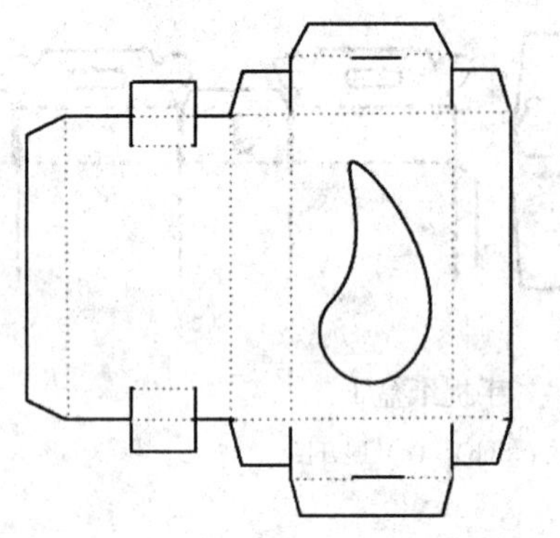
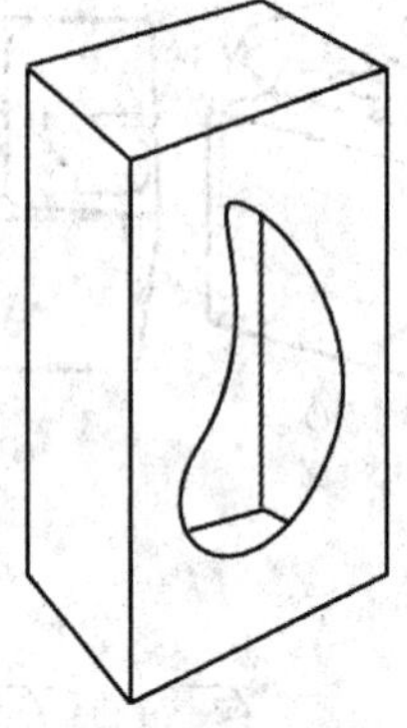

图 3-37 开窗纸盒 1

当开窗式与手提式结合（见图 3-39）时，开窗式可通过使消费者直接看到商品的部分内容，做到“眼见为实”来增加消费者的购买信心。手提式便于消费者的携带。两者结合能提高消费者对商品的信心与喜爱，提高商品的销售量。

图 3-38 开窗纸盒 2

图 3-39 手提式与开窗式

3.4.5 粘贴（固定）纸盒结构设计

粘贴（固定）纸盒是用贴面材料将基材纸板黏合裱贴而成，成型后不能再折叠成平板状，而只能以固定盒型运输和仓储，故又名固定纸盒。

粘贴（固定）纸盒的原材料主要选择挺度较高的非耐折纸板，如各种草纸板、刚性纸板以及高级食品用双面异色纸板等。常用厚度为 1～1.3mm。内衬选用白纸或白细瓦楞纸、塑胶、海绵等。贴面材料品种较多，有铜版印刷纸、蜡光纸、彩色纸、仿革纸、植绒纸以及布、绢、革、箔等。而且可以印刷、压凸和烫金。盒角可以采用胶纸带加固、钉合、纸（布）黏合等多种方式进行固定。

粘贴（固定）纸盒的结构与折叠纸盒一样，按成型方式可以分为管式、盘式和组合式（亦管亦盘式）三大类。粘贴（固定）纸盒类型主要有：罩盖盒、摇盖盒、凸台盒、宽底盒、抽屉盒、书盒、转体盒等。

1. 管式粘贴纸盒（框式）

管式黏贴纸盒（见图1-40）盒底与盒体分开成型，即基盒由边框和底板两部分组成，外敷贴面纸加以固定和装饰。

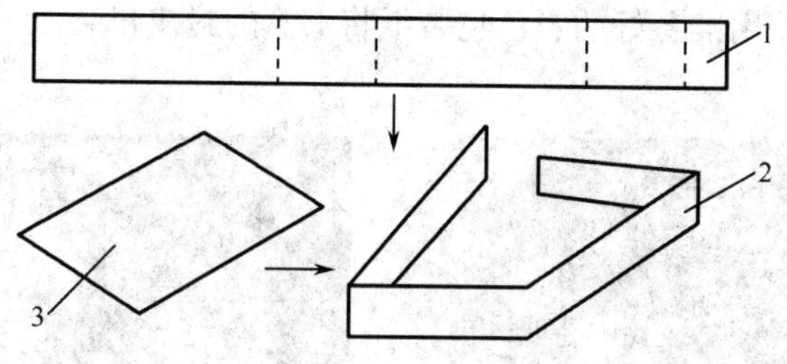

图3-40　管式粘贴纸盒

1—粘贴面纸；2—体板；3—底板

管式粘贴纸盒的特点：手工粘贴；用纸或布来固定盒体四角，不用钉合方式固定；手工裁料，尺寸精度高。

2. 盘式粘贴纸盒（一页折叠式）

盘式粘贴盒也称单片折页式，其基盒盒体、盒底用一页纸板成型（见图3-41）。其特点是：可以用纸、布、钉合成扣眼来固定盒体四角；结构简单，既可以手工粘贴，也可以机械粘贴，便于大量生产；四角及压痕精度较差。其结构如图3-42所示。

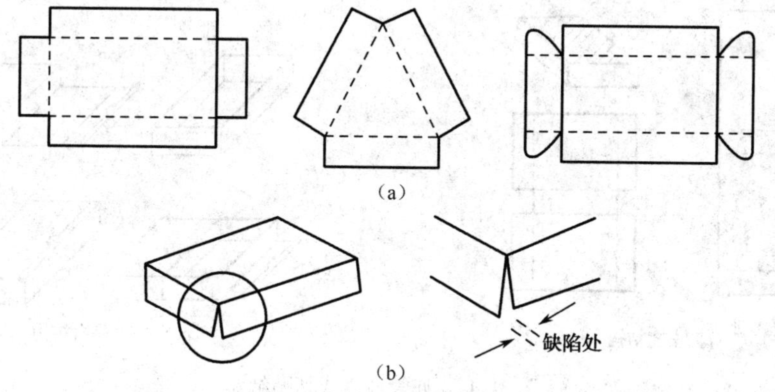

图3-41　盘式粘贴纸盒的基盒

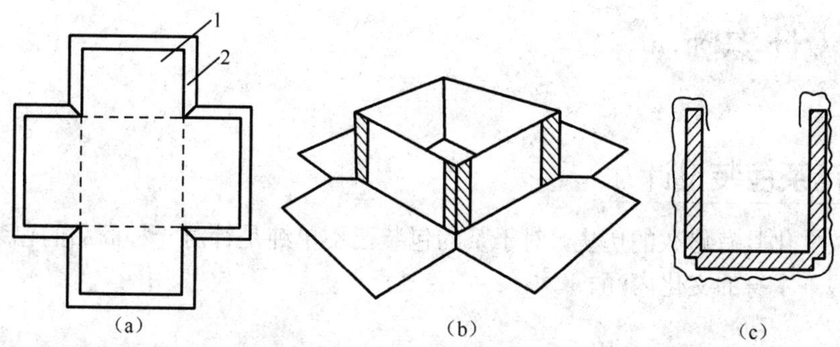

图3-42　盘式粘贴纸盒基本结构

1—盒板；2—粘贴面纸

利用粘贴（固定）纸盒结构设计自制纸盒。先用纸板构成基盒盒体、盒底，再用白布和糨糊沿盒体四周包裹起来，使盒子既结实又美观。用另外一块纸板裁出一段圆弧形的“卷轴”来，尺寸与盒子的厚度和长度相同。裁切两块相应尺寸的薄压缩板，作为书卷的封皮，用胶水将其与“卷轴”粘合。最后，用准备好的彩色包装纸将书盒的封皮包装，一个完美朴实的书盒就完成了，如图 3-43 所示。

图 3-43　书盒的制作

3. 组合式粘贴纸盒（亦管亦盘式）

所谓亦管亦盘式粘贴纸盒，是指在双壁结构或宽边结构中，盒体及盒底由盘式方法成型，而体内板由管式方法成型。或者在由盒盖盒体两部分组成的情况下，其一则由盘式方法成型，另一则由管式方法成型，如书盒、礼品盒（见图 3-44）等。

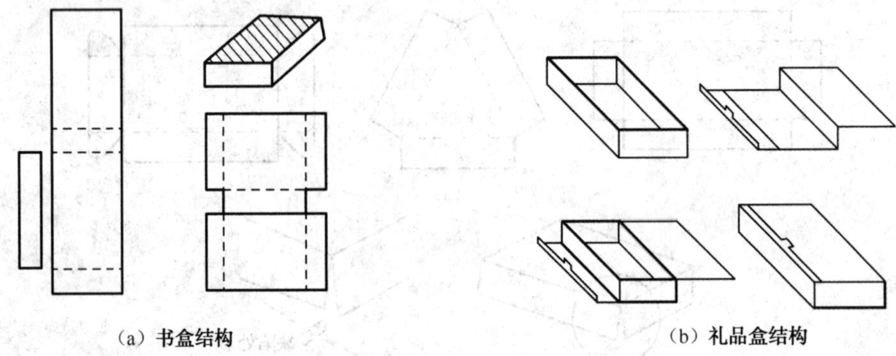

（a）书盒结构　（b）礼品盒结构

图 3-44　亦管亦盘式粘贴纸盒

3.5　设计实例

3.5.1　桂花茶包装设计

中国的茶文化具有悠久的历史，对于茶的包装已不单纯是针对一种商品的包装设计，它更多的是要体现茶本身的文化内涵。

1. 要求

要求该产品的包装在能够体现出茶文化的同时，还能够展现出健康、积极向上的情绪，给人以振奋精神的心理感受，以符合产品的特点和社会的潮流。也希望消费者在选购的同时，能够即时了解产品的形态。

2. 设计思路

这是一款异形纸盒的茶包装，主要对端板进行折叠扭曲产生。在该产品的包装上，采用绿色作为主色调，然后配以桂林山水风景及桂花图案。桂林是有名的桂花之乡，而桂花也是桂林的市花，花朵的形象本身就给人以健康、向上的感受。金黄的花朵图案和绿色的搭配，使整个包装显得素雅而又有韵味，给人清爽健康的感受。如图 3-45 所示是该实例的制作概览图。

图 3-45　制作概览图

3. 操作步骤

在 CorelDRAW 中绘制包装结构图。

（1）运行 CorelDRAW，参照图 3-46 设置参数，调整文档属性。

图 3-46　设置文档

（2）选择“矩形”工具□，绘制一个宽 4cm、高 4cm 的矩形，填充 20%的黑色，无轮廓填充。接着将标尺原点设置在矩形的左下角节点处，然后根据标尺原点位置来设置辅助线，参照图 3-47 设置辅助线。

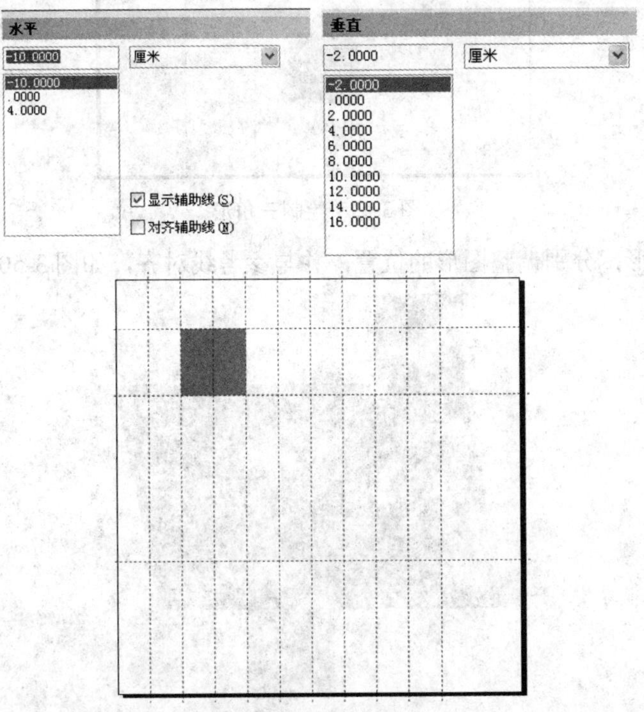

图 3-47　设置辅助线

（3）制作矩形，参照图 3-48 调整再制作矩形的位置，并与辅助线对齐。

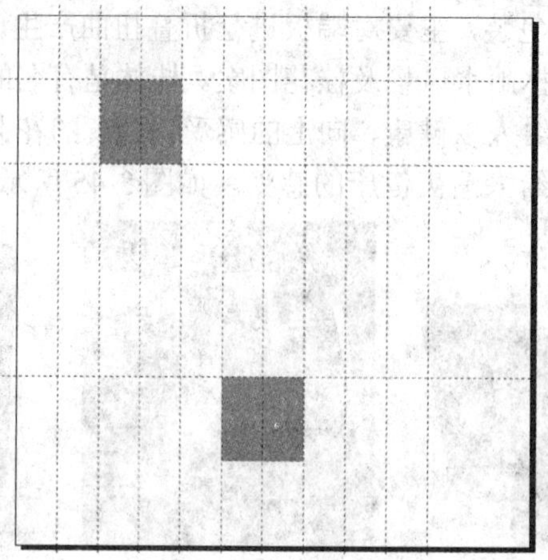

图 3-48　再绘矩形

（4）使用“贝塞尔”工具，参照图 3-49 沿辅助线绘制三角形。绘制完毕后将其填充为 20%黑色，无轮廓填充。

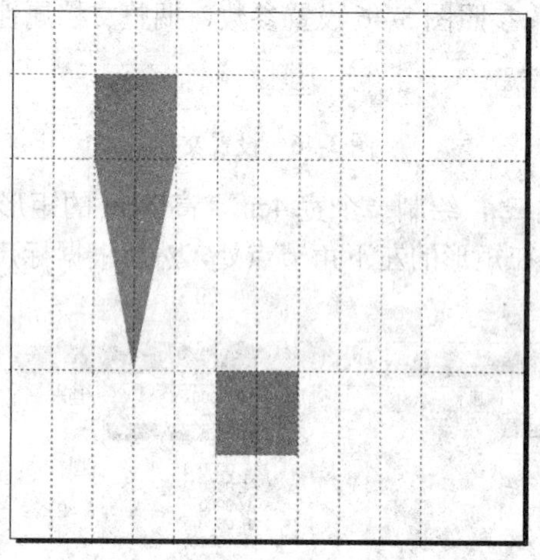

图 3-49　绘制三角形

（5）再制三角形，分别调整图形的位置，并与参考线对齐，如图 3-50 所示。

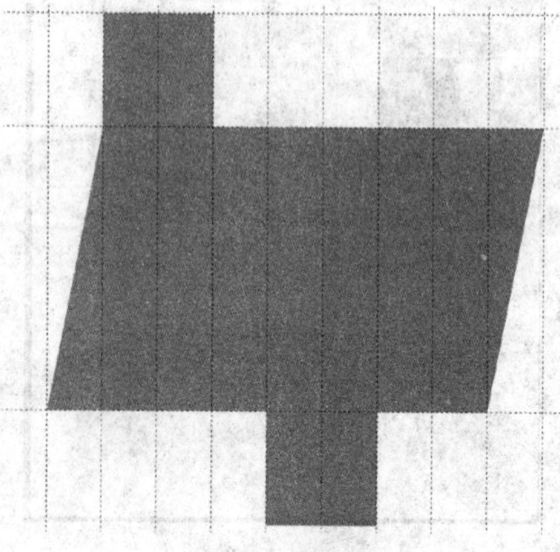

图 3-50　调整图形

（6）再制矩形。调整位置和形状，如图 3-51 所示。然后以 20%黑色进行无轮廓填充。

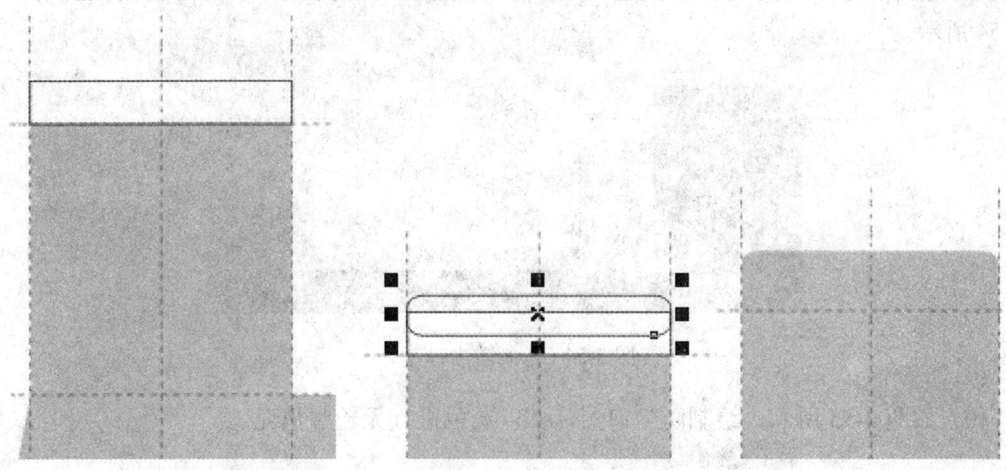

图 3-51　绘制口盖

（7）绘制矩形，将其转换为曲线，然后使用“形状”工具调整曲线，并以 20%黑色进行无轮廓填充，如图 3-52 所示。

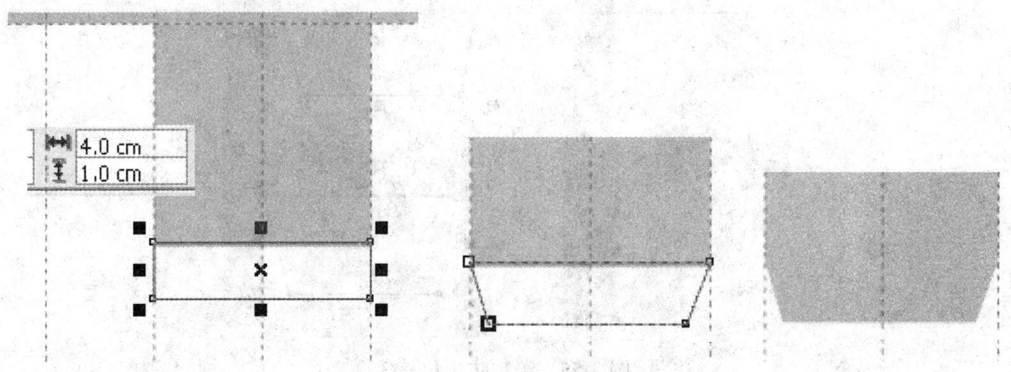

图 3-52　绘制包装下面的口盖

（8）绘制包装的防尘口盖，并以灰色进行无轮廓填充，如图 3-53 所示。

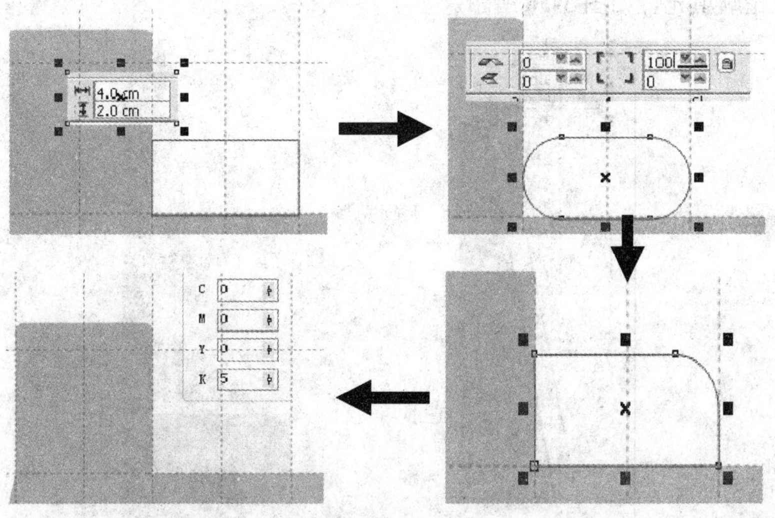

图 3-53　绘制防尘口盖

（9）再制防尘口盖，选择“挑选”工具，调整图形并与辅助线对齐，以灰色填充，如图 3-54 所示。

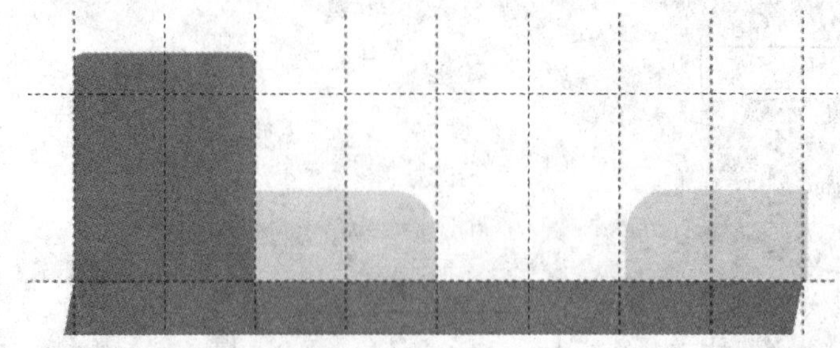

图 3-54　绘制防尘口盖 2

（10）如图 3-55 所示，绘制防尘口盖，并以灰色进行无轮廓填充。

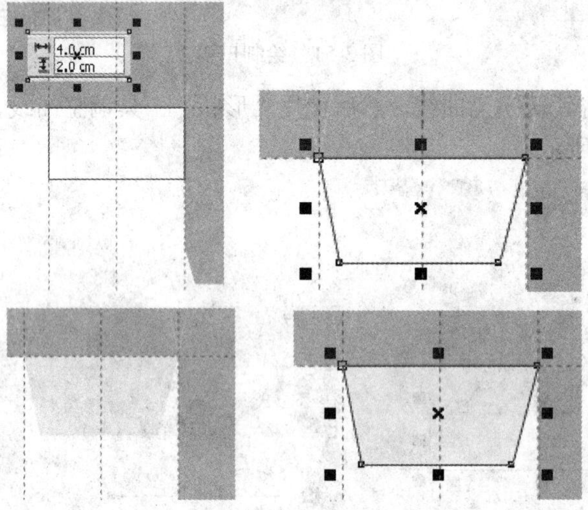

图 3-55　绘制防尘口盖 3

（11）再制防尘口盖，调整位置，并与辅助线对齐，使用“贝塞尔”工具，绘制曲线，并以灰色进行无轮廓填充，如图 3-56 所示。

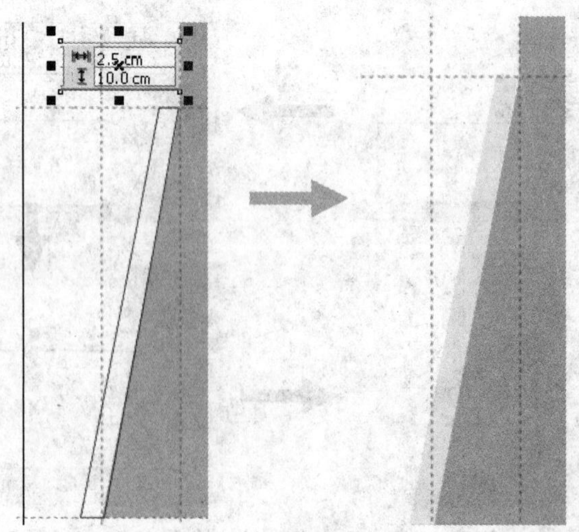

图 3-56　绘制接口部分

（12）完成后的最终效果如图 3-57 所示。读者可参照素材中的“桂花茶.cdr”文件，对图形所在的图层进行调整，然后将文件输出为 PSD 格式，以便进行后面的工作。

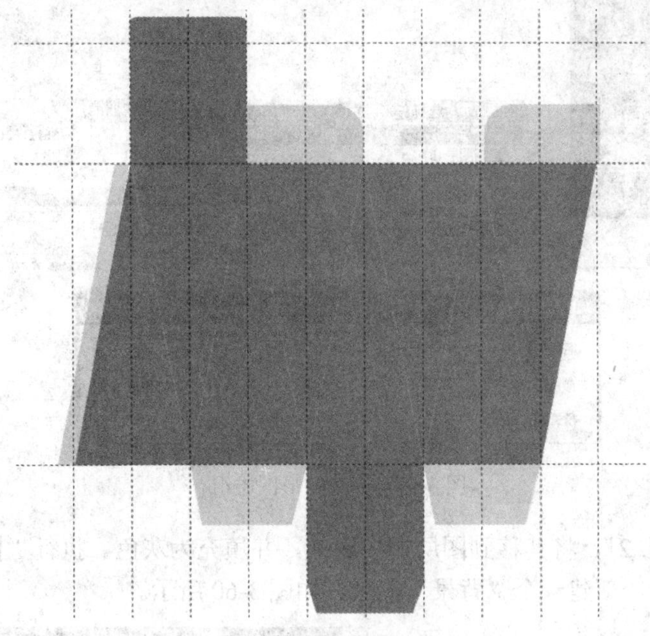

图 3-57　最终效果图

注意：导出文件之前，必须注意对图形所在的图层进行调整。将图形按照各自的内容划分到单独图层中，便于后期在 Photoshop 中进行调整。

4．在 Photoshop 中添加装饰纹样

（1）打开“桂花茶.psd”文件，如图 3-58 所示。

图 3-58　打开“桂花茶.psd”文件

（2）按住 Ctrl 键，单击每个图层，将它们同时选中。执行“从图层新建组”命令，创建图层组，将其命名为“外形”，如图 3-59 所示。

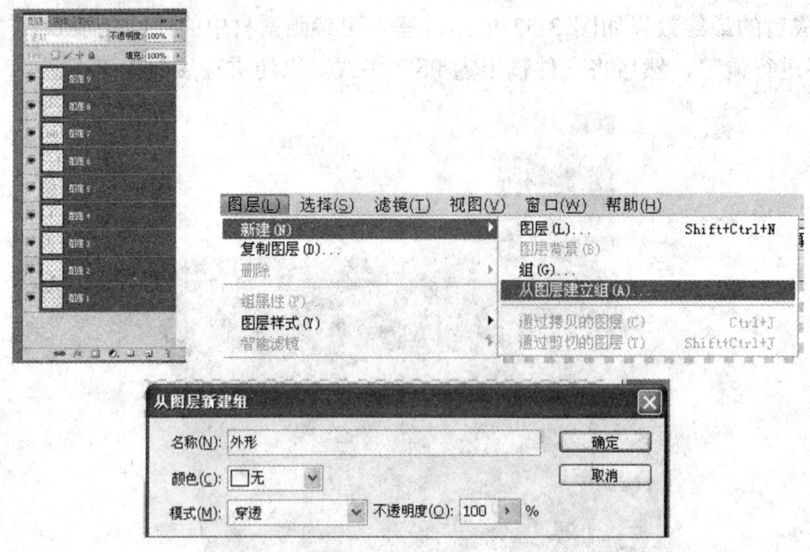

图 3-59　新建外形图层组

（3）新建“图层 2”，将其移到图层调板底部，并填充为灰色。执行“图层”→“新建”→“背景图层”命令，新建一个“背景”图层，如图 3-60 所示。

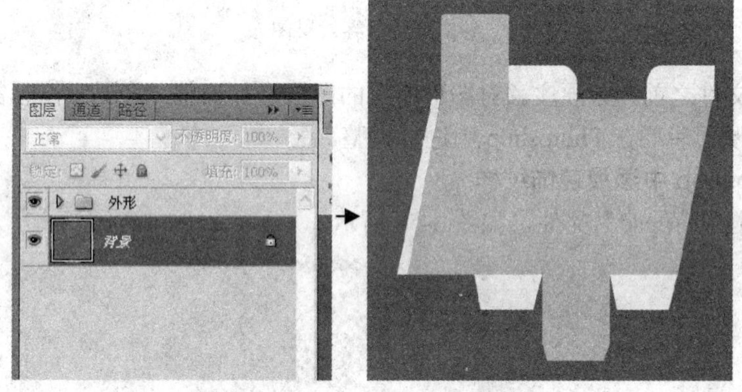

图 3-60　创建背景层

（4）按住 Shift+Ctrl 组合键，分别单击 01、02、03 图层缩览图，将选区载入，如图 3-61 所示。执行“色相/饱和度”命令，对图像颜色进行调整。

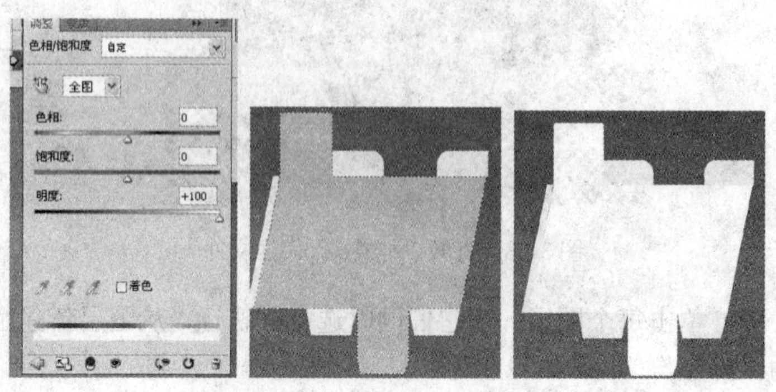

图 3-61　调整色相/饱和度

（5）新建图层，用矩形选框工具绘制一个矩形，并填充绿色 RGB（92∶167∶74），效果如图 3-62 所示。

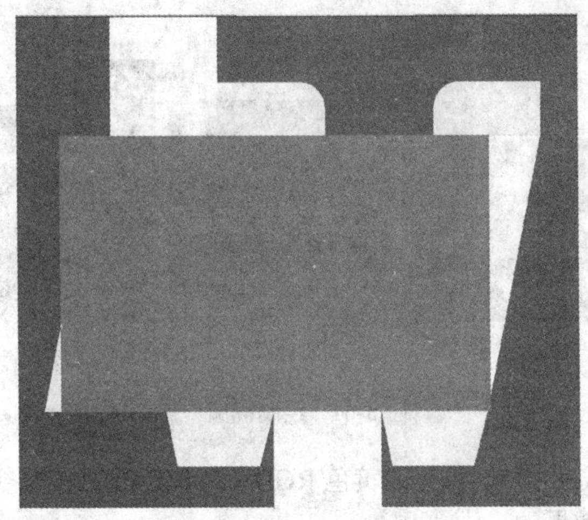

图 3-62　绘制矩形

（6）打开本书素材“桂林山水.jpg”文件，将文件复制到“桂花茶.psd”文件中，自动生成图层 3，使用“自由变换”命令将图层 3 调整大小后复制一个，并在执行“水平翻转”命令后将两图层合并为一层，再用“色相/饱和度”命令调整，效果如图 3-63 所示。

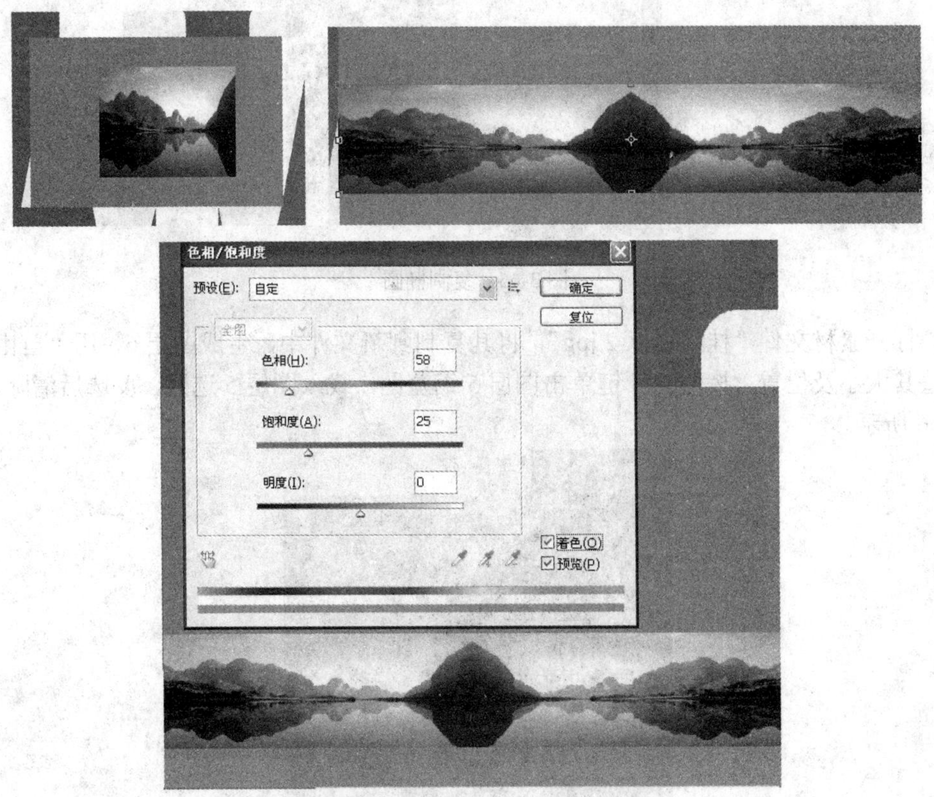

图 3-63　桂林山水效果图

（7）用“椭圆选取”工具绘制如图3-64（a）所示选区，按住Ctrl+Shift+Alt组合键，同时单击图层2，载入交叉选区，如图3-64（b）所示，新建图层4，填充金黄色RGB（208∶254∶59），效果如图3-64（c）所示。

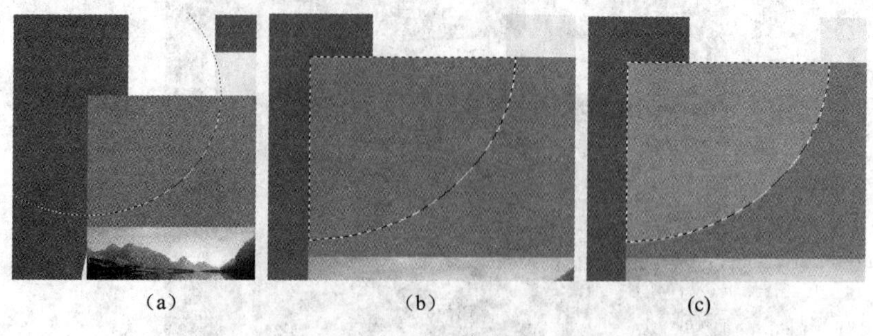

图3-64　绘制椭圆

（8）复制图层4生成图层5，填充浅黄色RGB（251∶248∶177），用“自由变换”命令将其调整成如图3-65所示效果。

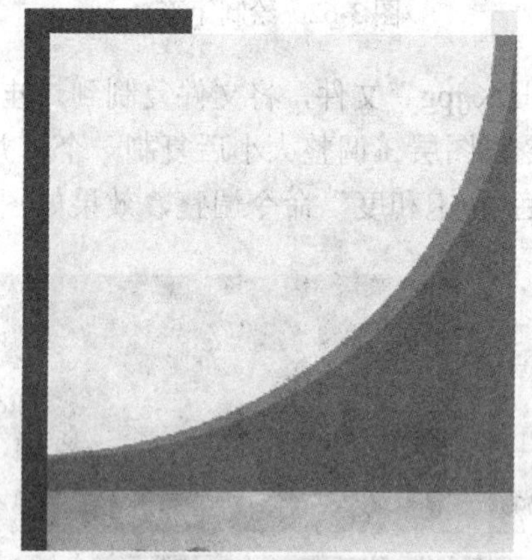

图3-65　复制椭圆

（9）打开素材文件“桂林山水2.jpg”，将其复制到新文件中，生成图层6，用“自由变换”命令调整其大小及位置，按住Ctrl键单击图层5缩览图，载入图层5选区，反选后清除，效果如图3-66所示。

图3-66　调整后新图形的效果

（10）打开素材文件“桂花.jpg”，将其复制到文件中，并用“钢笔”工具选择，清除花朵以外区域，用“自由变换”命令调整其大小及位置，清除椭圆以外像素，效果如图 3-67 所示。

图 3-67 复制桂花素材到文件中

（11）打开素材文件“茶具.jpg”，用“钢笔”工具选择茶具并将其复制到文件中，生成图层 9，给其添加投影图层样式。效果如图 3-68 所示。

图 3-68 复制茶具素材到文件中

（12）同时选中图层 2～图层 9，用“自由变换”命令调整成如图 3-69 所示效果。

图 3-69 变换图像

（13）新建图层 10，载入图层 01 选区，填充绿色。使用“文字”工具输入相关产品信息，最终效果如图 3-70（a）所示。立体效果如图 3-70（b）所示。

（a）

（b）

图 3-70　完成效果

3.5.2　青梅酒包装设计

酒文化在我国可以说是源远流长，而酒的包装也是千变万化。本节将设计制作一款青梅酒的外包装，其制作完后的效果如图 3-71 所示。

图 3-71　青梅酒包装效果

1. 要求

为新上市的一款具有地方特色的清香型酒设计制作一个外包装。在包装上，首先要求能够体现出产品的消费档次和浓厚的民族文化内涵，并且希望消费者在看到商品时，能够产生信任感，对该品牌能够留下好的印象。然后希望在包装上体现出这款酒的口味特点，以此来更好地树立品牌形象。

2. 设计思路

青梅酒是广西贺州一款很具地方特色的清香型白酒。贺州是一个山清水秀的地方，少数民族文化氛围浓厚。鉴于此特点，在包装上，将使用壮族的壮锦图案来作为底纹处理，一是和主题相一致，二是可以很好地衬托出产品的形象。在整个画面的处理上，配以贺州优美的风景及新鲜的青梅图案装饰，反衬出该酒口味香醇的特点。

该包装的平面结构图较为简单，可直接在 Photoshop 中创建。为了让画面产生古朴的效果，在底纹的处理中，将使用图案填充和色彩调整等命令，制作古朴的木条效果。

3. 在 CorelDRAW 中绘制包装结构图

（1）运行 CorelDRAW，设计文件，其属性如图 3-72 所示。

图 3-72　设置文件属性

（2）选择“矩形”工具，绘制一个矩形，以 20%黑色进行无轮廓填充，如图 3-73 所示。

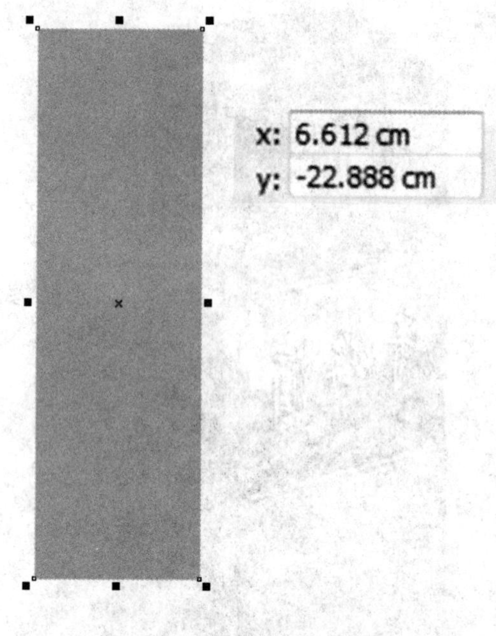

图 3-73　绘制矩形

（3）分别执行“查看”→“对齐辅助线”和“查看”→“对齐对象”命令，对视图编辑环境进行调整。

（4）使用鼠标在“水平标尺”和“垂直标尺”交叉处单击，拖动鼠标至矩形左上角点处释放按键，设置其为标尺原点，如图 3-74 所示。

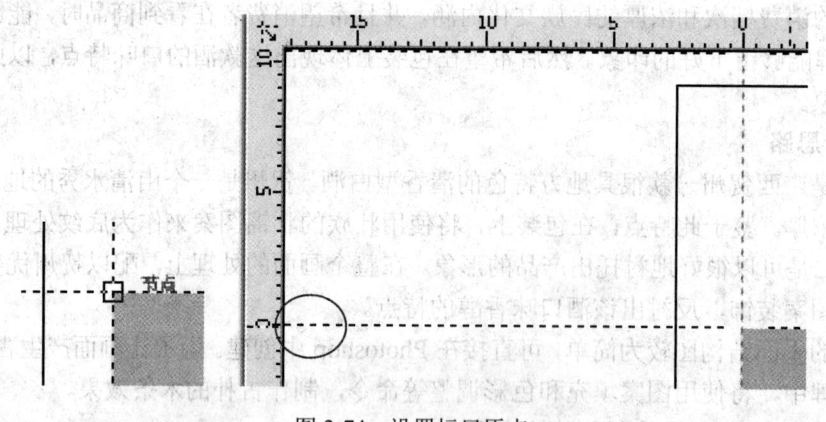

图 3-74　设置标尺原点

（5）执行“查看”→“辅助线设置”命令，根据标尺原点的位置，参照图 3-75 设置辅助线在页面中的具体要求位置。

（6）复制绘制的矩形，分别放置到如图 3-76 所示位置，使其与参考线对齐。选择“矩形”工具，绘制矩形，参照图 3-77 设置参数。单击属性栏中的“转换为曲线”按钮，将矩形转换为曲线。

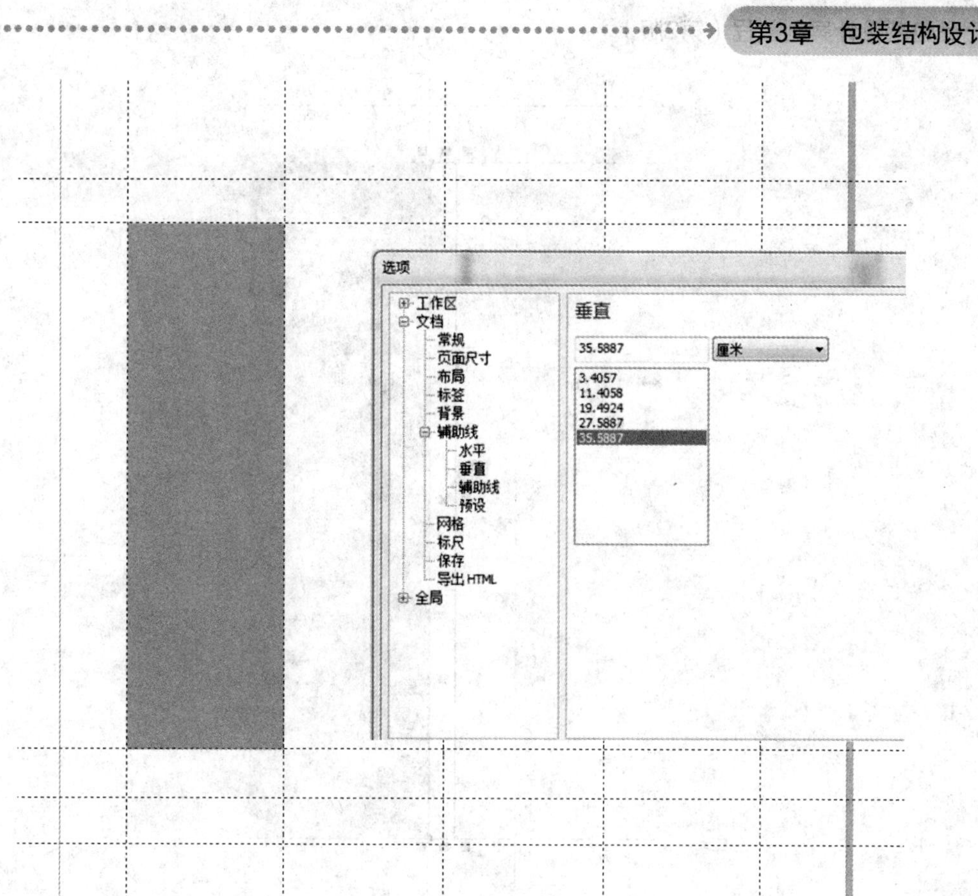

图 3-75　设置辅助线

图 3-76　复制矩形

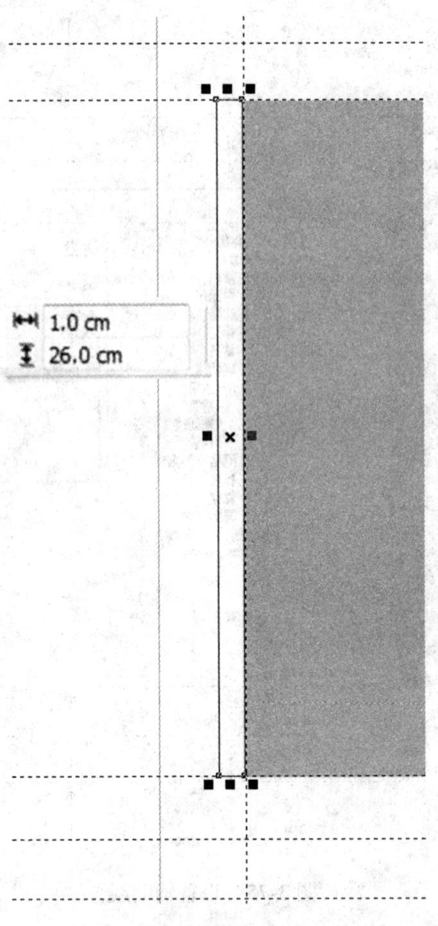

图 3-77　绘制接口部分矩形

（7）选择“形状”工具，分别选中曲线左边的两个节点，使用键盘上的方向键将上面的节点向下移动三次，将下面的节点向上移动三次，如图 3-78 所示，对图形进行编辑，并填充灰色。

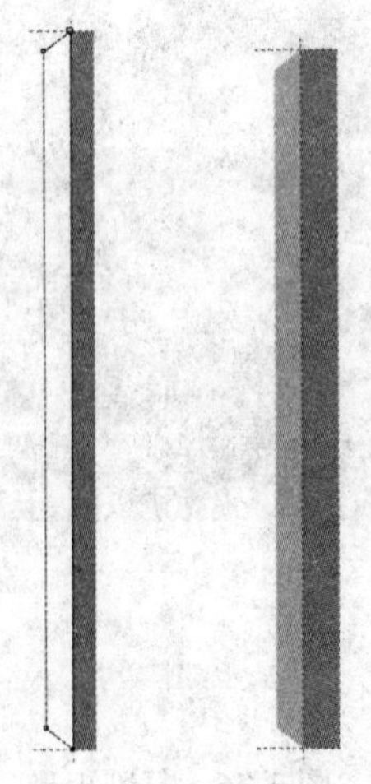

图 3-78　绘制黏合襟片

（8）使用“矩形”工具，绘制矩形，如图 3-79 所示。

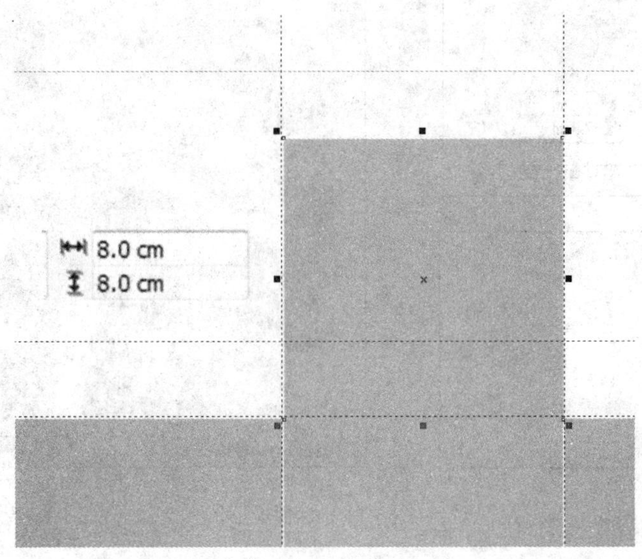

图 3-79　绘制纸盒口盖矩形

（9）选择“矩形”工具，绘制矩形，按照纸盒接口部分的制作步骤来制作纸盒的防尘口盖，完成效果如图 3-80 所示。

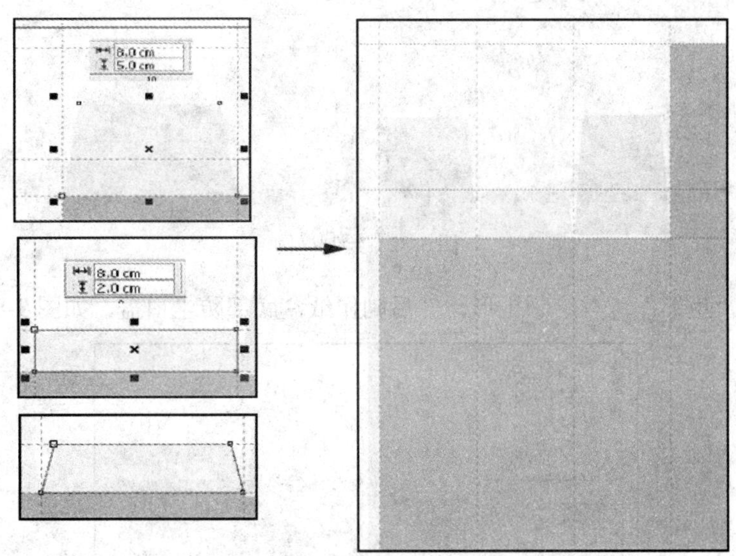

图 3-80　绘制防尘襟片矩形

（10）使用“矩形”工具绘制矩形，将矩形转换为曲线后，使用“形状”工具调节曲线，如图 3-81 所示。

（11）选择“椭圆”工具 绘制椭圆。保持椭圆和曲线为选择状态，单击属性栏中的“后剪前”按钮，完成后效果如图 3-82 所示。

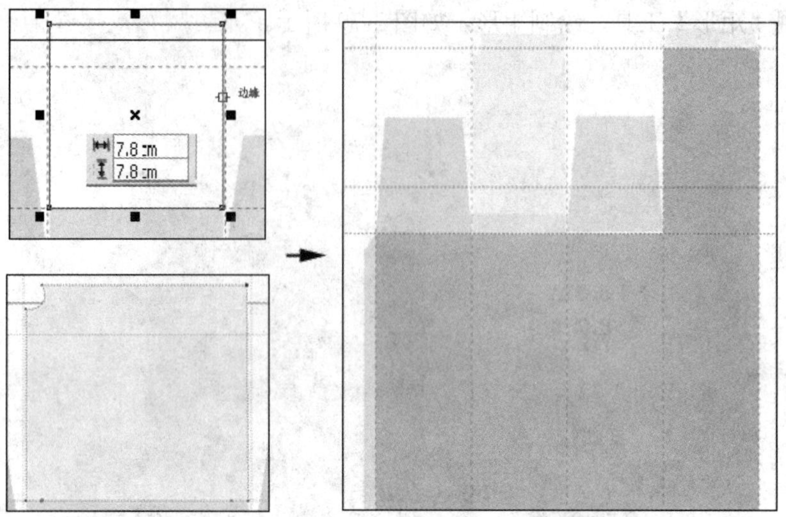

图 3-81　绘制矩形

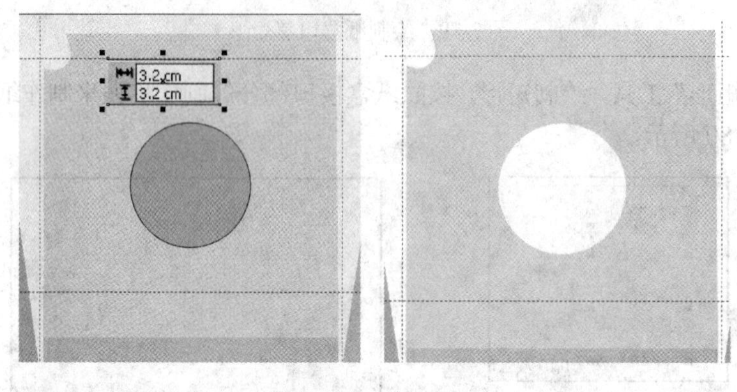

图 3-82　绘制椭圆

（12）使用“矩形”工具绘制矩形，然后制作纸盒底部防尘口盖，如图 3-83 所示。

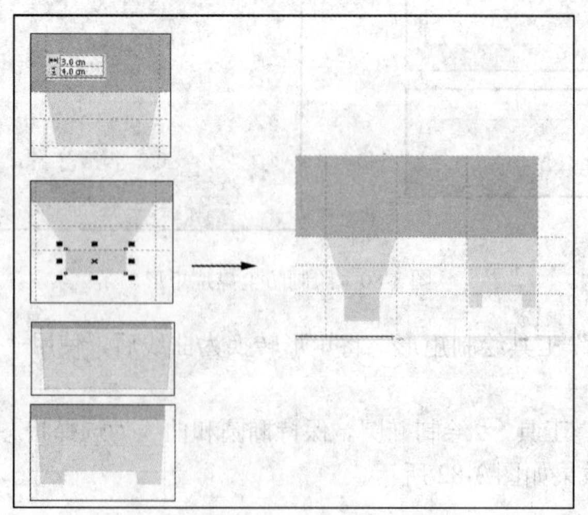

图 3-83　绘制纸盒底部防尘口盖矩形

（13）使用“矩形”工具绘制矩形，如图3-84所示，将矩形转换为曲线后使用“形状”工具调节曲线。

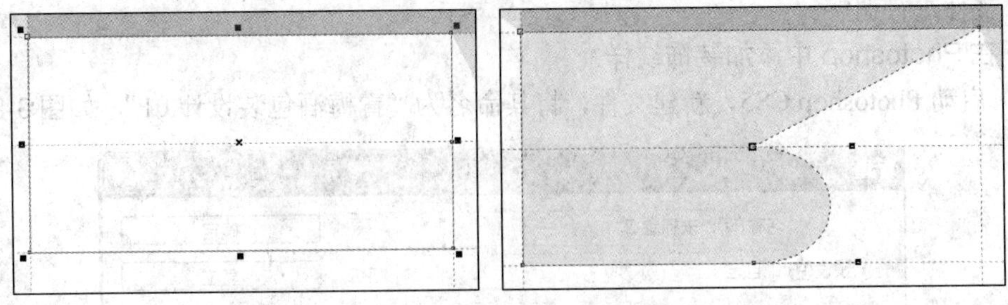

图3-84 调节曲线

（14）复制刚绘制的图形，单击“镜像”按钮，水平镜像图形，然后将其放置到图3-85所示位置。

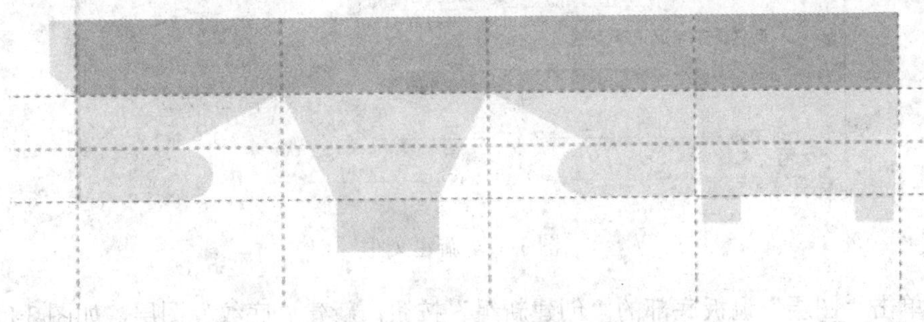

图3-85 调整图形位置

（15）最终完成效果如图3-86所示。读者可打开素材“青梅酒包装设计.cdr”文件进行查看。

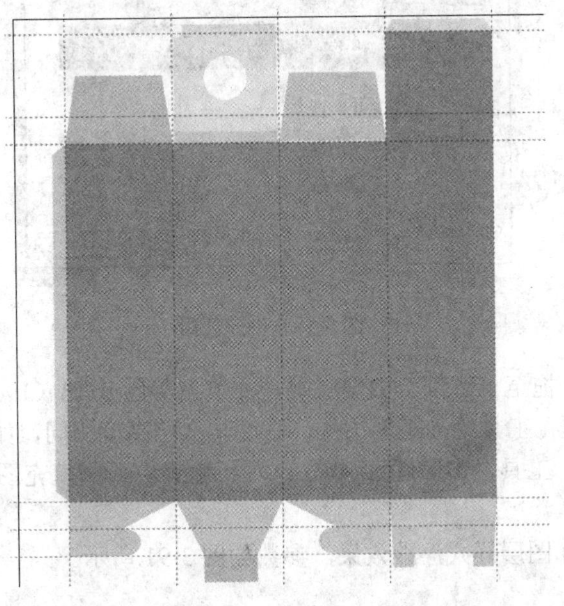

图3-86 最终效果图

注意：导出文件之前，须注意对图形所在的图层进行调整，将图形按照各自的内容划分到单独的图层中，以便后期在 Photoshop 中对图像进行调整。读者可参照素材“青梅酒包装设计.cdr”文件进行调整。

4. 在 Photoshop 中添加装饰纹样

（1）启动 Photoshop CS5，新建文件，将其命名为“青梅酒包装设计 01”，如图 3-87 所示。

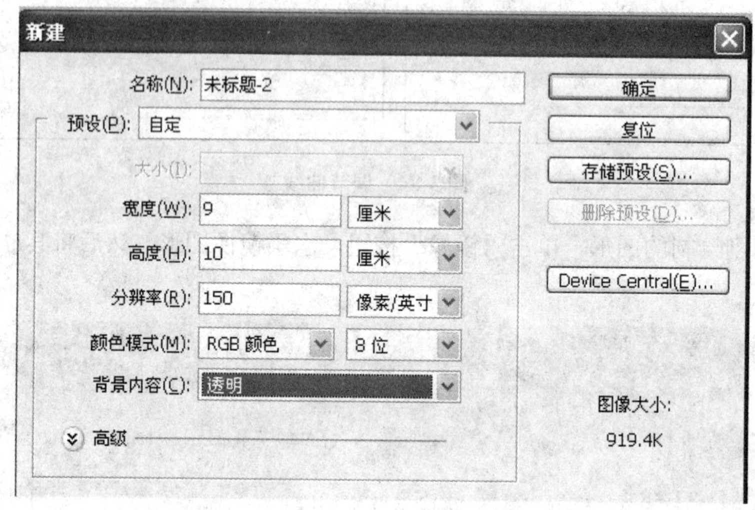

图 3-87 新建文件

（2）单击“图层”调板底部的“创建新组”按钮，新建“底纹”图层，如图 3-88 所示。

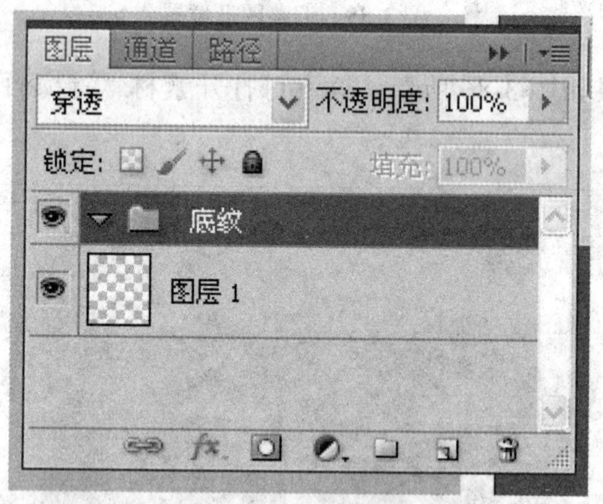

图 3-88 创建新组

（3）将“图层 1”拖至“底纹”图层组中，并填充灰色 RGB（196 : 196 : 196），再新建图层 2，使用“矩形选框”工具绘制矩形选框，高度与文档高度相同，如图 3-89 所示。

（4）用“油漆桶”工具，参照图 3-90 在选项栏上设置所需填充图案。并给图层 2 填充所选图案。

（5）给图层 2 添加图层样式浮雕效果，参数如图 3-91 所示。

图 3-89　绘制选区

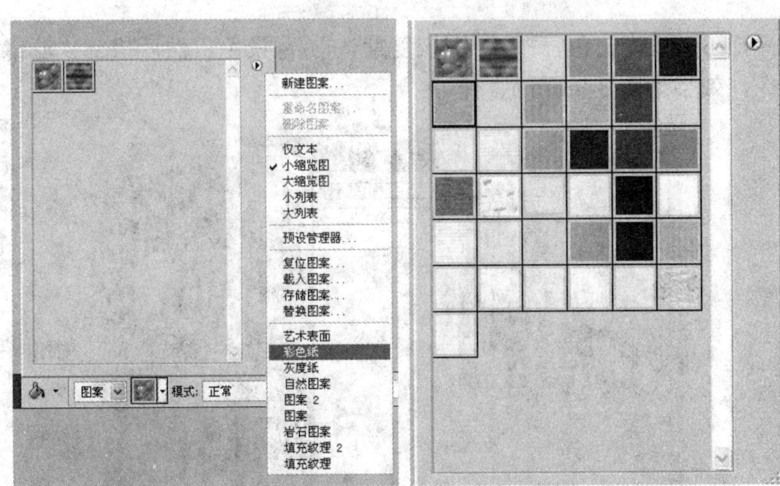

图 3-90　设置图案

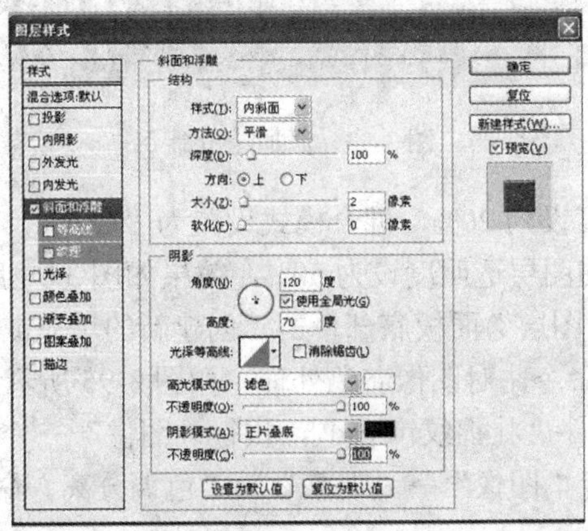

图 3-91　添加图层样式

（6）按住 Alt 键的同时，用“移动”工具拖动图层 2，复制多个，然后合并所有复制图层到图层 2 中并用“自由变换”命令进行调整，效果如图 3-92 所示。

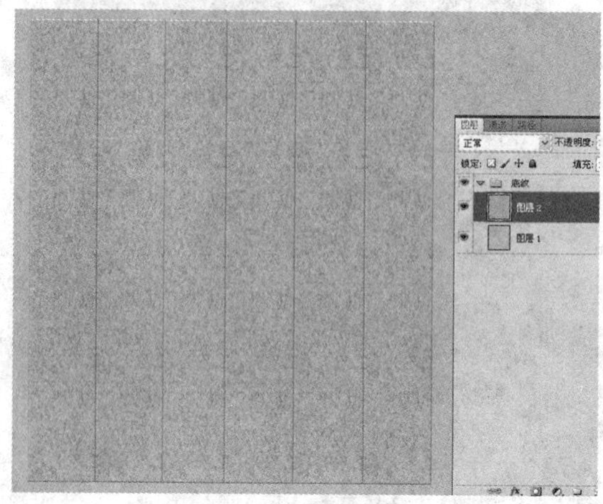

图 3-92　复制图层

（7）新建图层 3，填充白色，按 D 键恢复默认前/背景色，然后执行“滤镜”→“渲染”→“纤维”命令，效果如图 3-93 所示。

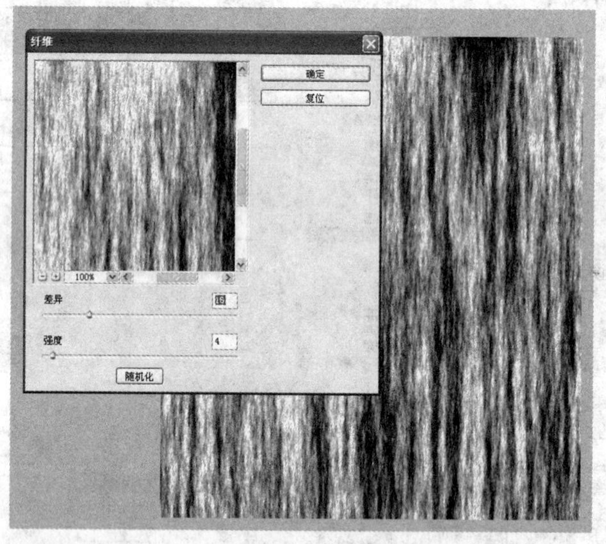

图 3-93　添加滤镜命令

（8）将图层 3 的透明度设为 20%，混合模式设置为“叠加”，然后向下合并，将图层 3 合并到图层 2 中，将合并后的图层透明度设为 50%，效果如图 3-94 所示。

（9）选中图层 1，在“图层”面板底部单击“创建新的填充或调整图层”按钮，在弹出菜单中选择“色相/饱和度”命令，对图像着色处理，如图 3-95 所示。

（10）打开本书素材文件“壮锦纹饰.psd”，执行“图像”→“调整”→“去色”命令，将图像调整为灰色调。再执行“图像”→“调整”→“色调分离”命令，对图像色调进行调整，如图 3-96 所示。

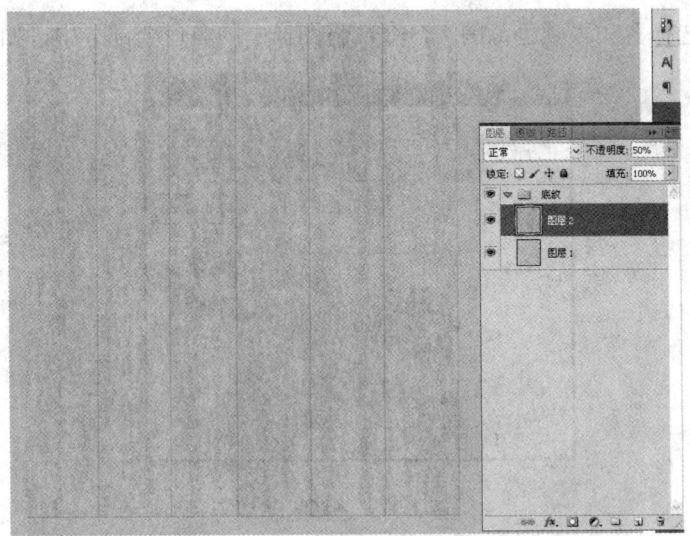

图 3-94　调整图层属性

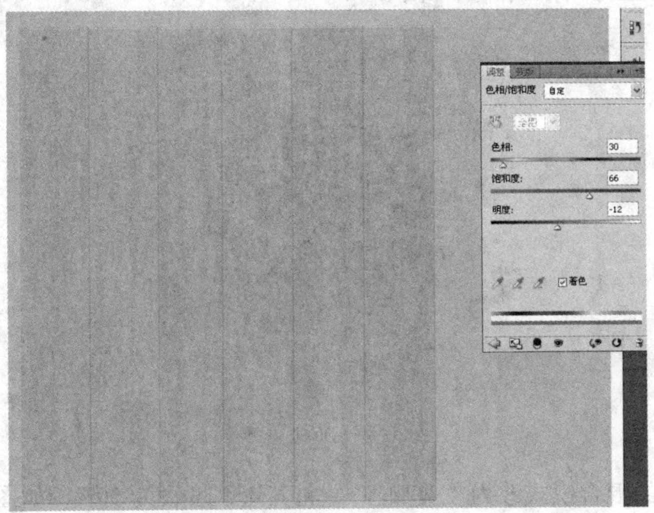

图 3-95　调整图像颜色

图 3-96　调整图像色调

（11）执行“选择”→“颜色范围”命令，将图像中的白色全部选中，如图3-97所示。

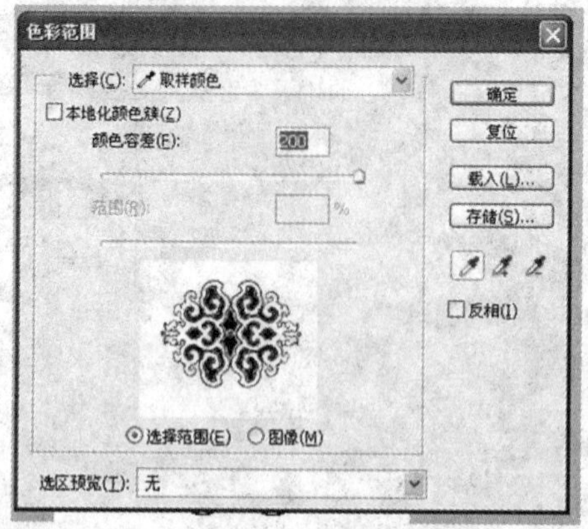

图3-97　选择图像

（12）将选区反转，执行“拷贝”命令，将选区中的图像复制至“青梅酒包装设计01”文档中，放置在图层2上方，如图3-98所示。

图3-98　复制素材

（13）将图层3的混合模式改为“叠加”，并将其透明度设为50%，如图3-99所示。

图3-99　编辑图像

（14）新建调整/填充层，用“色阶”命令对照图 3-100 所示，对图像的色调进行调整。复制多个图案，将其制作成如图 3-101 所示效果。

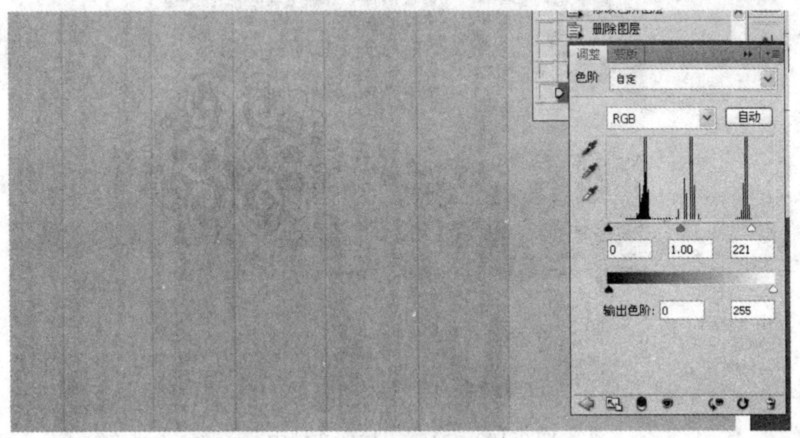

图 3-100 调整图像

图 3-101 复制多个图案

（15）打开素材文件“贺州山水.jpg”，将其复制到“青梅酒包装设计 01”文档中，并用“自由变换”命令调整好位置大小，如图 3-102 所示。

（16）执行“图像”→“调整”→“色相/饱和度”命令，再执行“图像”→“调整”→“亮度/对比度”命令，将图像调整成如图 3-103 所示效果。

（17）用“矩形选框”工具选择一部分清除。打开素材文件“青梅.jpg”，复制粘贴到文档中并调整，效果如图 3-104 所示。

图 3-102　复制素材到文档中

图 3-103　调整图像

图 3-104　调整后效果

（18）输入文字，完成后效果如图 3-105 所示。

图 3-105　输入文字

（19）打开前面制作完成的酒盒包装文件“青梅酒.psd”，参照图 3-106 为酒盒添加底纹和文字信息，完成其包装设计的全部工作。

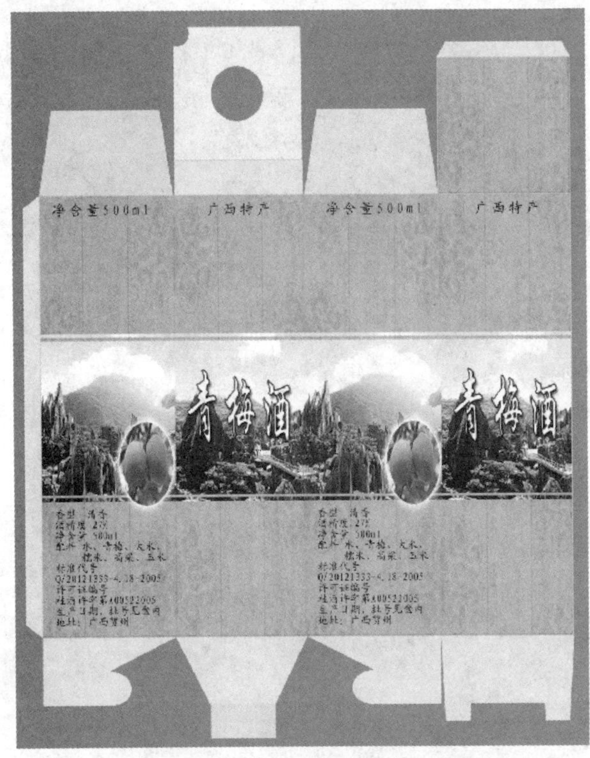

图 3-106　最终效果及立体包装效果图

3.6　本章实践

1．完成以下几种纸盒包装的练习，要求制作出实物并绘制其结构图。

（1）锁定式纸盒。

（2）异形纸盒。

（3）展开式纸盒。

（4）开窗纸盒。

2．运用拟态象形手法，设计制作一件纸盒包装结构，要求制作出实物并绘制其结构图。

第4章 包装容器造型设计

在人类生活的社会中，为了生产或生活的需要，人们设计发明了各式各样的容器，它为人类生活提供了方便。其中，有以实用为目的的，有以观赏为目的的，也有既实用又可陈设观赏的。现代容器设计的目的是既要适应社会的实用性，又要满足人类社会对美的追求。

本章着重介绍产品包装中容器造型设计的定义、功能，容器造型的分类，容器造型设计的构思方法，容器造型制作的工艺流程等内容。使读者通过本章学习，了解产品包装容器造型设计的基本方法和容器造型设计的思想理念，掌握容器造型设计的方法和技能，能独立地进行产品包装容器造型设计。

要点

- ✧ 容器造型设计的定义、功能和分类
- ✧ 容器造型设计的构思方法
- ✧ 容器造型制作的工艺流程

重点内容

了解容器造型设计的内容和制作流程，掌握容器造型设计的构思方法。

4.1 容器造型设计概述

4.1.1 容器造型设计的基本要求

现代的容器设计已不是普通意义上的概念了，它是社会中一个不可忽视的美的组成部分。一件好的容器不但能使人赏心悦目，而且能够让人产生美的联想，还能点缀人们的生活，影响人们的观念，促进社会的进步。

1. 功能要求

容器造型的设计首先要符合功能的需求，还要符合材料加工工艺的要求。

2. 形态要求

在功能得以满足的基础上，要将材料质感与加工工艺的美感充分体现于容器造型本身，不能有丑陋、低俗、不益于社会及不良影响的容器造型形态。

3. 社会与经济要求

由于社会的地域性或习俗等原因，容器造型设计要针对地域的不同而有所差别，还要针对不同文化层次的人群。同时，注意容器设计与成本的关系，使设计的容器与销售价格相匹配，如在某些生产行业，就对包装占产品的成本比例有明确严格的规定。

4. 符合环保的要求

在现代社会中，随着人与自然和谐发展的理念日趋成熟，人们在生产过程中越来越注重对自然环境的保护。因此，在容器造型设计过程中，应将时下流行的一些社会理念在设计中得以体现，使设计具备独特的风格、便利的功能和新颖的造型。

图 4-1 所示这款坚果食品包装容器在造型上非常生动地模仿了“开口笑”，是希望该款食品（开心果）带给消费者更多开心与快乐，同时一级包装和二级包装可以分离，一级包装的连接方式为锁扣连接，可重复使用，二级包装可直接拿出来，承装物品摆放使用。当食品吃完后也可当做小饰品盒，具有环保功能。包装材料本身选用环保纸盒折叠，而且还具有防潮的效果。

图 4-1　坚果包装设计

4.1.2　容器、造型及造型设计的定义

1. 容器

一般来讲，以盛装、贮存、保护商品、方便使用和传达信息为主要目的的所有物质的造型都可称为容器。

2. 造型与造型设计

对于产品包装来说，“造型”不仅是指容器外形，而是根据包装商品的性质和存储、流通、促销的需要，直接与商品的使用方式相关的形状，包装内形与外形。

因此，包装容器造型设计是根据被包装商品的特征、环境因素和用户的要求等选择一定的材料，采用一定的技术方法，科学地设计出内外结构合理的容器或制品。

容器造型设计不同于其他艺术语言——可以反映明确的思想内容，但可以凭借造型的多样变化和艺术性，反映出美的特征和健康的情调。容器造型设计具有以下特点。

（1）造型是为产品的功能服务的，优美的包装造型有利于强化包装的实用与方便功能，美化产品，吸引消费者，促进商品的销售。

（2）包装造型是包装装潢的载体，优美的造型为包装的视觉传达设计奠定了良好的基础，可以说包装造型在整个包装设计体系中占有重要的位置，是优秀包装设计的关键所在。

任何包装容器的造型都必须借助一定的材料和各部位具体的结构来支撑组合完成。在包装造型设计中，由于受包装功能要求和制造包装容器的材质与工艺技术的制约，导致在包装造型与结构设计上的不同侧重与要求。

4.1.3　产品包装容器造型分类

1. 根据材质和成型特点分类

包装容器可分成两类：硬质包装容器和软质包装容器。

硬质包装容器包括瓶、罐、盒、钵、盘、箱、杯、碗、洗、筒等，如图 4-2 和图 4-3 所示。

图 4-2　瓶式包装

图 4-3　罐式包装

这类包装容器形成后硬度大，不易变形，化学物质稳定性好，被大量用在酒、饮料、医药、化工等液态、粉状类商品的包装。

软质包装容器主要以质地软，易折叠的纸质材料、软塑材料、复合膜、吸塑、纺织材料、纤维材料等制作的各种包装容器，如图 4-4 和图 4-5 所示。

图 4-4　纸盒包装

图 4-5　软塑包装

2. 根据包装容器的造型来分类

因形体变化特点而得名，如方瓶、圆瓶等，如图 4-6 和图 4-7 所示。

图 4-6　方瓶

图 4-7　圆瓶

因模仿自然界的形态而得名，如莲子瓶、葫芦瓶等，如图 4-8 和图 4-9 所示。

图 4-8　莲子瓶

图 4-9　葫芦瓶

因受其他工艺造型影响，与生活中某些器物造型相似而得名，如铜鼓型、竹节型、风铃型等，如图 4-10～图 4-12 所示。

图 4-10　铜鼓型

图 4-11　竹节型

图 4-12　风铃型

3. 从材料分

从材料上分，有木质、金属、玻璃、草制品、塑料、陶瓷制品等。

4. 从用途分

从用途上分，有酒水类、化妆品类、食品类、药品类、化学实验类容器制品等。

4.2　产品包装造型的构成及艺术规律

4.2.1　包装容器造型的构成

包装容器造型的三个基本构成要素是：功能、材料与工艺、造型。功能是容器设计的目的，材料与工艺是设计的手段，造型则是包装容器设计的灵魂。造型包括式样、质感、色彩、装饰等，是由材料和工艺条件所决定的。造型构成通过线型、比例和变化来体现，容器造型的线型和比例，是决定容器外观美的不可缺少的重要因素，而容器造型的变化则是强化容器造型设计个性所必需的。

1. 基本形体

容器造型总是由方与圆组成，体现在线型上就是直线与曲线的结合。将曲线与直线组织在一起，使之成为既对比又协调的整体。

现代包装容器造型千变万化，但不论怎样的造型，都有一定的基本形体。容器的基本形体可分为方体、球体、圆锥体、圆柱体等。在容器造型设计中，不同的形体有不同的作用和特点，如方体可表现端庄稳定感，球体可体现饱满感，圆锥体具有灵巧性，圆柱体可体现挺拔感，等等。

2. 比例

比例是指容器造型各部分之间的尺寸关系，包括上下、左右、主体和副体、整体与局部之间的尺寸关系，容器的各个组成部分（如瓶的口、颈、肩、腰、腹、底）。比例的恰当安排，体现出容器造型的美，确定比例的根据是体积容量、功能效用、视觉效果。

3. 变化

变化设计是指一定的功能要求确定容器造型的基本形体，在基本型（筒体、方体、锥体、球体）的基本特征上，根据直线和曲线的构成，用变化来对造型加以充实、丰富，从而使容器造型具有独特的个性和情趣。变化的手法有以下 6 种。

（1）切削。

切削是指对基本形加以局部切削，使容器产生局部面的变化，如图 4-13 所示。由于切削的部位大小、数量、弧度的不同可使造型千变万化。

（2）空缺。

空缺是指在容器造型上为了便于携带提取或视觉效果上的独特而进行虚空间的处理，如图 4-14 所示。空缺的部位可在容器正中，也可在器身的一侧。空缺部分的形状要体现单纯性，以一个空缺为宜，避免纯粹为追求视觉效果而忽略容积的问题。如果是功能上所需的空缺，应考虑到符合人体的合理尺度。

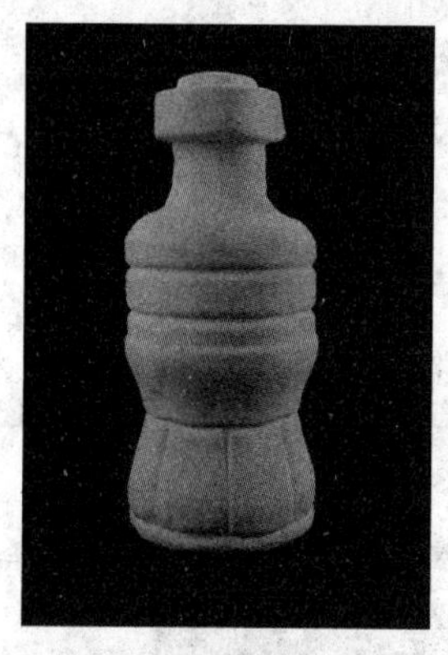

图 4-13　切削设计

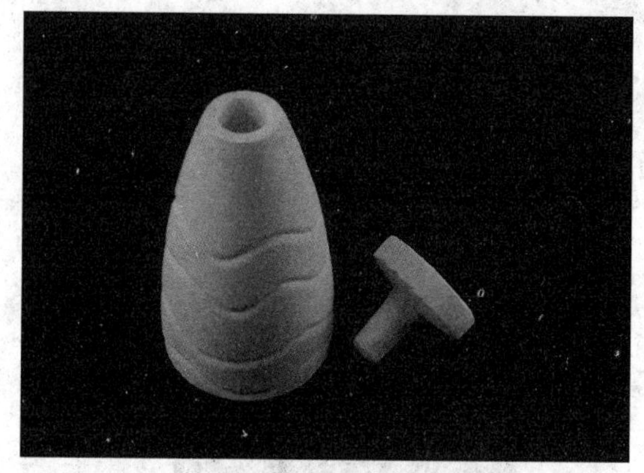

图 4-14　空缺设计

（3）凸凹。

通过在容器上加以与其风格相同的线饰，或通过规则或不规则的肌理在容器的整体或局部上产生面的变化，使容器出现不同质感、光影的对比效果，以增强表面的立体感，如图 4-15 所示。

（4）变异。

在基本型的基础上进行弯曲、倾斜、扭动或其他反均齐的造型变化，如图 4-16 所示。此类容器一般加工成本较高，多用于高档商品的包装。

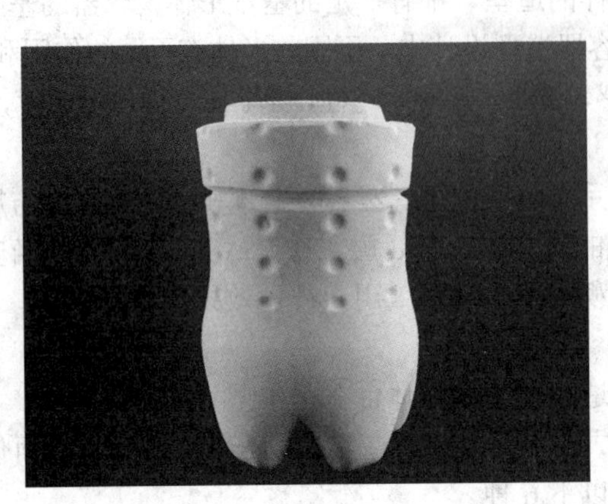

图 4-15　凸凹设计

图 4-16　变异设计

（5）拟形。

拟形是指通过对某种物体的写实模拟或意象模拟来取得较强的趣味性和生动的艺术效果，以增强容器自身的展示效果，但造型一定要简洁、概括、便于加工，如图 4-17 所示。

（6）配饰。

配饰是指通过与容器造型本身不同材质、形式所产生的对比来强化设计的个性，使容器造型设计更趋于风格化。配饰的处理可以根据容器的造型，采用绳带捆绑、吊牌垂挂、饰物镶嵌等形式，如图 4-18 所示。

图 4-17　拟形设计

图 4-18　配饰设计

4.2.2　容器设计的艺术规律

容器造型设计既要符合大众的审美水准与情趣，又要符合美的法则，这些法则可通过容器造型线型、体量、空间等多方面的变化、统一、对比、调和等方式来体现。

在容器设计中所谓的线型，主要是指造型的外轮廓线，它构成了造型的形态。线型归纳起来可以分为曲线与直线两大类，每种线型都可以代表一种情感因素。

造型的体量是指形体各部位的体积，给人的感官分量。如果能将它运用得恰到好处，可以突出形体主要部分的量感和形态特点。

包装容器造型设计可遵循以下规律。

1. **统一与变化**

在容器设计中，统一是指造型的整体感，变化是指造型局部的区别，如图 4-19 所示。统一指的是形态的整体都是方形，变化是指造型各部位有局部的变化。统一的造型设计利于体现产品包装的条理性，而统一中的变化则可体现造型的多样性。

图 4-19　造型统一与变化

2. **重复与呼应**

重复与呼应是指在造型设计中容器线型和体量的重复使用，以使包装造型产生和谐的秩序美感和节奏美感，包括单个造型中同一线型的重复（见图 4-20），以及系列包装中同一形态元素或相近形态元素的使用（见图 4-21）。

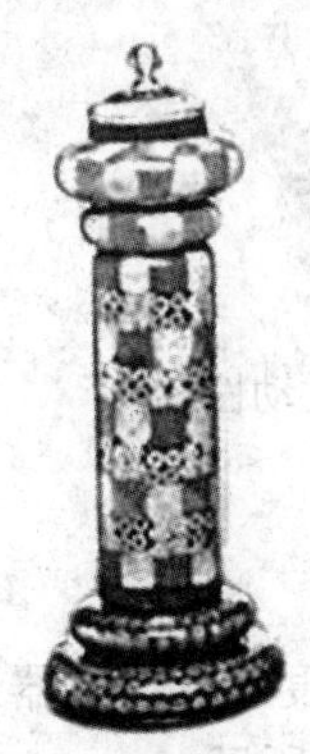

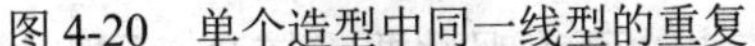

图 4-20　单个造型中同一线型的重复

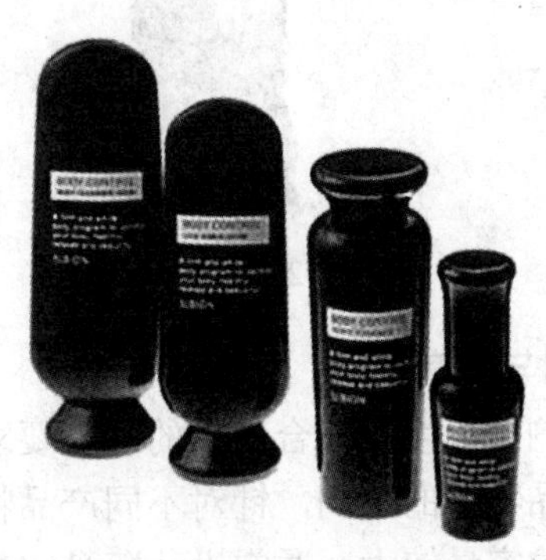

图 4-21　系列包装中同一形态或相近形态元素的使用

3. **对比与调和**

容器造型对比与调和（见图 4-22）是指容器造型在线型、体量、空间、质感、色彩等方面产生对比变化，同时整体效果科学美观。

4. **整体的稳定性与局部的生动性**

容器造型整体是指造型的基本风格特点，造型整体要体现使用和视觉上的稳定性，如

图 4-23 所示。

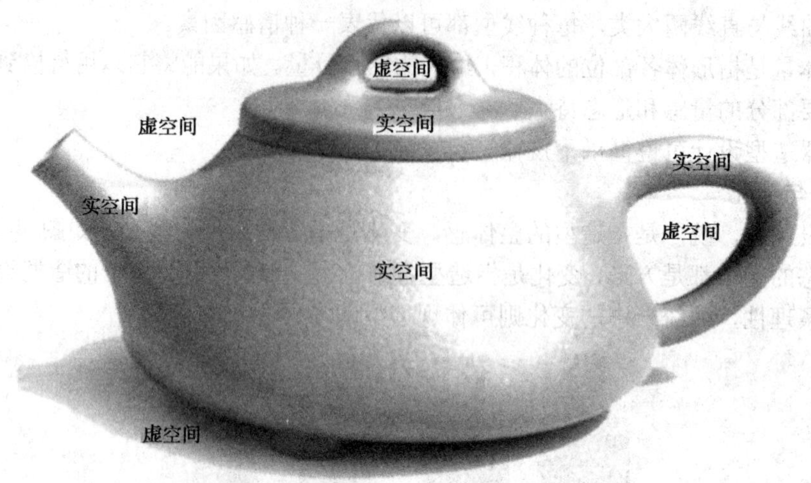

图 4-22　空间虚实对比

造型局部的生动性是指在符合整体风格基调的前提下，将局部处理，使造型的特点更加突出，体现视觉上的生动性，局部的处理在整个设计中起到“画龙点睛”的效果，如图 4-24 所示。

图 4-23　整体稳定性

图 4-24　局部生动性

5. 比例与尺度

（1）比例与尺度要适合产品的功能要求。

由于产品特点的不同，针对不同产品特点要采用不同的比例与尺度，以酒容器造型为例，由于容器要求容量较大，通常设计瓶身实体部分比例较大，如图 4-25 所示。

以化妆品（香水、霜类）为例，由于商品特征要求容器较小，而美观性要求较高，因此通常实体比例较小，而采用配饰、质感等方式体现造型美感，如图 4-26 所示。

（2）比例与尺度要适合产品的审美要求。

① 直筒类 —— 简洁、大方、刚性美，如图 4-27 所示。

② 非直筒类 —— 精致、小巧、柔性美，如图 4-28 所示。

③ 配套产品组合比例 —— 比例适中、线条统一中求变化、差别不宜过大。

图 4-25　酒容器造型

图 4-26　化妆品容器造型

图 4-27　直筒类

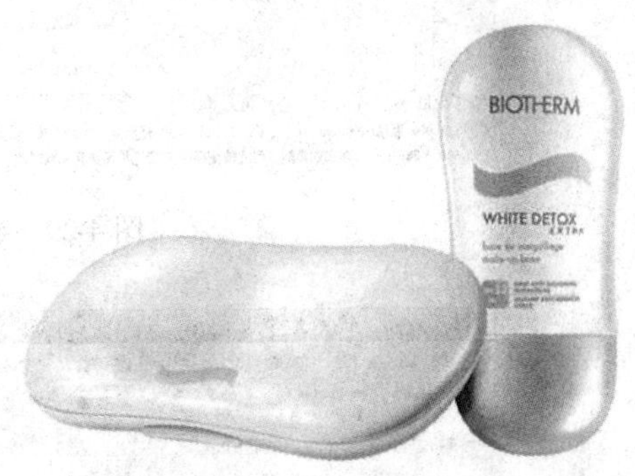

图 4-28　非直筒类

（3）比例与尺度要适合产品的工艺要求。

如陶瓷，它必须经过高温烧制等工艺过程，原料在高温烧制过程中有一个熔融的阶段，如果造型的比例不合理，就会出现变形现象。

（4）比例与尺度要适合人体工程学。

4.2.3　实例制作

例 4-1　用 CorelDRAW X5 绘制基本形和基本形体。

（1）方形和方体的制作。

① 启动 CorelDRAW X5，新建图纸，并设成横向。

② 选择“矩形”工具，绘制一个矩形，在选项栏中设置矩形的尺寸，如图 4-29 所示。

③ 将矩形立体化。选中矩形，选择“窗口”菜单中的“泊坞窗”选项，勾选“立体化”选项，弹出“立体化”面板，如图 4-30 所示。单击“编辑”命令，可编辑矩形立体化效果。

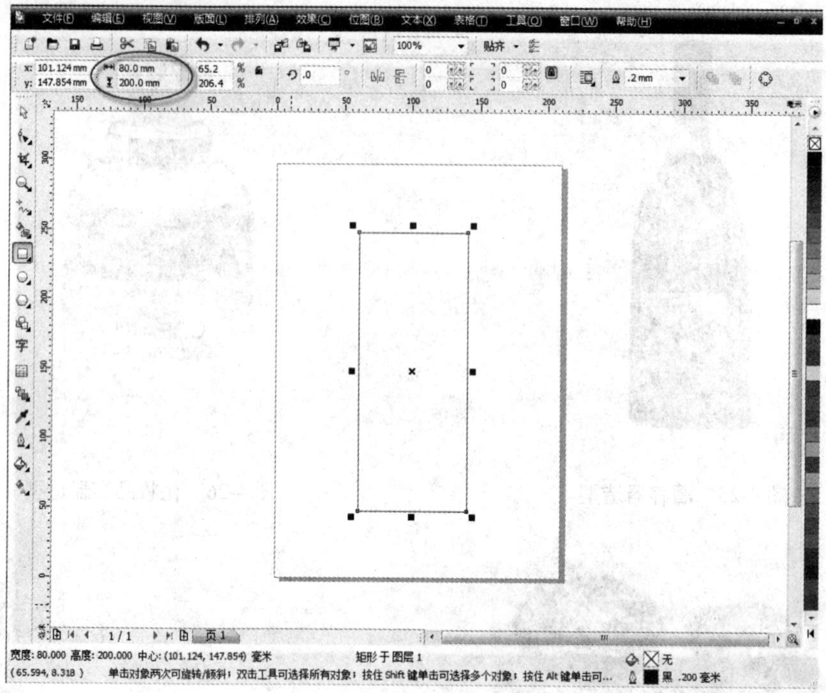

图 4-29　绘制并设置矩形尺寸

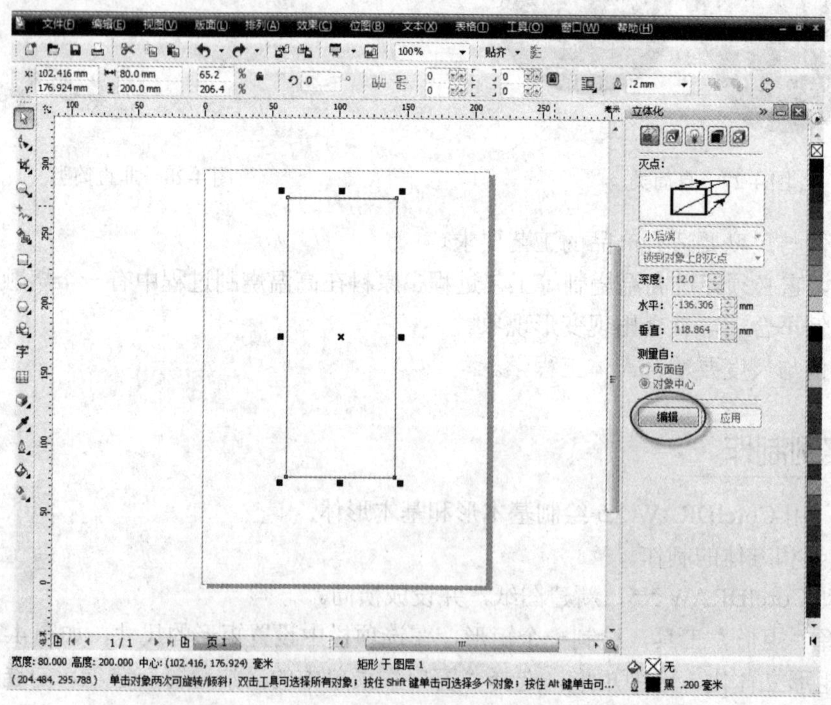

图 4-30　通过“立体化”面板编辑矩形立体化效果

④ 在“立体化”面板中，可选择立体化的方式，如选择“后部平行”，也可以设置立体效果的深度，拖动图形编辑区中的 × ，调整立体化的深度和方向，如图 4-31 所示。

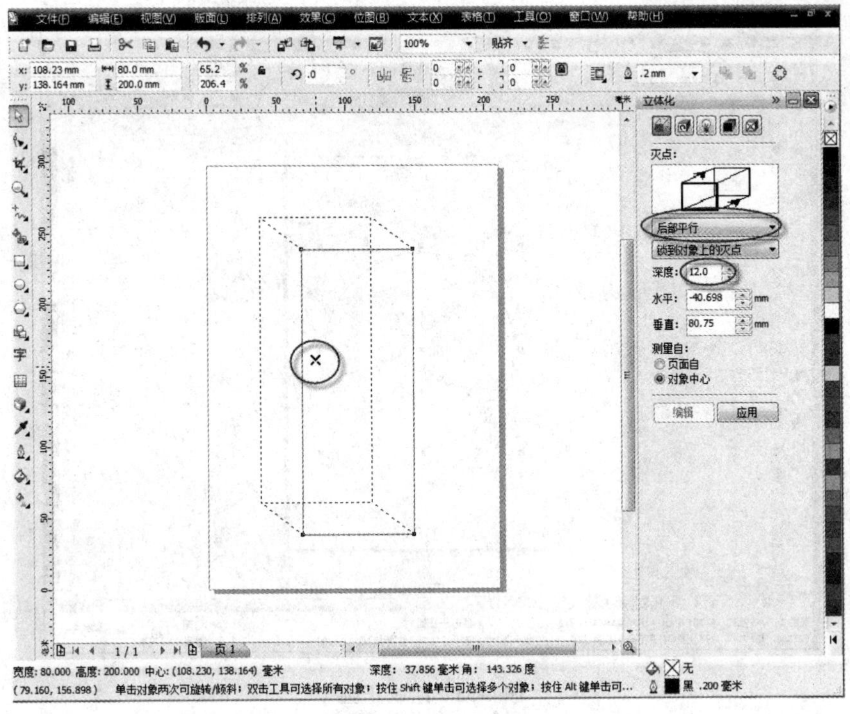

图 4-31　调整立体化的深度和方向

⑤ 设置完成后，单击“应用”按钮，得到立体化的矩形，即完成基本形体 —— 方体的制作，如图 4-32 所示。

图 4-32　立体化的矩形

注意：在“立体化”面板中可设置“立体化相机”“立体化旋转”“立体化光源”“立体化颜色”“立体化斜角”等参数。单击面板中的按钮完成各选项的切换，读者可根据需要进行参数的设置。

（4）球形和球体的制作。

① 启动 CorelDRAW X5，新建图纸，并设成横向。

② 选择“椭圆形”工具，在按住 Ctrl 键的同时，按住鼠标左键拖动，可绘制正圆，在选项栏中可设置正圆的尺寸，如图 4-33 所示。

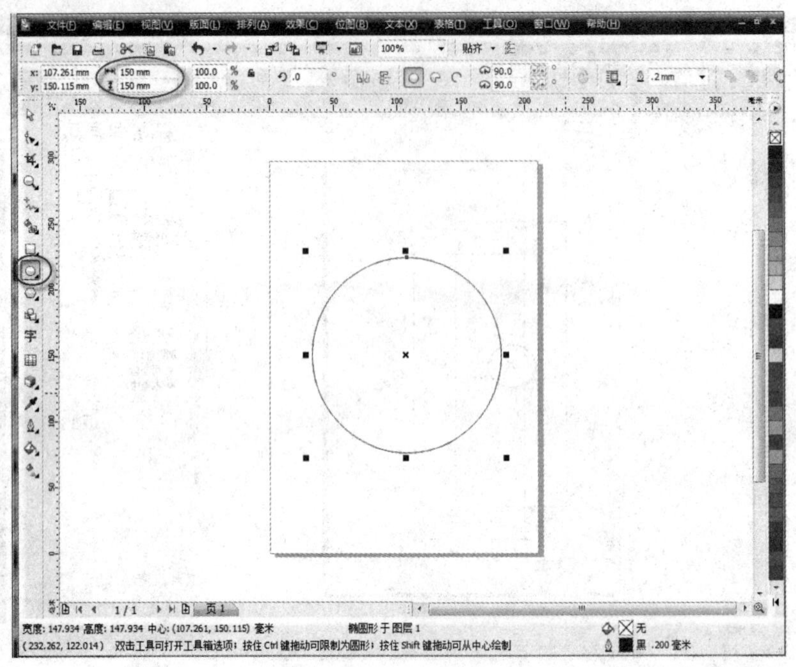

图 4-33　绘制正圆

③ 对圆形填充立体效果。选中圆形，选择“交互式填充”工具，在填充类型中选择“射线”，设置填充的颜色及方向，如图 4-34 所示。

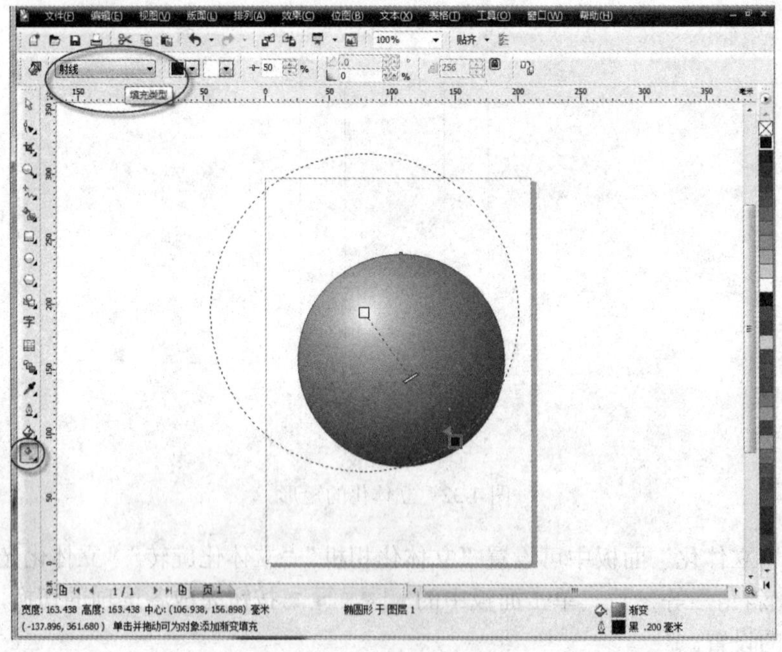

图 4-34　设置射线填充

完成后的效果如图 4-35 所示。

图 4-35　圆形立体效果

（3）圆锥体制作。

① 启动 CorelDRAW X5，新建图纸，并设成横向。

② 选择“椭圆形”工具，绘制圆锥底面圆，在选项栏中可设置椭圆尺寸，如图 4-36 所示。

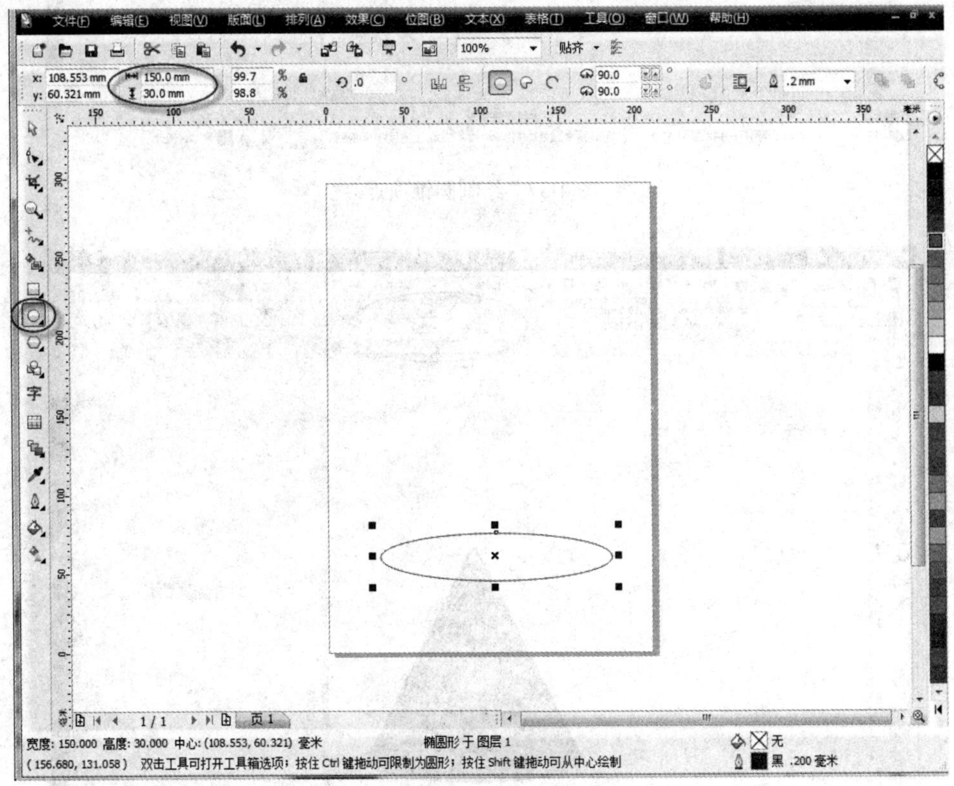

图 4-36　绘制并设置圆锥底面圆

③ 选择“手绘”工具，绘制圆锥顶点，如图 4-37 所示。

④ 将顶点与底面椭圆同时选中，设置其对齐方式为垂直居中对齐。

⑤ 选择“交互式调和”工具，按住鼠标左键从顶点拖动至底面圆心，设置调和步长为 500，完成从顶点到底面形状调和，如图 4-38 所示。

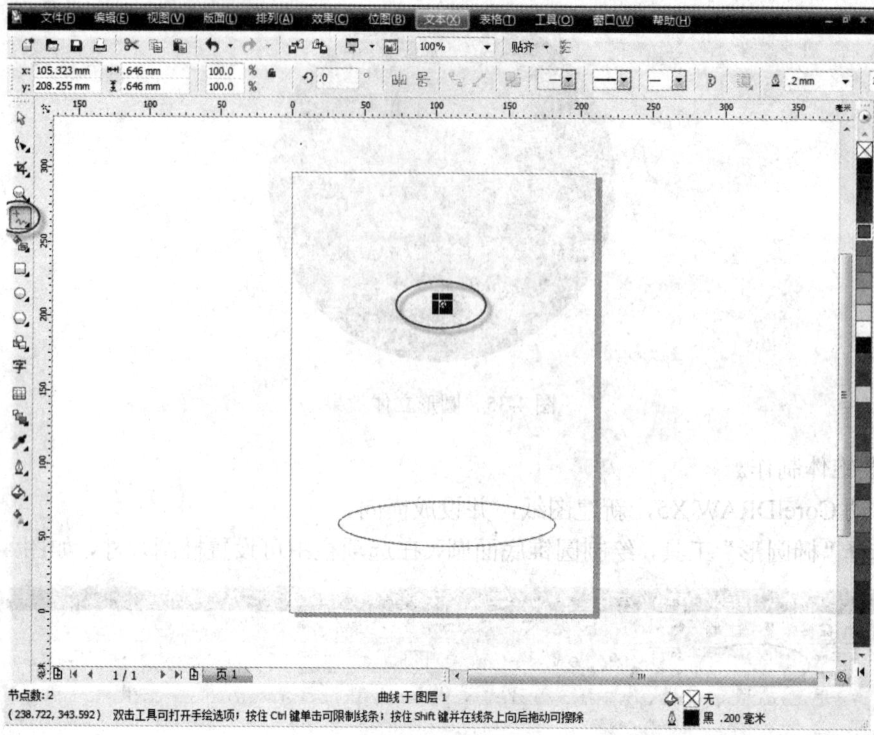

图 4-37　绘制圆锥顶点

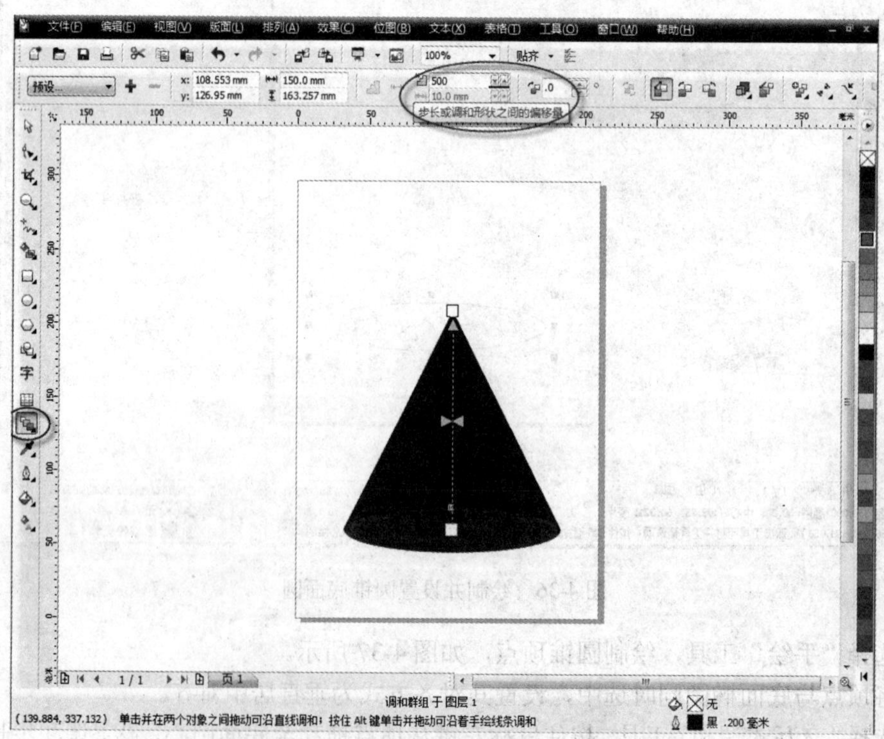

图 4-38　完成圆锥顶点到底面形状调和

完成后的圆锥效果，如图 4-39 所示。

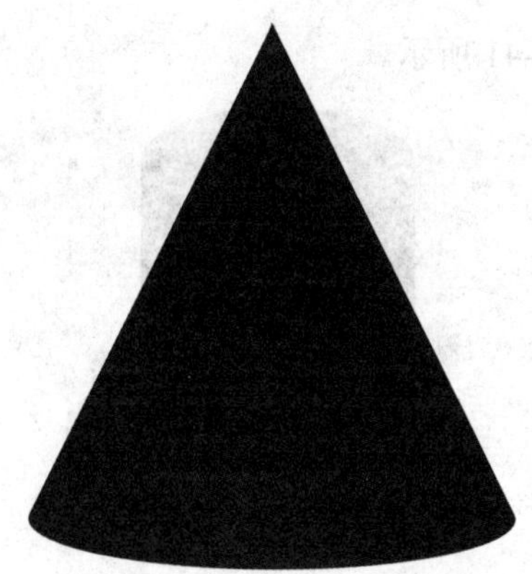

图 4-39　圆锥立体化

（4）圆柱体制作。

① 启动 CorelDRAW X5，新建图纸，并设成横向。

② 选择“椭圆”工具，绘制圆柱底面圆，在选项栏中可设置圆的尺寸。

③ 选中椭圆，按 Ctrl+D 组合键，再制椭圆（也可选择菜单中的“编辑”→“再制”命令），将再制椭圆移动至顶端，分别对两个椭圆填充颜色。

④ 将两个椭圆同时选中，按垂直居中排列。

⑤ 选择“交互式调和”工具，按住鼠标左键，从上圆圆心点拖动至底面圆心，设置调和步长为 500，完成从顶面到底面形状调和，如图 4-40 所示。

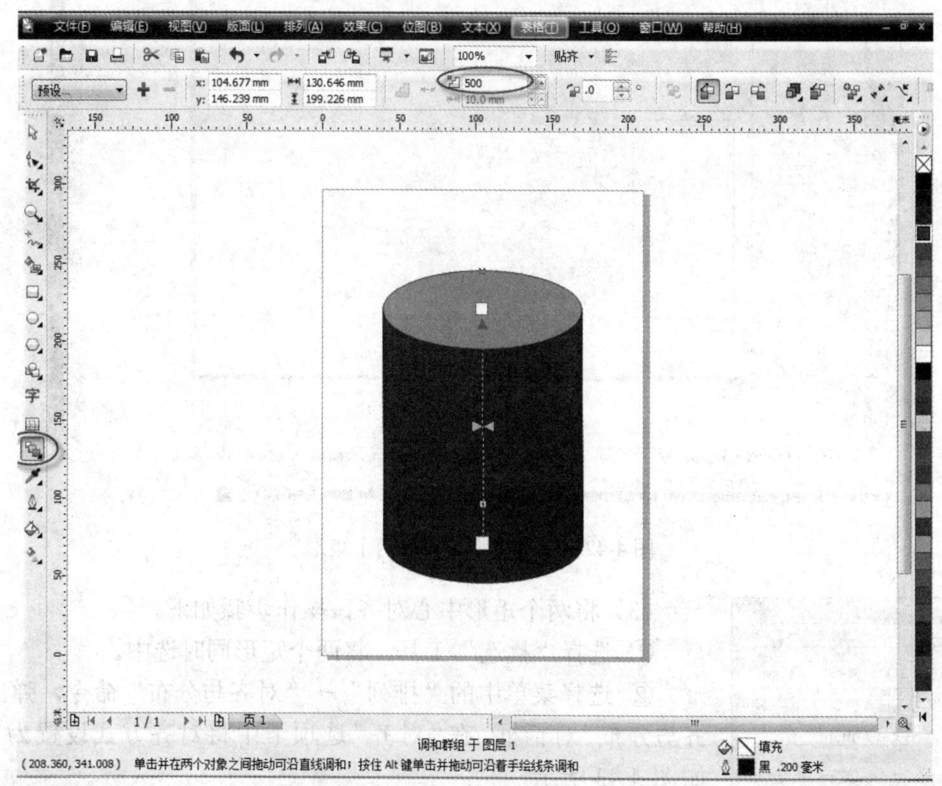

图 4-40　完成圆柱顶面到底面形状调和

完成后的圆柱效果，如图 4-41 所示。

图 4-41　圆柱立体效果

例 4-2　用 CorelDRAW X5 绘制统一方形的局部变化。

（1）启动 CorelDRAW X5，新建图纸，并设成横向。

（2）选择“矩形”工具，绘制大小不同的两个矩形，如图 4-42 所示。

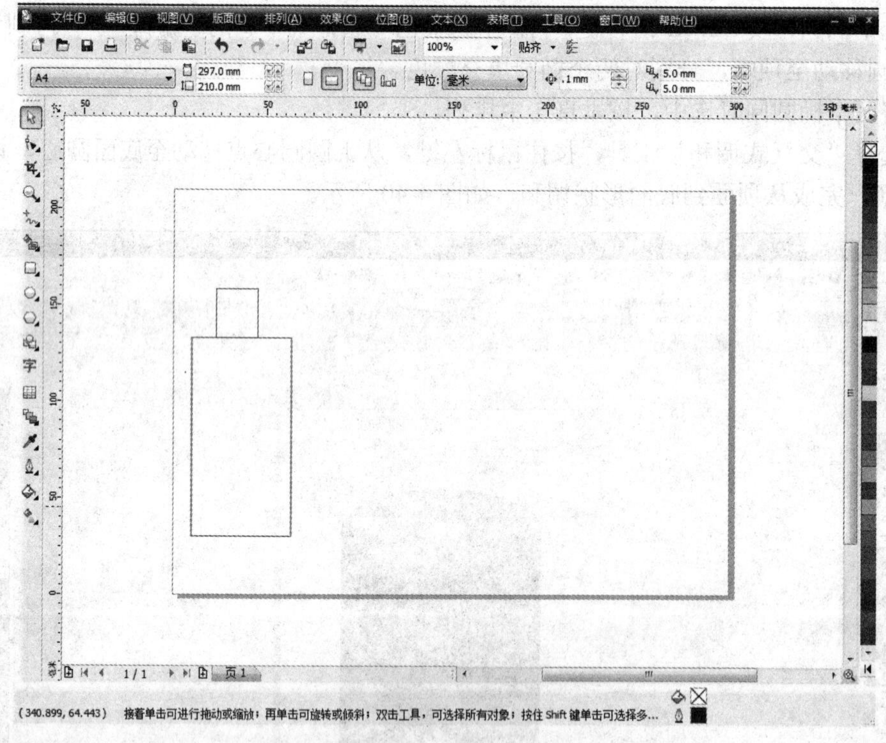

图 4-42　绘制大小不同的两个矩形

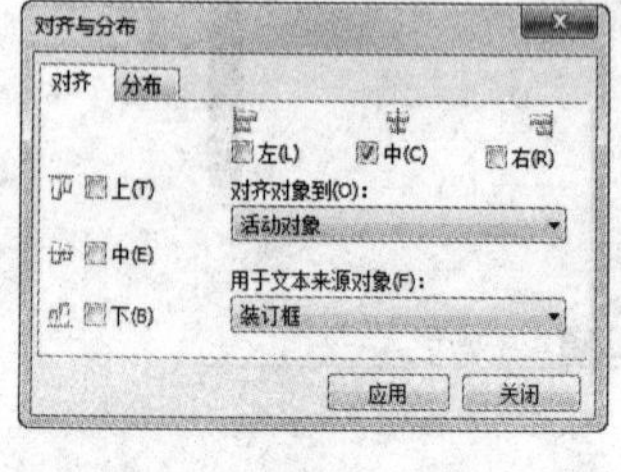

图 4-43　设置图形对齐方式

（3）将两个矩形中心对齐，操作步骤如下。

① 选择“挑选”工具，将两个矩形同时选中。

② 选择菜单中的“排列”→“对齐与分布”命令，弹出“对齐与分布”对话框。在“对齐”选项卡中将对齐方式设置为“中”，如图 4-43 所示。

③ 对齐后的两矩形中心在同一垂直线上，如图 4-44 所示。

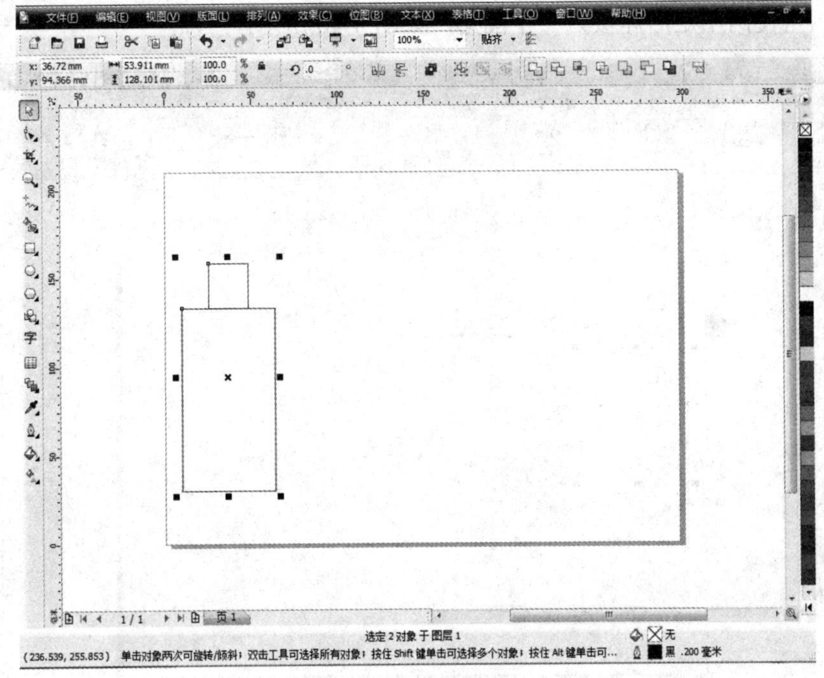

图 4-44 对齐后的矩形

注意：“对齐与分布”选项可对两个以上图形进行对齐和排列方式的设置。

（4）将两个矩形合并为一个完整形态，操作步骤如下。

① 选择“挑选”工具，将两个矩形同时选中。

② 选择菜单中的“排列”→“造形”→“焊接”命令（或直接单击“造形”工具栏上的焊接按钮），如图 4-45 所示。

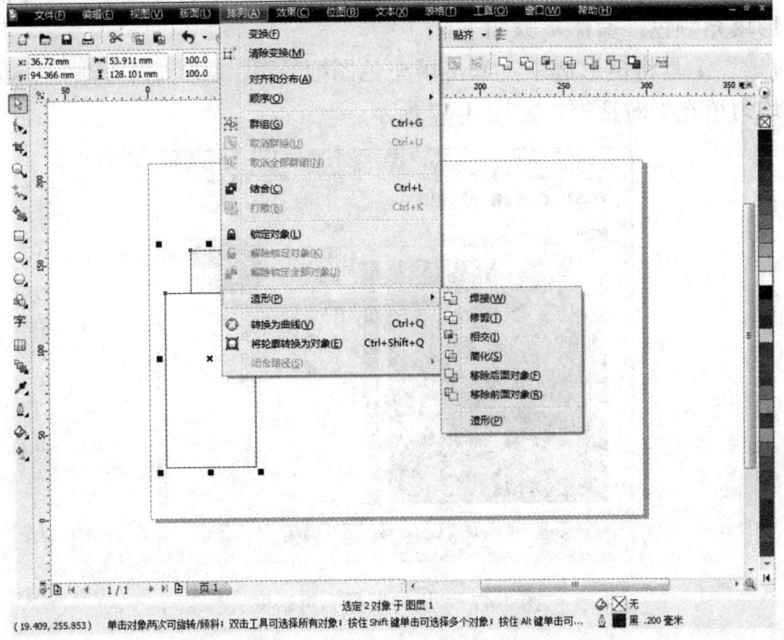

图 4-45 选择“焊接”命令

完成后，可使两个矩形焊接为一个图形，如图 4-46 所示。

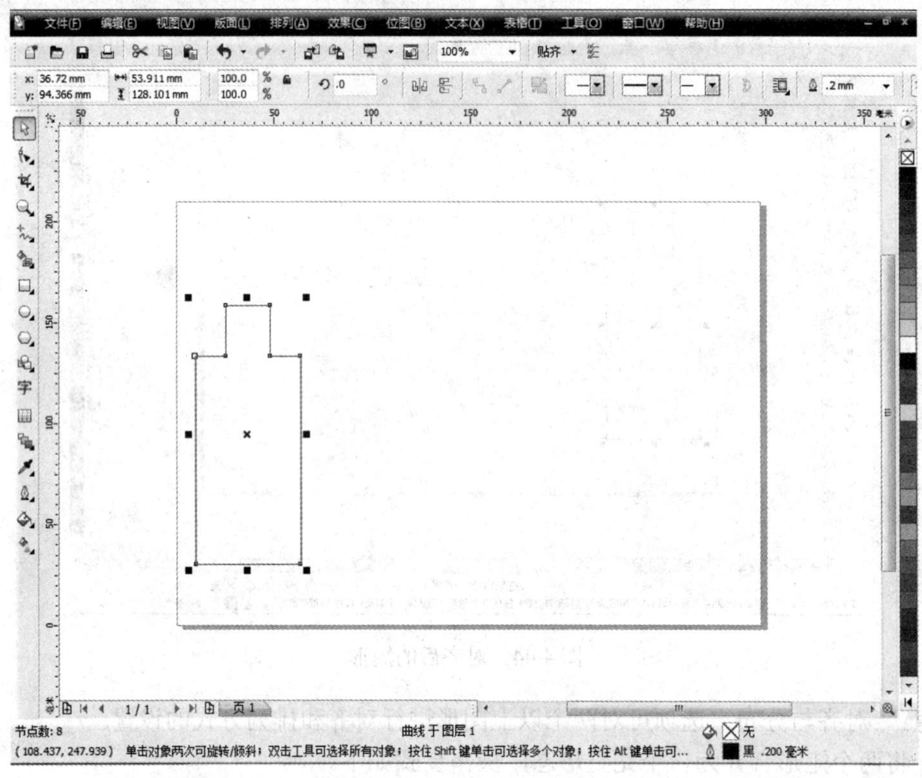

图 4-46　焊接好的图形

注意：“造形”工具栏需在选中两个以上图形时才会显示。该工具栏可实现两个以上图形的焊接、修剪、相交、简化、移除后面对象、移除前面对象、创建新对象等功能。

（5）为矩形填充颜色，操作步骤如下。

① 用“挑选”工具将矩形选中，双击填充色图标，弹出填充色“均匀填充”对话框，如图 4-47 所示。

图 4-47　“均匀填充”对话框

② 在对话框中选中需要填充的颜色，单击“确定”按钮即可对图形进行颜色填充，完成

第一个基本图形的制作，如图 4-48 所示。

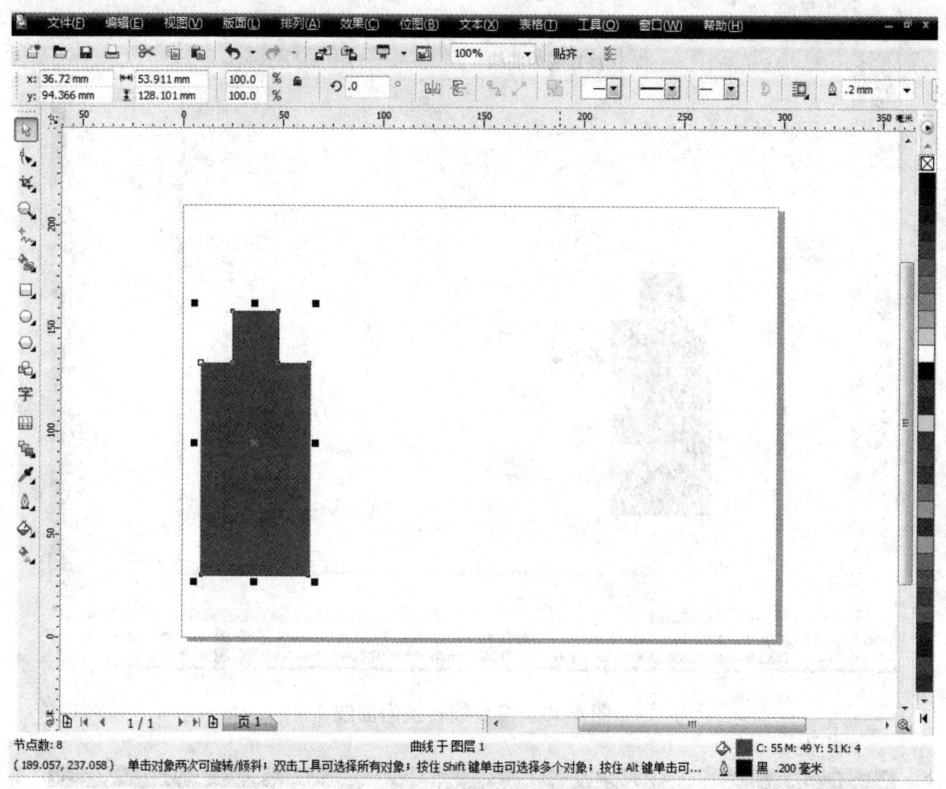

图 4-48　完成第一个基本图形的制作

（6）变化图形的制作。

在基本图形的基础上，通过形态的变化完成基本变化形状的制作，操作步骤如下。

① 选择形状工具 ，选中方形左肩端点，将端点沿垂线向下移动，如图 4-49 所示。

图 4-49　左肩端点向下移动

② 选中造型左颈下端点，在选项栏中选择“转换直线为曲线”选项，如图 4-50 所示。

③ 将肩颈两端点之间的控制手柄按图 4-51 所示方向调整，即可得到左肩变化造型。

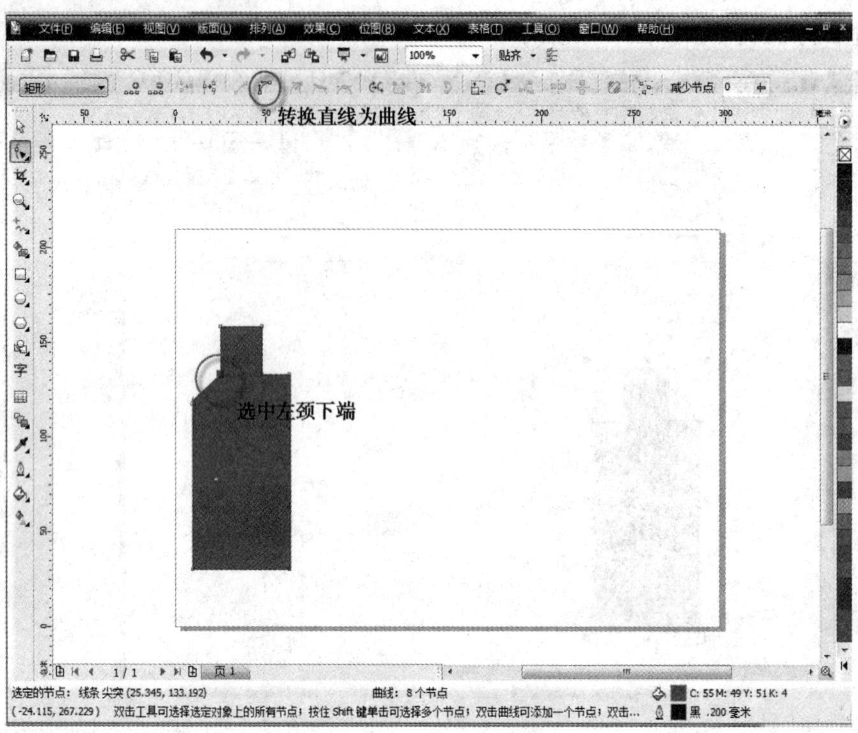

图 4-50　将直线转换为曲线

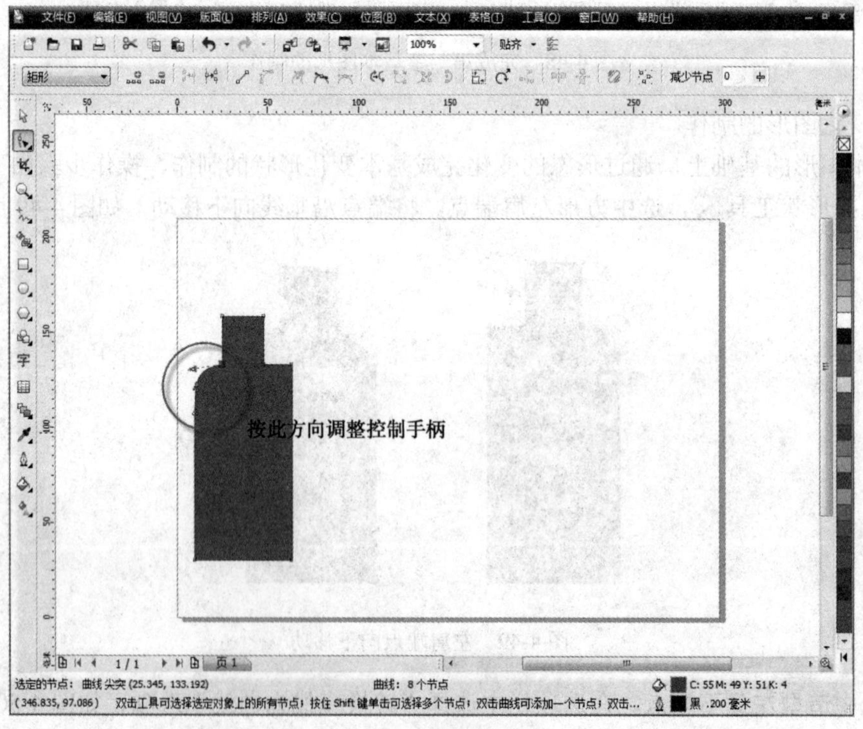

图 4-51　调整直线为曲线

④ 用同样的方法，选中方形右肩端点，将端点沿垂线向下移动，如图 4-52 所示。

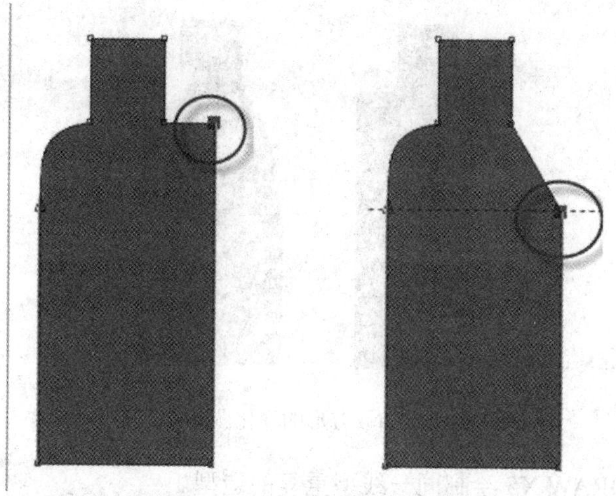

图 4-52　右肩端点向下移动

⑤ 选中造型右肩下端点，在选项栏中选择“转换直线为曲线”选项，将肩颈两端点之间的控制手柄按图 4-53 所示方向调整，即可得到右肩变化造型，完成变化造型的制作，如图 4-53 所示。

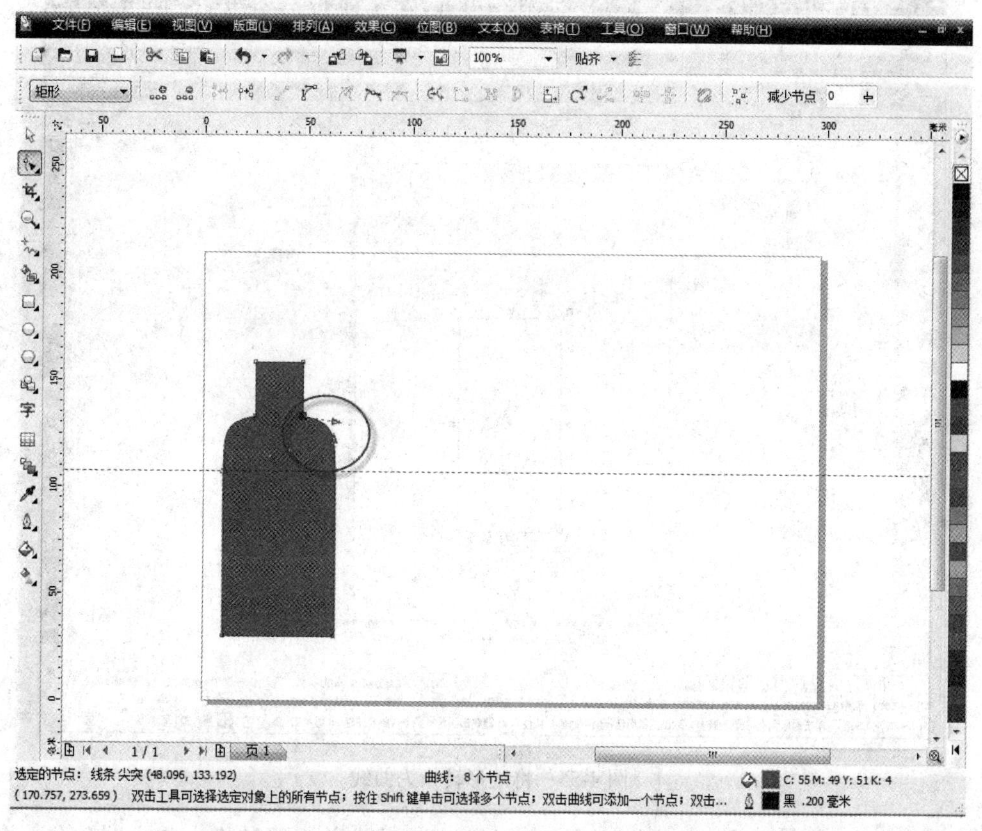

图 4-53　调整直线为曲线，完成变化图形制作

注意：运用 CorelDRAW 中的“形状”工具按钮，设置其选项为“转换直线为曲线”工具，可对所选中的节点进行编辑，实现图形直线变曲线的操作。用此办法，可完成从统一图形到变化图形的制作。读者可参照上例完成图 4-54 所示方形变化图形的制作。

图 4-54　方形的变化图形

例 4-3　用 CorelDRAW X5 绘制同一线型重复的造型。

（1）启动 CorelDRAW X5，新建并设置纵向图纸。

（2）绘制矩形，并分别将矩形上下边线转换为曲线，操作步骤如下。

① 绘制矩形，在选项栏中单击“转换为曲线”命令，将矩形转换为曲线，如图 4-55 所示。

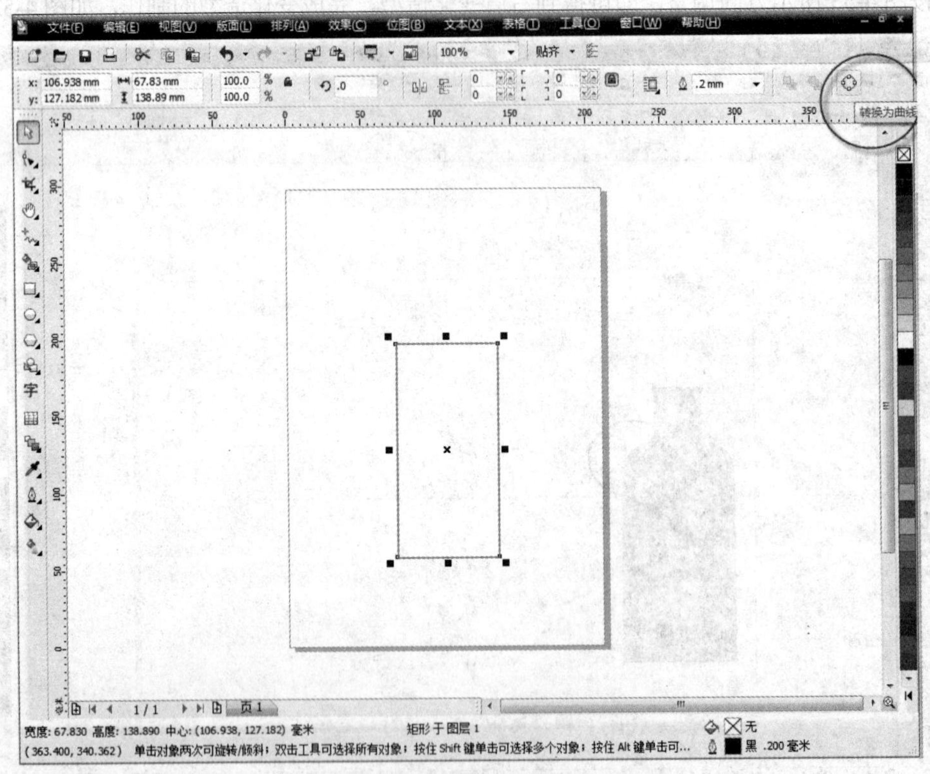

图 4-55　将矩形转换为曲线

② 选择“形状”工具，选中矩形左下端点，在选项中单击“转换为曲线”命令，将矩形底线转换为曲线，如图 4-56 所示。

③ 同理，选择矩形右上端点，单击“转换为曲线”命令，将矩形顶线转换为曲线，转换完成后结果如图 4-57 所示。

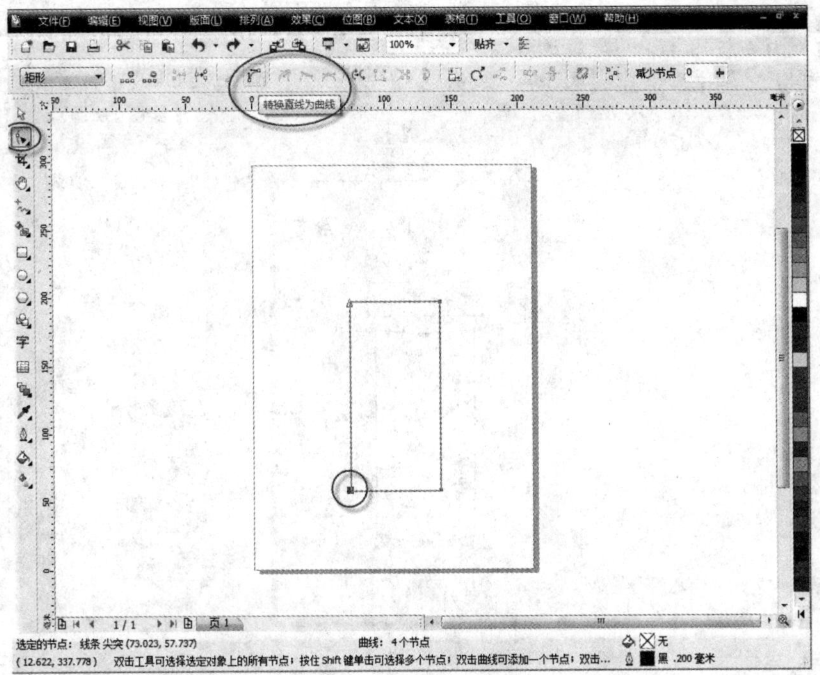

图 4-56　将底线转换为曲线

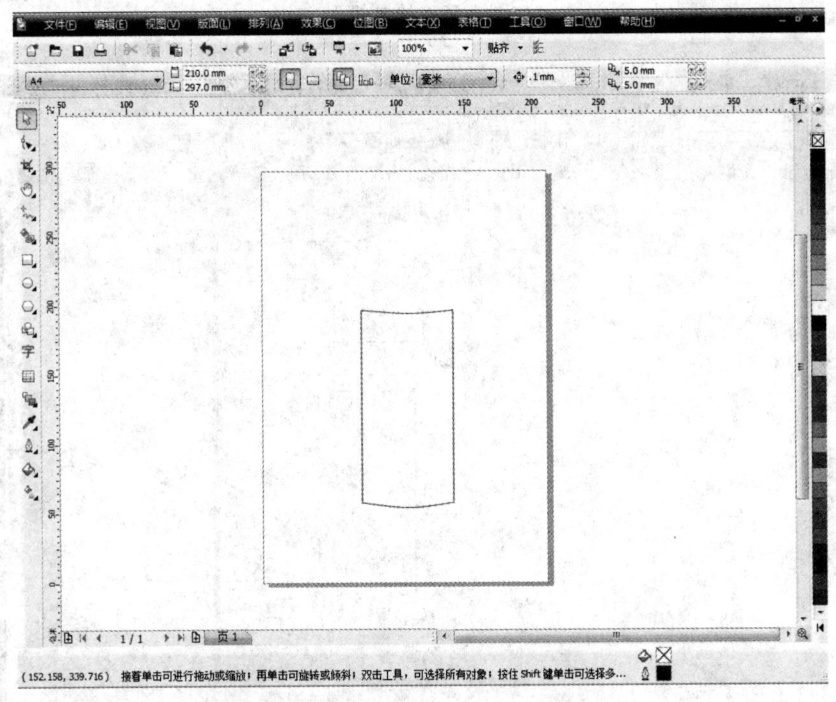

图 4-57　将底线、顶线分别转换为曲线

（3）绘制重复的线型，操作步骤如下。

① 绘制矩形，如图 4-58 所示。

② 将矩形左右两端直线转换为曲线，效果如图 4-59 所示。

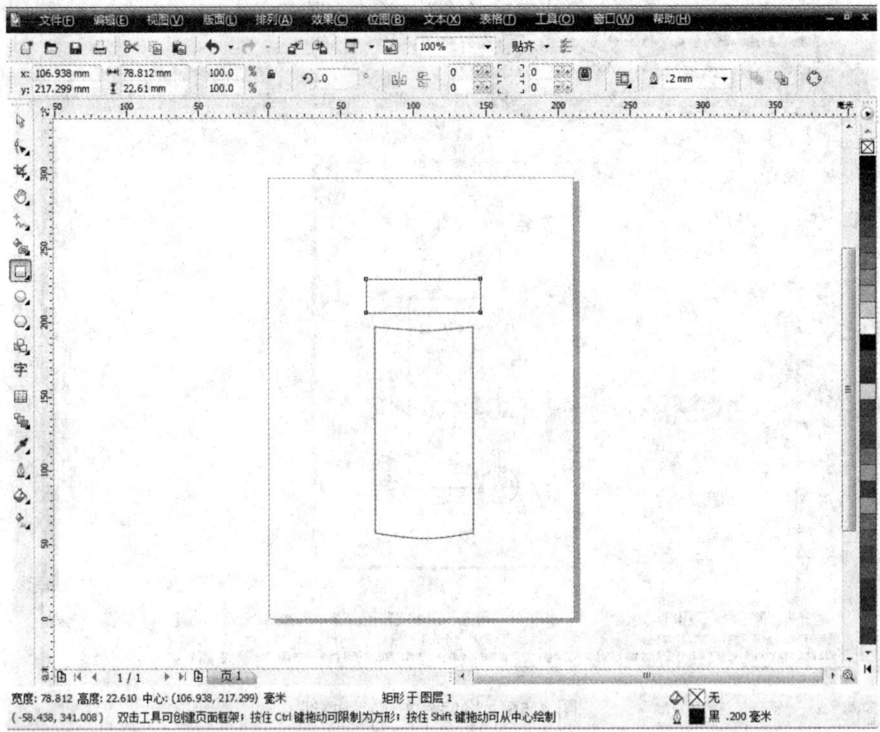

图 4-58　绘制矩形

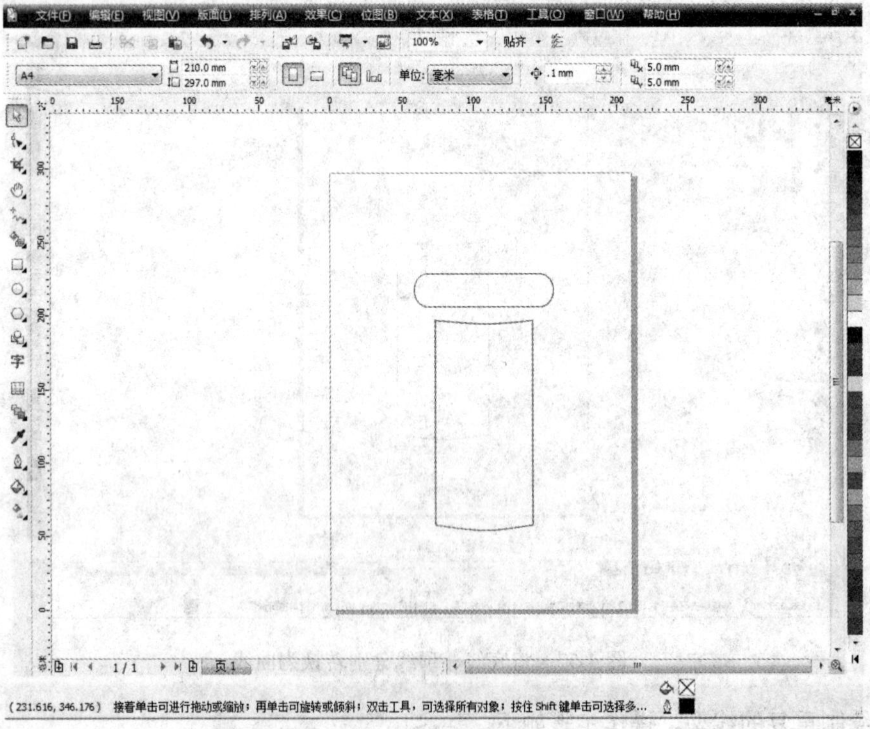

图 4-59　将矩形左右两端直线转换为曲线

③ 将两端为曲线的小矩形复制 3 个，调整大小至合适尺寸，如图 4-60 所示。

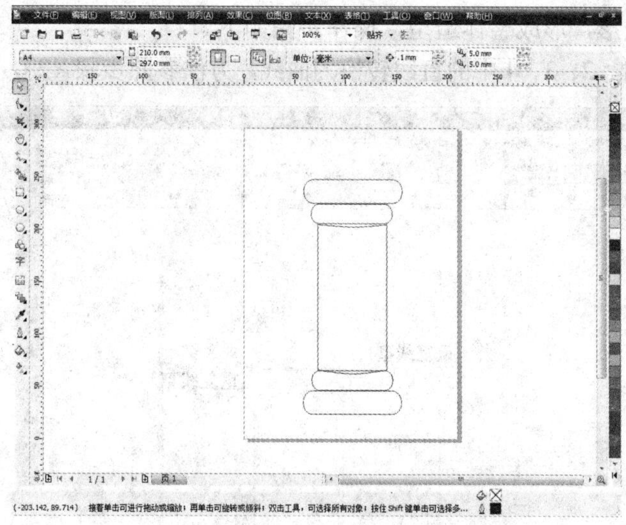

图 4-60　复制矩形，调整大小后进行排列

④ 选中所有的图形，选择“排列”菜单下的“对齐与分布”命令，弹出“对齐与分布”对话框，将对齐方式选为“中”，分布方式选为“间距”，分别如图 4-61 和图 4-62 所示。

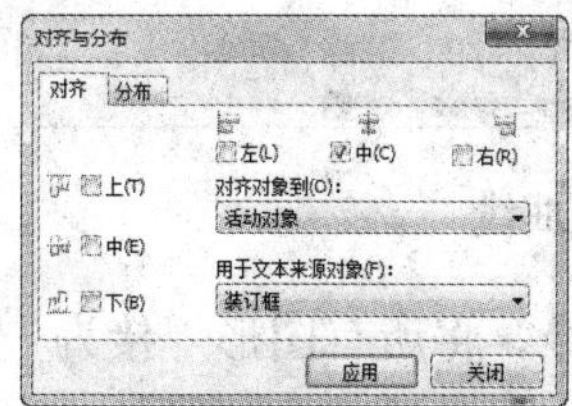

图 4-61　设置对齐方式

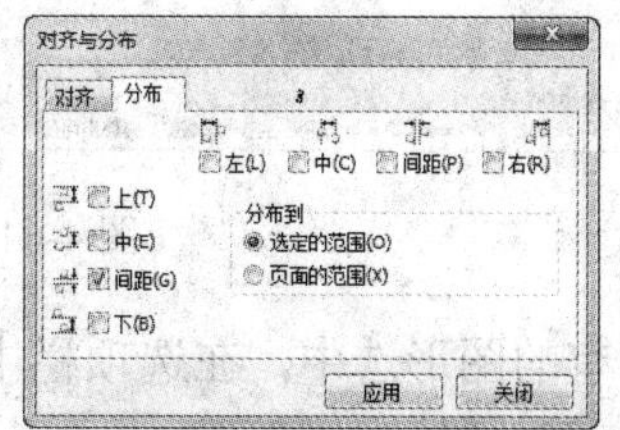

图 4-62　设置分布方式

⑤ 完成以上操作，可将图形按中心对齐，并能相互连接，如图 4-63 所示。

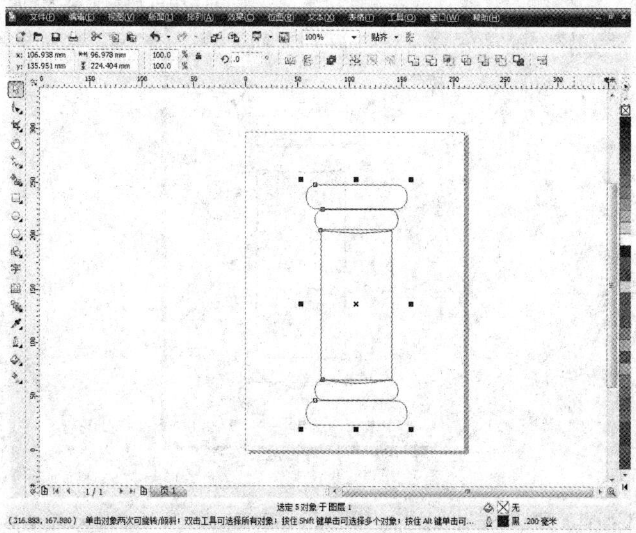

图 4-63　图形中心对齐并相互连接

（4）编辑重复线形，形成整体造型，操作步骤如下。

① 将重复线型 1、2、3、4 中的直线转换为曲线，方法参照步骤（2），结果如图 4-64 所示。

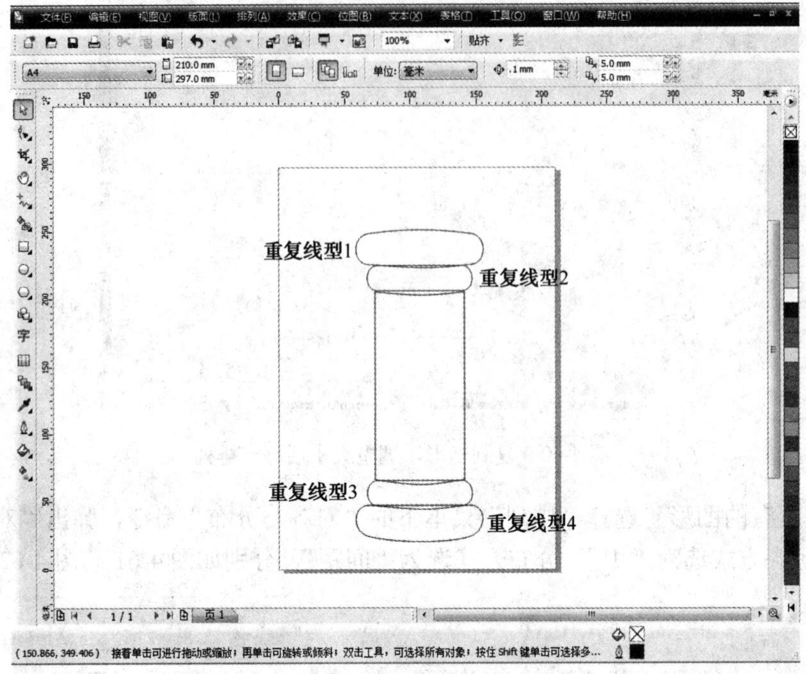

图 4-64 将重复线型直线变曲线

② 将所有的图形选中，在选项栏中选择“焊接”命令，将所有图形焊接为一个整体造型，如图 4-65 所示。

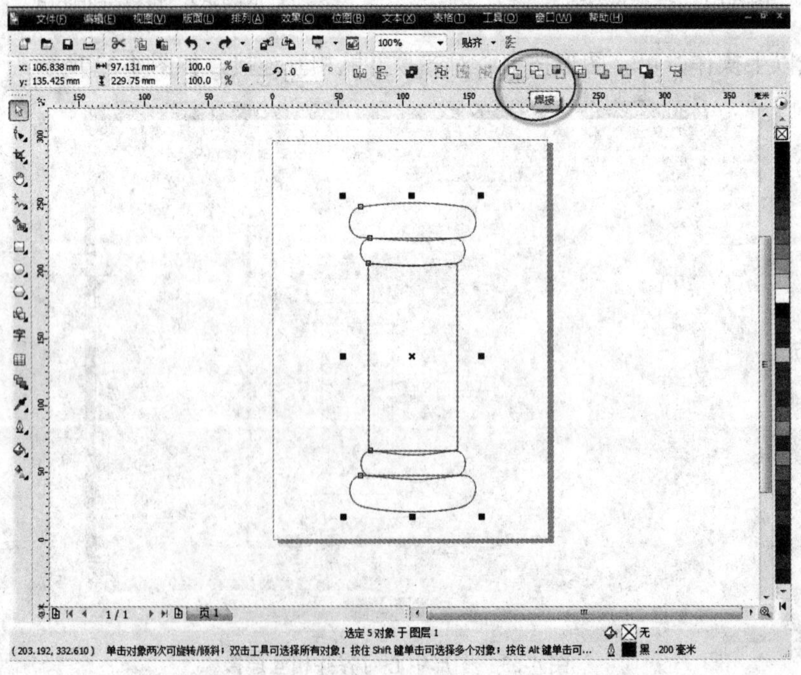

图 4-65 将所有图形进行焊接

焊接结果如图 4-66 所示。

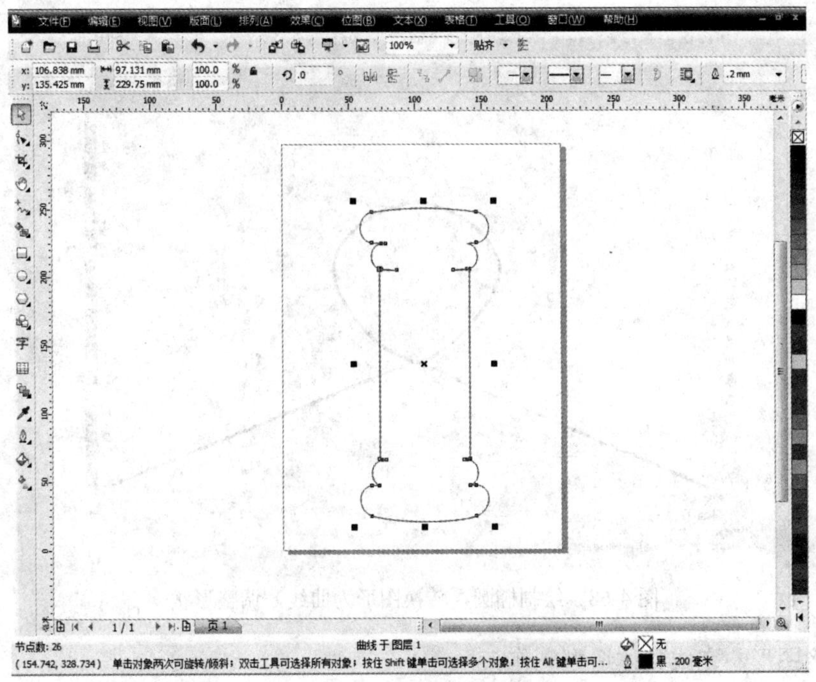

图 4-66　焊接后的整体造型

（5）制作局部装饰，操作步骤如下。

① 绘制矩形，将矩形下底线转换为曲线，用形态工具在矩形上边线中心点处双击，添加锚点，将锚点向上移动，并将矩形与组合造型中心对齐，相互连接，方法参照上文，结果如图 4-67 所示。

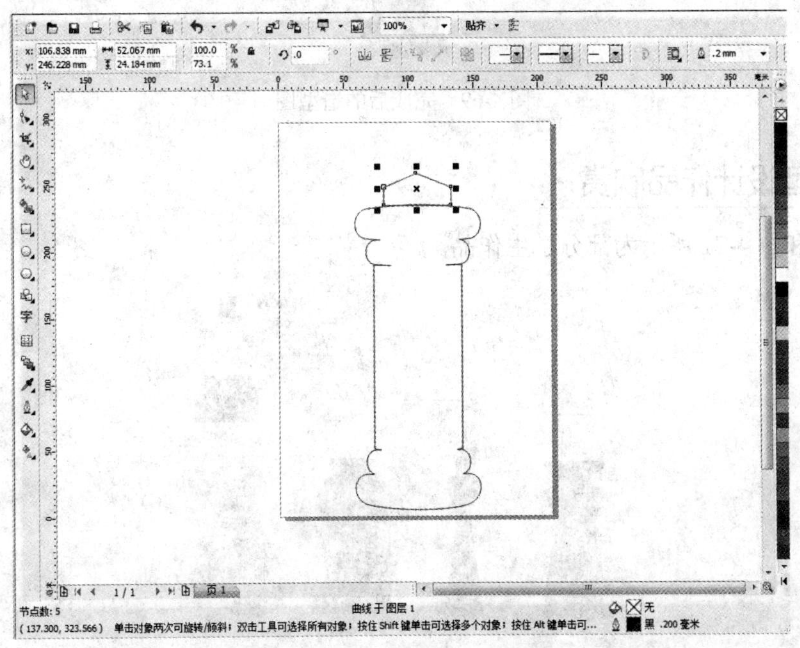

图 4-67　绘制矩形，转换直线为曲线，添加锚点，设置对齐

② 绘制椭圆，将图形转换为曲线，运用形态工具将椭圆形状设置成如图 4-68 所示形状。

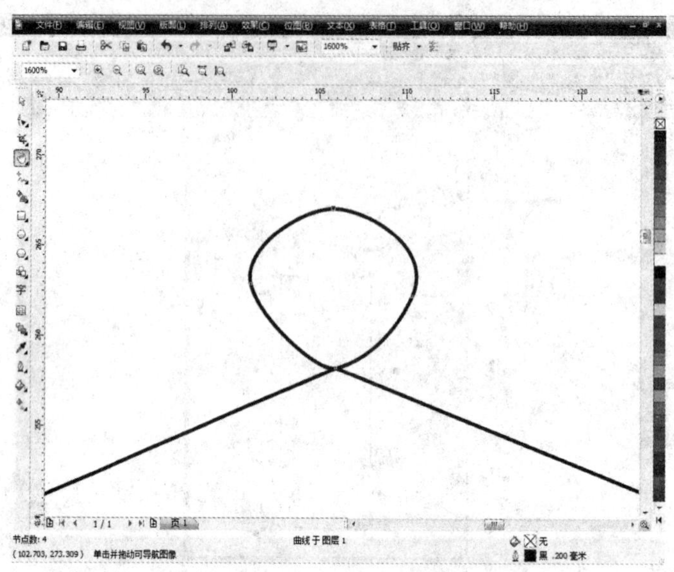

图 4-68　绘制椭圆，转换图形为曲线，调整形状

（6）焊接图形，完成整体造型制作。

将所有图形选中，选择“焊接”选项，填充颜色，完成全图制作，如图 4-69 所示。

图 4-69　完成后的造型图

4.2.4　造型设计作品欣赏

图 4-70 和图 4-71 所示为部分学生作品。

图 4-70　学生作品选——包装造型线型图

图 4-71　学生作品选——包装立体造型图

4.3　产品容器造型设计实例

4.3.1　绘制线形图

即根据造型的具体形态，绘制出造型平面线形图即剖面图，并标出各部分的尺寸比例，以方便工艺制作。

例 4-4　用 CorelDRAW X5 绘制饮料瓶式包装线形图。

（1）启动 CorelDRAW X5，新建文件。

（2）绘制矩形，设置矩形高度为 22cm，宽度为 8cm。

（3）由基本形调整出瓶式容器各部分，包括瓶腹、瓶肩、瓶颈、瓶盖，操作步骤如下。

① 选中矩形，在选项栏中将矩形左下角和右下角转换为圆角，圆滑度设为 30，如图 4-72 所示。

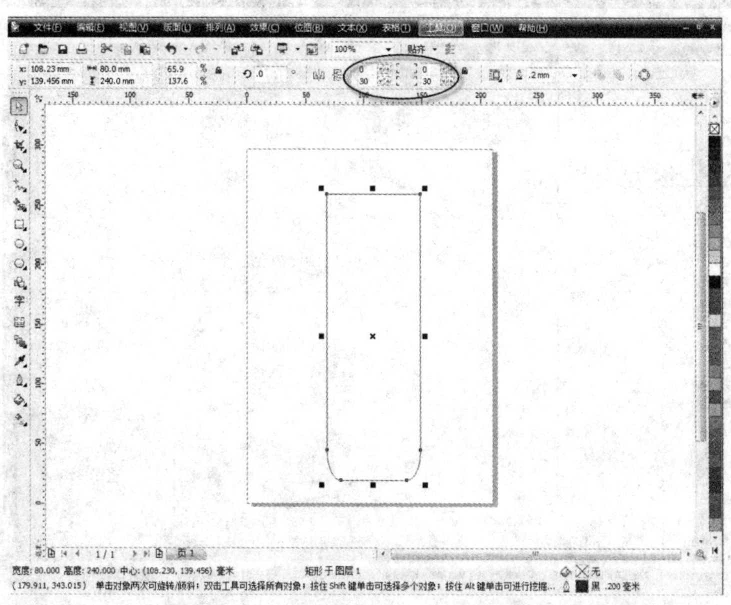

图 4-72　设置矩形相关参数

② 选中矩形，按 Ctrl+Q 组合键，将矩形转换为曲线（或单击选项栏中的 命令），拖出瓶腹、瓶肩位置参考线。

③ 选择“形状”工具，在瓶腹参考线与矩形相交点处分别双击，添加节点。用同样的办法，在瓶腹线上下分别添加两个节点，如图 4-73 所示。

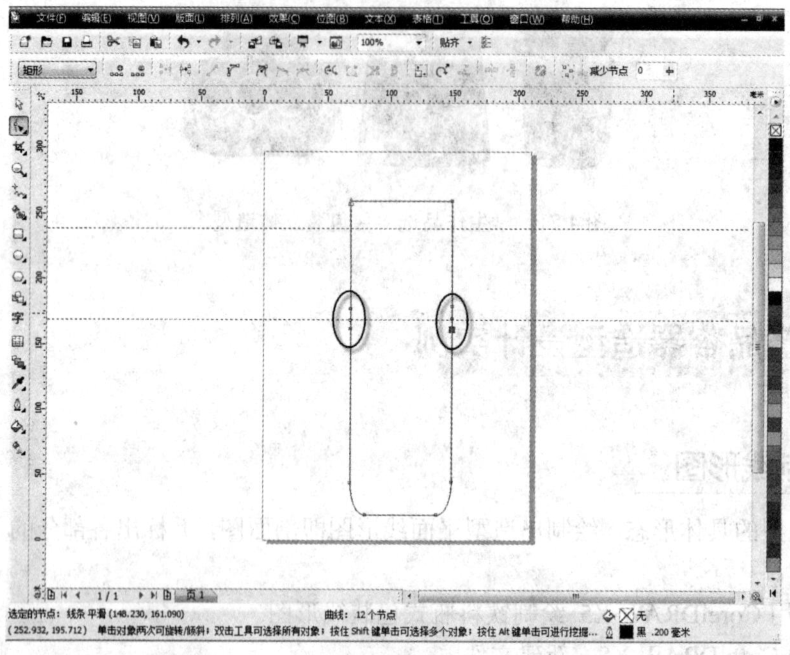

图 4-73　添加节点

④ 将瓶腹线上的左右两个节点分别向矩形内部移动相等的距离，并在节点处将直线转换为曲线，调整瓶腹上的内凹及圆滑效果，如图 4-74 所示。

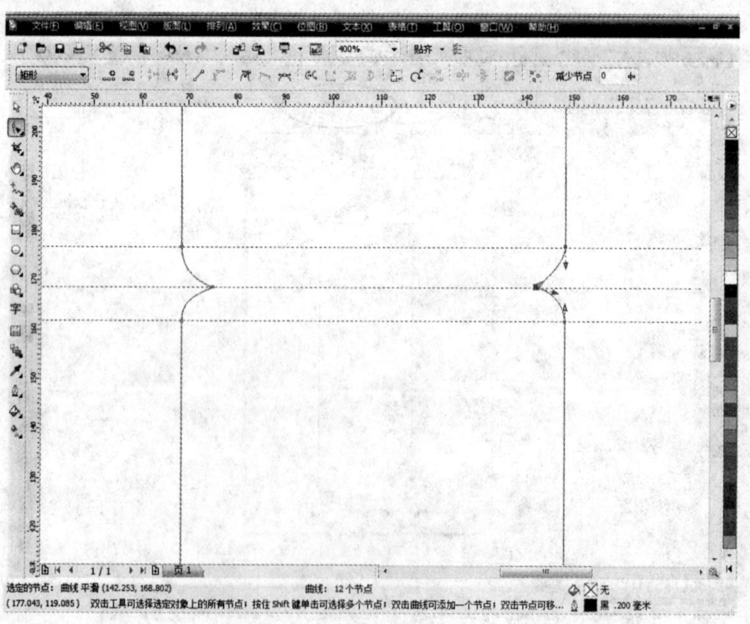

图 4-74　调整瓶腹线的内凹及圆滑效果

⑤ 用同样的方法在瓶肩线和瓶颈线上添加节点，设置曲线，如图 4-75 所示。

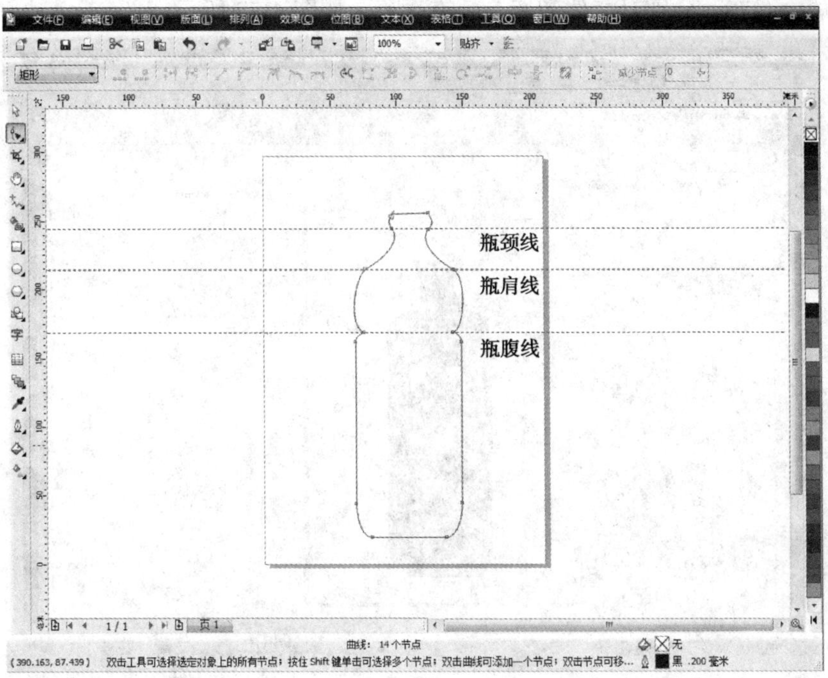

图 4-75　设置瓶肩线和瓶颈线

⑥ 选择“矩形”工具，绘制矩形（宽度为 3.5cm，高度为 0.6cm），设置矩形左上、右上圆角为 20，如图 4-76 所示。

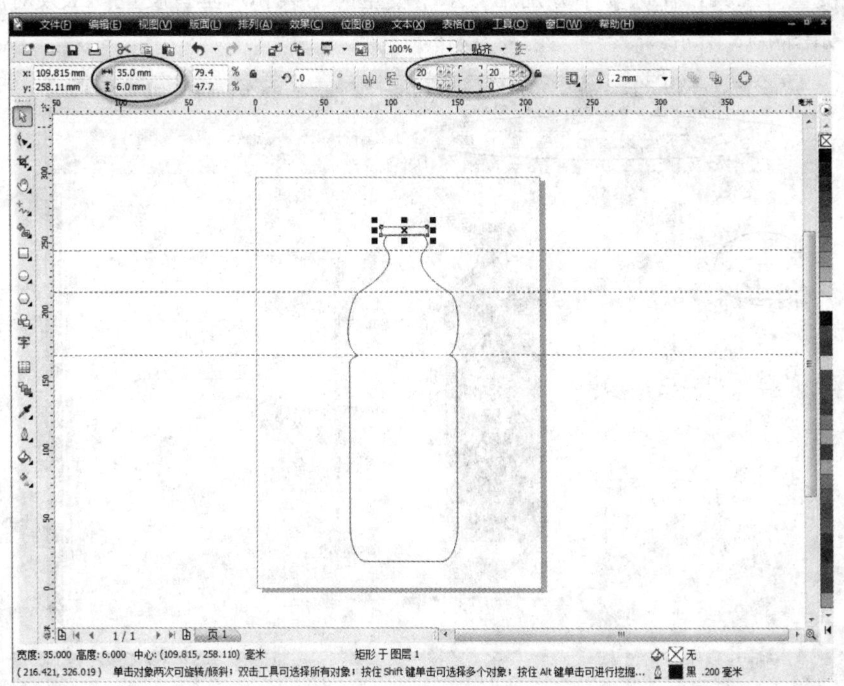

图 4-76　设置矩形

⑦ 将瓶体和瓶盖同时选中，设置其对齐方式为居中对齐，分布方式为上下间距，使瓶体与瓶盖垂直居中对齐，分别对瓶体和瓶盖填充颜色，如图4-77所示。

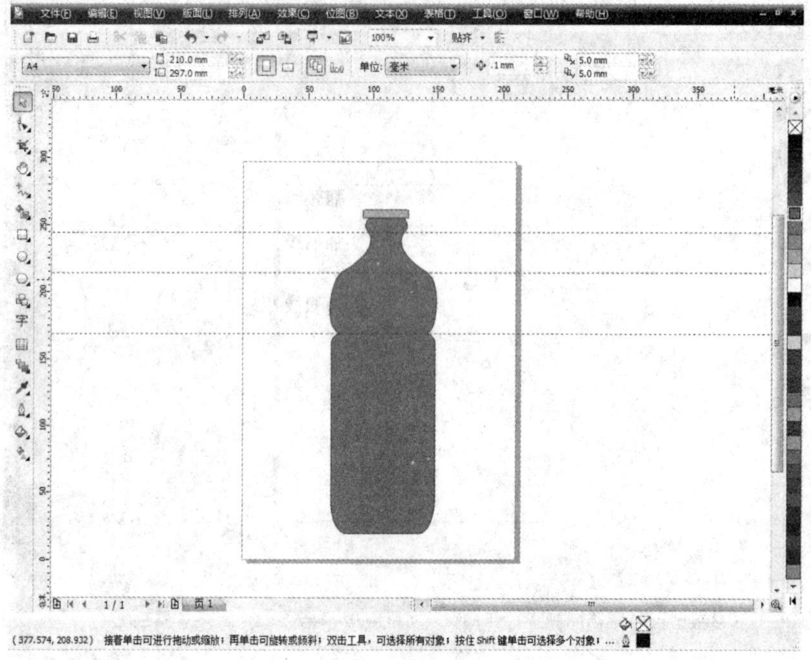

图4-77　对瓶体和瓶盖分别填色

（4）标注尺寸。

选择“度量”工具，在选项中分别用“水平度量”工具和“垂直度量”工具对瓶体各部分进行度量，如图4-78所示。

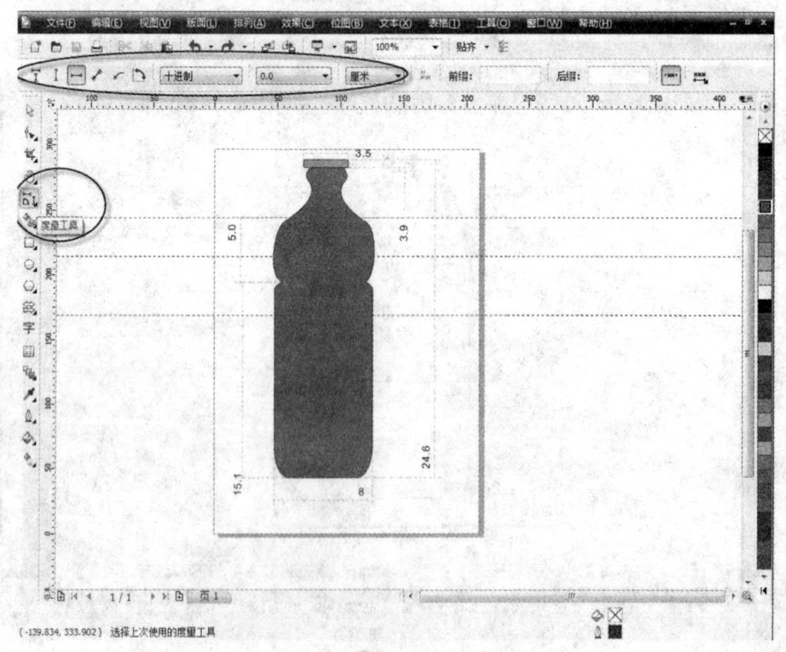

图4-78　对瓶体进行度量

完成整个瓶式容器造型线形图绘制，效果如图 4-79 所示。

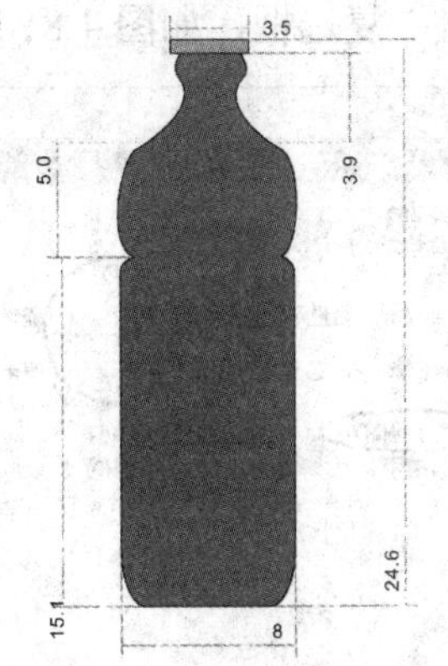

图 4-79　完成后的瓶式容器

4.3.2　绘制造型效果图

造型效果图的制作，主要是将造型设计的意图表现出来，注重造型立体效果的体现，并能体现造型的材料与质感。

例 4-5　用 CorelDRAW X5 绘制金属包装桶立体效果图。

（1）绘制包装桶外轮廓。

选择“矩形”工具，绘制矩形，按 Ctrl+Q 组合键，将矩形转换为曲线（或单击选项栏上的 命令），使用“形状”工具，调整矩形上下底线及侧边线条为曲线。

侧边曲线的制作方法如下。

① 用“形状”工具在需要生成曲线的位置添加节点，将图形打散（单击右键，在弹出的菜单栏中选择“打散”命令），选中节点删除，如图 4-80 所示。

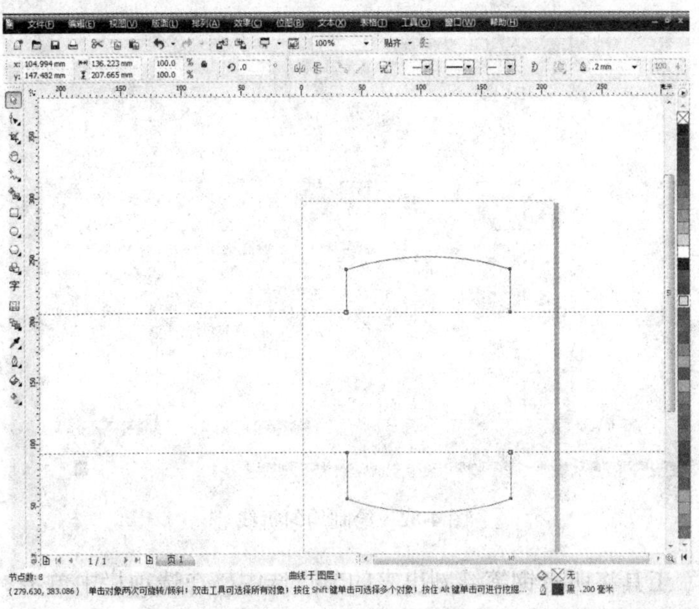

图 4-80　删除选中的节点

② 在图纸标尺线上右击，在弹出的菜单栏中选择“网格设置”命令，弹出“选项”对话框。设置网格间隔，选中“显示网格”复选框，如图 4-81 所示。

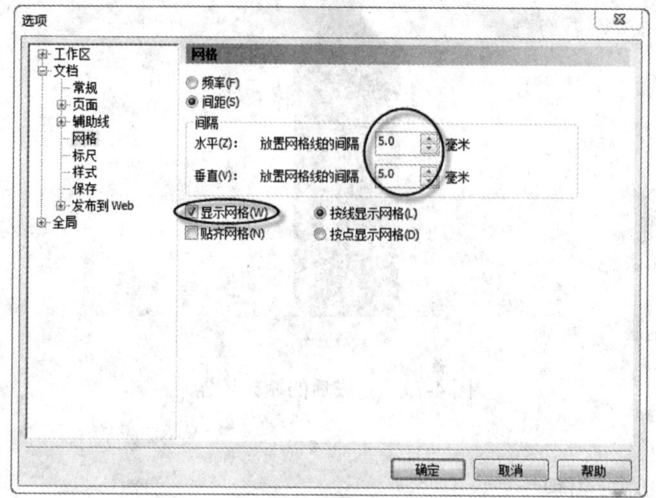

图 4-81　设置网格

③ 选择“钢笔”工具，在网格内绘制均匀折线，如图 4-82 所示。

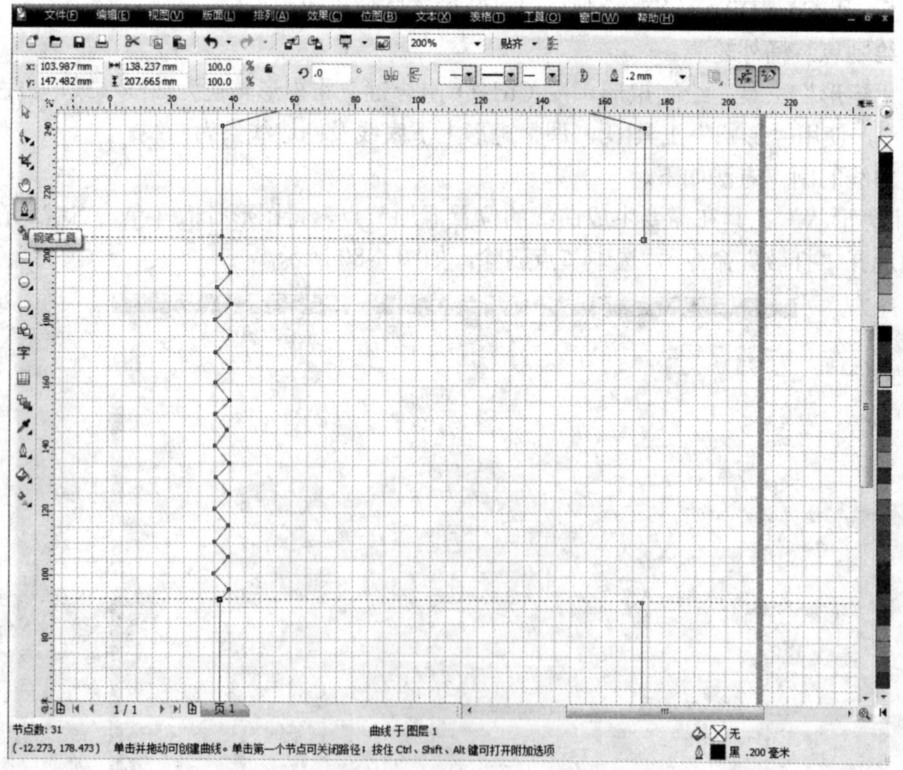

图 4-82　绘制均匀折线

④ 用“形状”工具将所有钢笔绘制出来的节点选中，在选项栏中单击“转换为曲线”命令和“生成对称节点”命令，如图 4-83 所示。

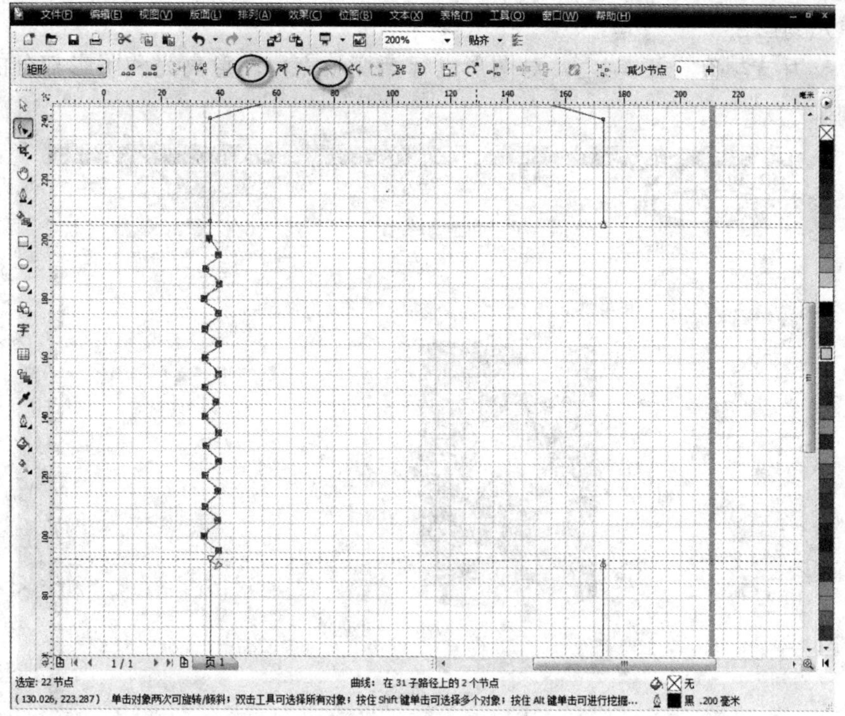

图 4-83 转换曲线、生成对称节点

⑤ 用同样的方法绘制右边曲线，去掉网格，将所有的图形选中，选择“造型”选项栏中的“创建围绕选定对象的新对象”选项，将图形组合为一个闭合的形状，如图 4-84 所示。

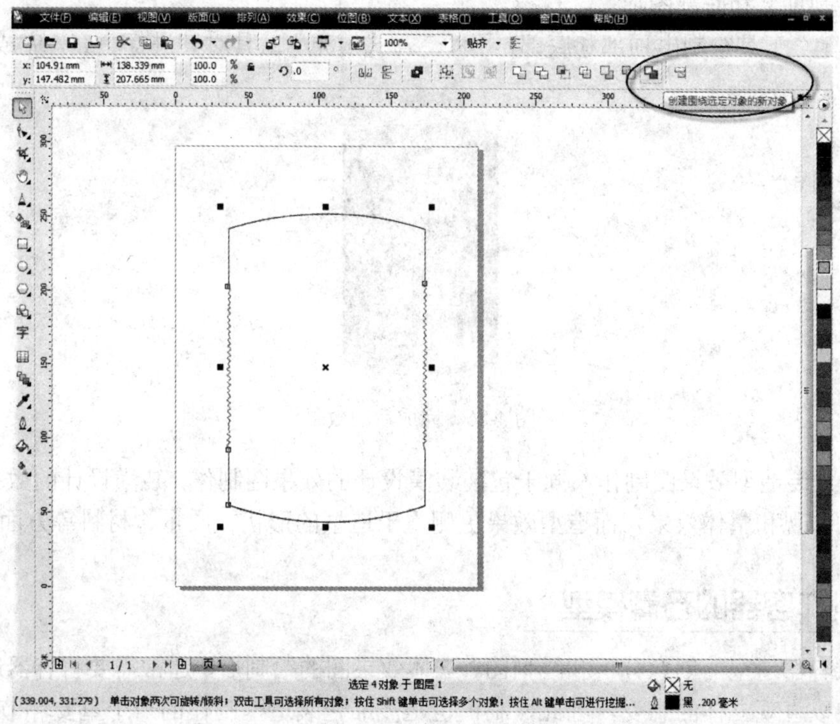

图 4-84 闭合形状

（2）填充颜色。

选择“交互式填充”工具，对图形进行渐变填充，注意高光和阴影部分的调整，如图 4-85 所示。

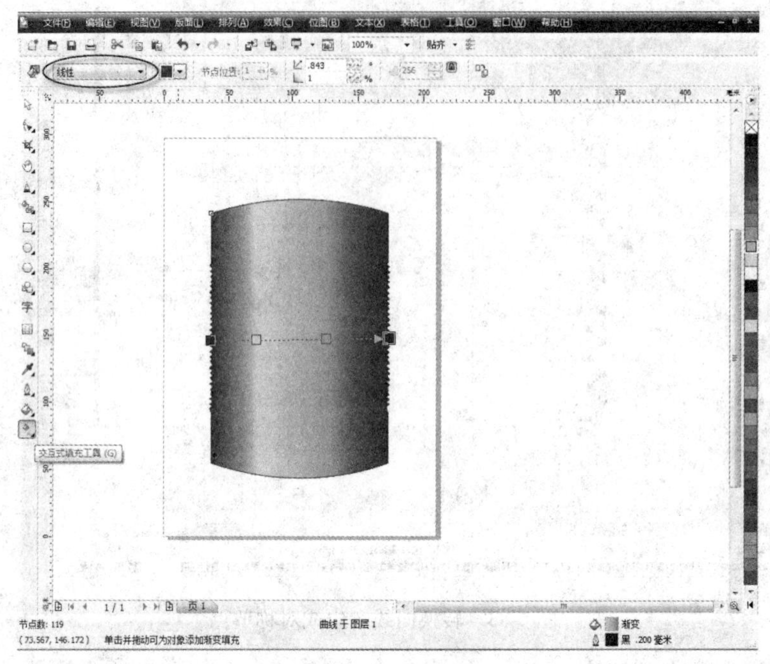

图 4-85　渐变填充图形

（3）绘制顶部和底部图形。

用“钢笔”工具绘制出顶部和底部，用“交互式填充”工具对其进行填充，完成效果制作，如图 4-86 所示。

图 4-86　完成后的效果

注意：包装造型效果图制作不同于包装装潢设计的效果图制作，装潢设计的效果更侧重于画面构图的体现和整体效果，而造型效果更侧重于造型的形状、质量、材料等方面的体现。

4.3.3　制作容器的石膏模型

在完成容器造型的创意分析和线型图、立体效果图的绘制后，通常需要将容器造型制成模型，给客户以直观立体的感受，因此，制模也是产品包装造型制作的一个重要环节。

目前，国内包装容器造型设计的制模材料有石膏、泥料、木料、有机玻璃和塑料板、金属材料等，一般简单的几何形体容器造型多以石膏或陶土为主。

石膏模型制作需要注意以下内容。

1. 模型制作常用工具

石膏粉：颗粒细、无杂质。

美工刀：用来切割石膏。

有机片：用刀在上面划几道线，用来磨制石膏，也可用其他工具。

小锯条：用来截锯石膏，也可以将锯条磨成小刀，进行石膏的雕刻。

水磨砂纸：用来打磨石膏。

乳胶：用来粘接造型的构件。

围筒：用来制作圆柱形或立方体，也可以直接将饮料瓶从中间切割成两部分来代替。

2. 造型手法

常用的造型手法有造型“加法”和造型“减法”两种方法。

（1）造型“加法”。

把造型分成几个单独的个体制作，将个体造型粘合为完整的造型，完成形态后用打磨装饰。

（2）造型“减法”。

将造型按基本型浇注在基本形容器内（如圆柱形纸筒等），固成型后拆解基本容器，用工具在基本型上切削、修形，打磨成型。

3. 制作步骤

（1）材料准备。

将石膏粉和水按约 1∶1.3 的比例混合，搅拌 1～2min，注意不要让混合泥产生气泡，并去除上浮杂质，否则造型凝固后会有气孔或杂质。

（2）塑形。

按照上述“加法”或“减法”的造型手法，将搅拌均匀后的石膏浆倒入塑形所使用的容器中，并排出气泡。注意动作要快，以免石膏凝固。

（3）打磨。

用细砂纸打磨，使造型表面光滑，成型。

（4）修饰。

待石膏凝固后，用工具完成造型的修改和美化，可喷涂上相应色彩或使用一些配饰。

4.3.4 制模作品

如图 4-87 和图 4-88 所示为一些成功的模型作品。

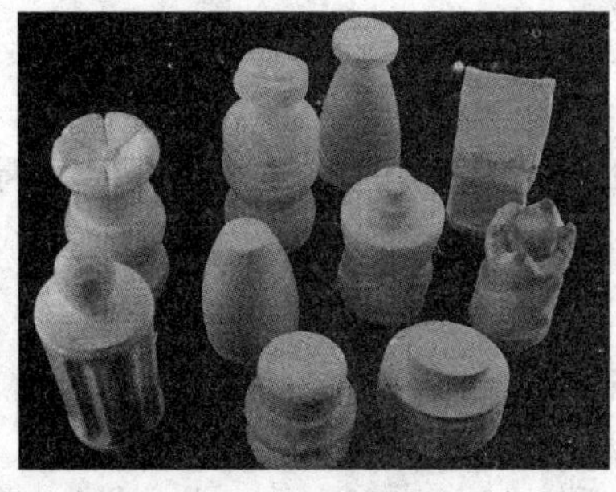

图 4-87　模型作品 1

图 4-88　模型作品 2

4.4　本章实践

1．收集各种类型包装容器造型图例，并分析其造型特点，以如图 4-89 所示包装容器为例。

茂圣金花茶山罐装

茂圣六堡茶竹节型罐装

茂圣六堡茶鼓型罐装

茂圣六堡茶风铃型罐装

图 4-89　不同类型的茶叶包装

六堡茶因产于广西梧州市六堡镇而得名，根据南北朝的《桐君录》中记载，六堡茶的产制历史有 1500 多年。如今六堡茶已是驰名中外的中国名茶。

此六堡茶罐装系列包装设计，采用拟形容器设计方式，分别仿造自然的金花茶山、竹节、铜鼓、风铃等形状进行造型设计，既体现产品的自然属性，同时，又能体现产品的产地特征。既能体现产品的特产特性，具有纪念价值，又能在外形上吸引消费者眼球。

2．参照所收集包装容器造型，模仿完成两个造型线描图及立体效果图的绘制。

3．完成家乡出品的某一液体产品的造型设计，要求：

（1）不少于 3 件作品的设计。

（2）作品包括线描图、立体效果图的绘制，要求文件保存为 CDR 格式，并导出 JPG 文件。

（3）完成作品模型制作。

第5章 包装装潢设计

包装装潢设计是现代产品包装设计中最主要的内容，直接影响产品的展示和营销效果。包装装潢设计主要包含色彩设计、图形设计、文字设计、构图设计等内容，这四方面的组合构成了包装装潢的整体效果。

本章内容通过了解包装装潢设计含义及其意义，把握色彩对包装装潢设计的主要作用。利用色彩的感性传达，通过各种色调、明暗调的应用，设计出有美感的产品包装。将色彩、图形、文字进行不同编排，来表现包装装潢设计，力求达到更高的产品包装要求。

要点

- ✧ 包装装潢设计内容
- ✧ 色彩、图形、文字等在包装装潢设计中的作用
- ✧ 构图类型及其表现方式

重点内容

- ✧ 通过实例的学习，综合利用色彩情感表达，将图形、文字的合理构图方式运用到现代包装装潢设计中。

5.1 包装装潢设计概述

包装装潢设计是产品进行市场推广的重要组成部分，包装的好坏对产品的销售起着非常重要的作用。产品的包装仅有美观的外表是不够的，重要的是通过视觉语言来介绍产品的特色，建立及稳定产品的市场地位，吸引消费者的购买欲望，达到提升销售的效果。

优秀的包装能给文化增加价值，作为现代包装体系中的一个重要组成部分，文化包装如何在色彩、图形、文字、构图各方面体现出其本身应有的价值，是设计时首先要研究的，同时要考虑系列性设计。

5.2 包装色彩设计

色彩的应用极为广泛，无论环境空间设计还是产品空间设计，几乎涉及社会生活的方方面面。关键在于我们从设计色彩的实际运用中，要关注使用对象的需要，并结合人的个性与心理、生理等各种相关因素，充分考虑设计色彩的功能与作用，体现出以人为本的设计思想，从而达到相对完美、适宜的应用效果。

5.2.1 色彩技巧的把握

色彩技巧要把握以下几点：一是色彩与包装物的照应关系；二是色彩与色彩自身的对比关系。这两点是色彩运用中的关键所在。

1. 色彩与包装物的照应

作为色彩与包装物的照应关系该从何谈起呢？主要是通过外在的包装色彩能够揭示或者映照内在的包装物品。使人一看到外包装就能够基本上感知或者联想到内在的包装为何物。但是我们走进商店往货架上观看时，不少商品并未体现这种照应关系，使消费者无法由表及里猜测出包装物品为何物，当然也就对产品的销售发挥不了积极的促销作用。正常的外在包装的色彩应该是不同程度地把握以下几个特点。

（1）从行业上讲，食品类中，茶，用绿色的为主，饮料，用绿色和蓝色的为主，酒、糕点用大红色的为主，儿童食品用玫瑰色的为主；日用化妆品类正常用色的主色调多以玫瑰色、粉白色、淡绿色、浅蓝色、深咖啡色为多，以突出温馨典雅之情致；服装鞋帽类多以深绿色、深蓝色、咖啡色或灰色为多，以突出沉稳典雅之美感，如图 5-1～图 5-5 所示。

图 5-1 茶包装

图 5-2 饮料包装

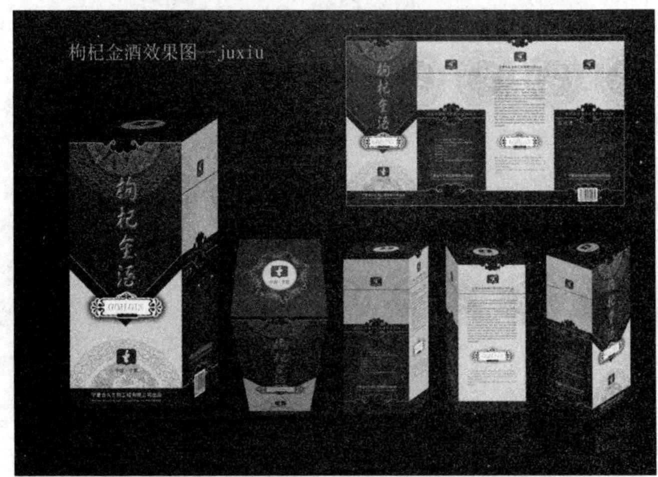

图 5-3 酒包装

图 5-4 糕点包装

图 5-5　服装包装

（2）从性能特征上，单就食品而言，蛋糕点心类多用金色、黄色、浅黄色，给人以香味袭人之印象；茶、啤酒类等饮料多用红色或绿色类，象征着茶的浓郁与芳香；番茄汁、苹果汁多用红色，集中表明该物品的自然属性，如图 5-6 和图 5-7 所示。

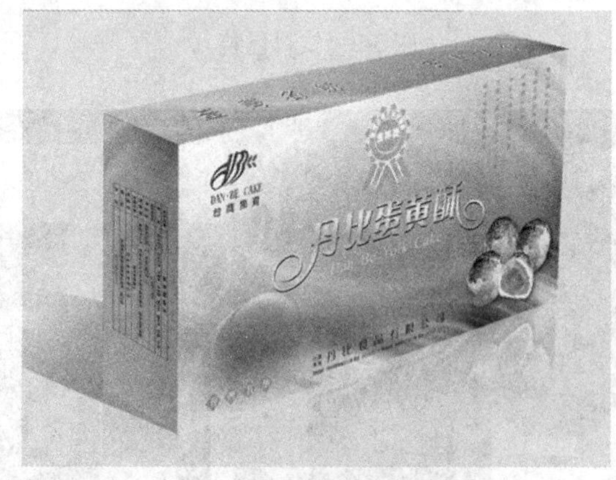

图 5-6　糕点包装

图 5-7　番茄汁包装

2. 色彩与色彩的对比关系

色彩与色彩的对比关系是商品包装中最容易表现却又非常不易把握的。在中国书法与绘画中常流行这么一句话，叫密不透风，疏可跑马。实际上说的就是一种对比关系。表现在包装设计中，这种对比关系非常明显，又非常常见。所谓这些对比，一般都有以下方面的对比：色彩使用的深浅对比、色彩使用的轻重对比、色彩使用的点面对比、色彩使用的繁简对比、色彩使用的雅俗对比、色彩使用的反差对比等。

（1）色彩使用的深浅对比。

色彩深浅对比在目前包装设计的用色上出现的频率最多，使用的范围最广。在很多平面设计（如招贴、吊画类或局面装帧类）上非常常见。所谓深浅对比，是指在设计用色上深浅两种颜色同时巧妙地出现在一种画面上，而产生出比较协调的视觉效果。通常用的如大面积的浅色铺底，而在其上用深色构图，比如用淡黄色铺底，用咖啡色构图，或在咖啡色的色块中使用淡黄或白色的图案线条；又如用淡绿色铺底，墨绿色构图；粉红色铺底，大红色构图；浅灰色铺底，皂黑色构图；等等。这些都是色彩使用的深浅对比，在化妆品包装上或是葡萄酒的包装上最为常见。中国的张裕葡萄酒和双汇的腊肠以及希杰的肉制品包装大都是用这种形式表现的。这种包装形式在日本也较常见。它所表现出来的视觉效果是明快、简洁、温和、素雅，如图5-8所示。

图 5-8 张裕葡萄酒包装

（2）色彩使用的轻重对比（或叫深浅对比）。

这在包装色彩的运用上，同样是重要的表现手法之一。这种轻重对比，往往是在轻淡素雅的底色上衬托出凝重深沉的主题图案，或在凝重深沉的主题图案中（多以色块图案为重）表现出轻淡素雅的包装物的主题与名称，以及商标或广告语等。反之，也有的用大面积的凝重深沉颜色铺底，用轻淡素雅的色调或集中某个色块来表达重点。在这种轻重对比中，有协调色对比和冷暖色对比，协调色对比的手法往往是淡绿色对深绿色，淡黄色对深咖啡色，粉红色对大红等，而冷暖色的对比则多为红与蓝等，如图5-9所示。

图 5-9　化妆品包装

（3）色彩使用的点面对比（或大小对比）。

这种对比，主要表现在颜色从一个中心或集中点到整体画面的对比，即小范围和大范围间的对比。尤其是洗涤化妆用品包装中，经常可以看到产品的包装盒上，整个设计画面大量空白，中间集中位置出现一个非常明显的重颜色的小方块（椭圆形或小圆形），然后再从这小方块的画面上体现包装物内容的品牌与名称的主题，这既是点与面的结合，又是大与小的对比，偶尔也有从点到面逐渐过渡的对比，如图 5-10 所示。

图 5-10　香皂包装

（4）色彩使用的繁简对比。

我们可以看到"统一 100"方便面的食品包装袋（见图 5-11）上，下半部是复杂的方便面实物图案，而在它画面的上端却是统一的红绿色彩搭配，然后非常显眼地突出食品名称字样。

再看《包装世界》杂志第 66 期的封面（也称书的包装）。用一个大面积的草编实物照片铺底，显得很繁杂，甚至连"包装世界"四个字也显得繁杂，可是正画面的中心位置却表现出了干干净净的一个圆色空白，在其中标明"本刊 2000 年将扩版增容""欢迎您到当地邮局订阅"，整体简单、简洁，却匠心独运地把该杂志最需要表达的思想重心衬托出来。

图 5-11　统一 100 方便面包装

（5）色彩使用的雅俗对比。

这类对比主要以突出俗字反衬它的高雅。而这种俗的表现方式是看似表面的“脏”和无序排列，实际上是有意利用这种设计表现方式。这种构图，一种是象征性地揭示主题，另一种是烘托主题，以达到“万花丛中一点红”。除了包装设计之外，在书籍装帧、广告设计、宣传海报，以及电视节目上都有这样的尝试，如图 5-12 所示。

图 5-12　书封面包装

（6）色彩使用的反差对比。

这种反差对比实质上是由多种颜色自身的不同而形成的反差效果。这种反差效果通常的表现方法是：明暗的反差；冷暖反差，如红和蓝的对比；动静的反差，如淡雅平静的背景与活泼图案的对比；轻重的反差，如深沉色与轻淡色的对比；等等，如图 5-13 所示。

综上所述，这些色彩的对比完全是因为一种图案需要通过各种不同颜色的对比而表现的一种方式而已，但这又是构成整个包装图案要素必不可少的组成部分，而往往有些图案就是不同色素的巧妙组合。

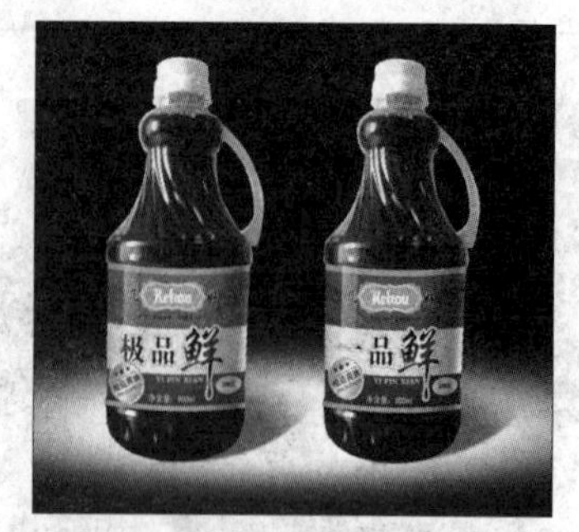

图 5-13　酱油包装

5.2.2　包装装潢色彩构成

色彩是表现商品整体形象中最鲜明、最敏感的视觉要素。包装装潢设计通过色彩的象征性和感情性的特征来表现商品的各类特征，它是由色相、明度、纯度三个基本要素构成的，并通过它们形成 6 个最基本的色调。

1. 艳调

艳调，顾名思义就是画面大多是纯度较高的色彩构成的色调，物体反射的光线中以哪种波长占优势来决定的，不同波长产生不同颜色的感觉，色调是颜色的重要特征，它决定了颜色本质的根本特征，具有鲜明、刺激、新鲜、活泼、积极、热闹之感觉。色彩艳丽引人注目，常用于儿童食品或用具中，如图 5-14～图 5-16 所示。

图 5-14　儿童食品包装 1

图 5-15　儿童食品包装 2

图 5-16　儿童食品包装 3

2. 灰调

灰调属于中间色，具有孤独、稳重、朴素、无力之感觉。灰调雅致素净，常用于高档商品的包装，如图 5-17 所示。

图 5-17　香水包装

3. 冷调

冷调是给人以凉爽感觉的青、蓝、紫色以及由它们构成的色调。冷调清洁冰爽，常用于冷饮饮料包装中，如图 5-18 所示。

图 5-18　饮料包装

4. 暖调

暖调为前进色——膨胀、亲近、依偎、柔和、柔软的感觉。暖调常用于食品包装中，如图 5-19 所示。

5. 明调

在明调的画面面积中，白、灰部分占了很大比重，黑色较少。这种调子强调明朗、轻快的气氛。明调轻盈欢乐，常用于化妆品包装中，如图 5-20 所示。

图 5-19　食品包装

图 5-20　化妆品包装

6. 暗调

在暗调的画面面积中，黑色部分占有很大面积，白色部分多用于突出主体，起强调作用，也起对比作用。

暗调给人一种沉重、深厚、哀伤的情绪，也可造成神秘、阴森的气氛，常用于工业产品包装中，如图 5-21 所示。

在对 6 个基本色调了解的基础上，通过各种组合与变化，便可以根据产品的不同属性来选择合适的色彩搭配。药品适于用以白色为主的文字图案包装，表示干净、卫生、疗效可靠；化妆品类常用柔和的中间色调，表示高雅富丽、质量上乘；食品类以暖色调为主，突出食品的新鲜、营养和味觉；酒类适于用浅色包装，表示香浓醇厚，制作考究；五金、机电类常用蓝、黑及其他沉着的色块，以表示坚实、精密和耐用的特点；儿童用品包装类常用鲜艳夺目的纯色对比色块，符合儿童的心理。

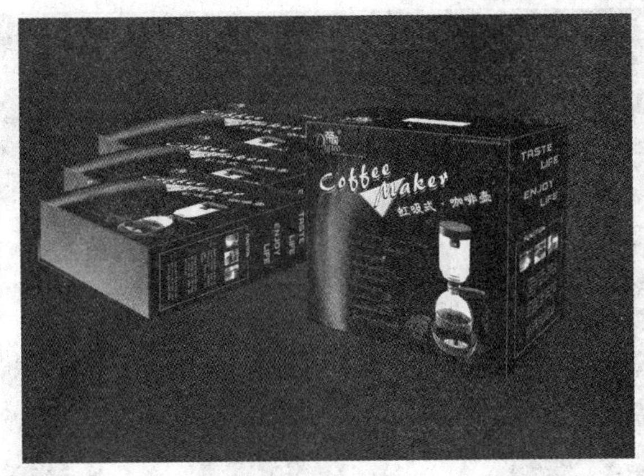

图 5-21　工业产品包装

商品包装的色彩设计需要注意以下几点：

（1）色彩应充分体现产品个性特征和功能特点，适合该产品消费市场的审美情趣。

（2）画面表现要求总体平衡、照应、协调和统一。

（3）视觉表达的展示效果，包括商品包装材质及其自然的色彩美感。

5.3　图形

要想在包装设计上独创一格与个性显现，图形是很重要的表现手法，它起到了推销员的作用，把包装内容物借视觉的作用传达给消费者，具有强烈的视觉冲击力，能够引起消费者的注意力，从而产生购买欲望。

5.3.1　决定包装图形的因素

1. 包装图形与包装内容物

包装图形可归纳为具象图形、半具象图形和抽象图形三种，它与包装内容物之间是紧密相关的，这样才能充分地传达产品的特性。一般情况下，若产品偏重于生理的，如吃的、喝的，则较着重于运用具象图形；若产品较偏重于心理的，则大多运用抽象的或半具象的图形，如图 5-22～图 5-24 所示。

图 5-22　具象图形包装

图 5-23　半具象图形包装

图 5-24　抽象图形包装

2. 包装图形与诉求对象的年龄、性别、受教育程度相关联

包装图形与诉求对象是相关联的，尤其年龄在 30 岁以下的受众。进行产品包装图形设计时，应好好把握住，以便使设计的包装图形能够得到诉求对象的认同，从而达到需求的目的。

（1）年龄段。

① 12 岁以下：这一年龄段为儿童时期，对于认图与表现图形，倾向于主观意识。如对卡通式的人物、半具象的图形以及富有动感、情趣的图形极为喜爱，符合儿童单纯天真的心理特点，如图 5-25 所示。

② 13～19 岁：这一年龄段为青春发育期，他们富有幻想性、模仿性，喜爱偶像式、梦幻式及较有风格表现的包装图形，如图 5-26 所示。

图 5-25 卡通图形包装

图 5-26 梦幻式图形包装

③ 20～29 岁：20 岁以后的年轻人，生理发育已趋成熟。性别的差异特性也特别显著。开始注重价值感与权威感，并且多数已在就业阶段，判断力强，对不同表现形式的包装图形均可接受，但对抽象图形仍具新鲜感。图 5-27 所示为年轻人喜欢的抽象图形包装。

④ 30～49 岁：这一年龄段的人大多已成家立业，因受生活、职业、经济、社会等因素的影响，思想较现实，并且具有强烈的定位观念，喜欢理性的写实主义，大多偏爱具象图形包装，如图 5-28 所示。

图 5-27　抽象图形包装

图 5-28　具象图形包装

（2）性别因素。

男性喜欢冒险，有征服他人的野心；女性喜欢贤淑、安定。因此，在包装图形的表现形式上，男性比较喜欢说明性、科幻性、新视觉的表现形式。而女性就较偏向于感情需求，喜欢具象、美好的表现形式。同时，生理与心理方面的因素，也应在考虑之列。

（3）教育背景。

教育能改变人的观念、气质，同时也能改变对知识的判断标准。由于受教育程度的不同，人们对于包装表现形式的喜好有极大的差异。而对于包装设计图案中的抽象图形与具象图形的接受程度也与人自身的知识、审美情趣等相关。

5.3.2 包装设计图形要素

包装设计图形要素主要包括标志、图形内容。

（1）标志指行业标志、商标等，如图 5-29 所示。

图 5-29 商标

（2）图形内容有品名、产地、原材料、商标、产品形象、使用示意图、象征图形、图案，如图 5-30～图 5-37 所示。

图 5-30 品名

图 5-31 产地

图 5-32　原材料

图 5-33　商标

图 5-34　产品形象 1

图 5-35　产品形象 2

图 5-36　使用示意图

图 5-37　象征图形、图案

品名直接明了地传达产品特性；商标是指生产者、经营者为使自己的商品或服务与他人的商品或服务相区别，而使用在商品及其包装上或服务标记上的由文字、图形、字母、数字、三维标志和颜色组合，以及上述要素的组合所构成的一种可视性标志；原材料常用于产品包装中，易让人产生产品性质的联想；使用示意图常用于工业品、家用品包装上，达到使人一目了然其功能的效果；象征图案带有强烈标志性和符号性。

5.3.3 包装的表现形式

在包装设计中，包装图形主要有下列几种表现形式。

1. 产品再现

产品再现可以使消费者直接了解包装的商品，通常运用具象的图形或写实的摄影图形。如食品类包装，为体现食品的美味感，往往将食物的照片印刷在产品包装上，以加深消费者鲜明的印象，产生购买欲，如图 5-38 所示。

图 5-38　产品再现

2. 产品的联想

“触景生情”即是由事物唤起类似的生活经验和思想感情，它以感情为中介，由此物向彼物推移，从一事物的表象想到另一事物的表象。一般情况下，主要从产品的外形特征、产品使用后的效果特性、产品的静止及使用状态、产品的构成及所包装的成分、产品的来源、产品的故事及历史、产地的特色及民族风俗等方面设计包装图形，来描绘产品的内涵，使人看到图形后就可以联想到包装商品。如图 5-39 所示为音乐包装盒。

图 5-39　音乐包装盒

3. 产品的象征

优秀的包装设计讨人喜欢，令人称赞，引发购买欲望。这些都是由包装散发出的象征效果。象征的作用在于暗示，虽然不直接或者具体地传达意念，但暗示的功能却是强有力的，有时会超过具象的表达。如在咖啡的包装设计上，以一幅热气腾腾的包装图形来象征咖啡香浓的品质，间接象征传达出浓浓的情意，是青年男女在恋爱的交往与约会中不可缺少的饮料，用以吸引消费者，如图 5-40 所示。

图 5-40　咖啡包装

4. 利用品牌或商标做图形

利用品牌或商标做产品包装图形，可突出品牌并且增强产品品质的可信度。购物袋和香烟包装设计大都采用这种包装图形表现形式。如图 5-41 所示为万宝路香烟的烟盒包装。

图 5-41　万宝路香烟的烟盒包装

5. 产品的烘托

所谓烘托是将事物的对立面十分突出地表现出来，借此显彼，使产品形象更为鲜明、强烈、突出，如图 5-42 所示。

图 5-42　酒的包装

6. 产品的使用方法

通常，消费者对于新产品所具有的特点不太了解，这就要求借助人为的方法。最好的方法莫过于在包装上下工夫，采用包装图形来表达产品的使用方法，以增加产品的说服力，从而引起消费者的兴趣。如方便面包装上印有冲泡过程或使用方法的照片，使消费者预先了解产品的特点，如图 5-43 所示。

图 5-43　方便面的包装

在包装设计中，包装图形不能单独孤立起来，而应与整体版面布局密切配合，使整体视觉设计趋于完美，从而确立独特的风格。

5.3.4　对出口包装的设计

对于出口包装的设计，应根据世界各国对图形的喜好与忌讳，选择适宜的包装图形。

在出口包装中，因包装图形触犯进口国忌讳，造成进口货物被当地海关扣留，或遭当地消费者拒用的事例屡有发生。因此，在出口产品包装设计中了解进口国家对包装图形的禁忌至关重要。不同国家对包装图形有不同的喜好与忌讳：伊斯兰教国家禁用猪、六角星、十字架、女性人体以及翘起的大拇指的图形作为包装图形，喜欢五角星和新月形图形；日本人认为荷花不吉利、狐狸狡诈和贪婪，而且日本皇家顶饰上用的十六瓣菊花图形也不宜在包装上采用，他们喜欢圆形和樱花图形；英国人将山羊比喻为不正经男子，视雄鸡为下流之物，大象为无用之物，令人生厌，不能作为包装图形，而喜欢盾形和橡树图形；新加坡以狮城之国闻名于世，喜欢狮子图形；狗的图形为泰国、阿富汗、北非伊斯兰国家所禁忌；法国人认为核桃是不祥之物，黑桃图形为丧事的象征；尼加拉瓜、韩国人认为三角形不吉利，这些都不能作为包装图形；中国香港地区认为鸡不宜作床上用品包装图形。

5.4　文字

在包装设计中，文字是产品信息中最全面、最明确、最直接的传达，必须使用销售对象的共同语言，以达到共同交流的目的。

为了保护消费者的合法权益，世界上许多国家都有相应的包装法规，规定必须用规范文字进行设计。

文字的特征设计是为了加深消费者的印象，但必须保证消费者能够准确地识别与理解。包装设计文字包括：牌名、品名、说明文、广告语等。

5.4.1　文字与字体

1. 常用的包装设计中的字体

作用：作为第一传达要素，不仅承载告之功能，还具有极强的装饰功能，没有文字的包装基本是不可能成立的。

汉字源远流长，从甲骨文到现代文字，不管如何演变，它都是美丽的，且都有设计感，如图 5-44～图 5-46 所示。

图 5-44　古代汉字演变

图 5-45　汉字演变 1

图 5-46　汉字演变 2

2. 笔画性变化

1）笔形变异

（1）运用统一的形态元素，如图 5-47～图 5-50 所示。

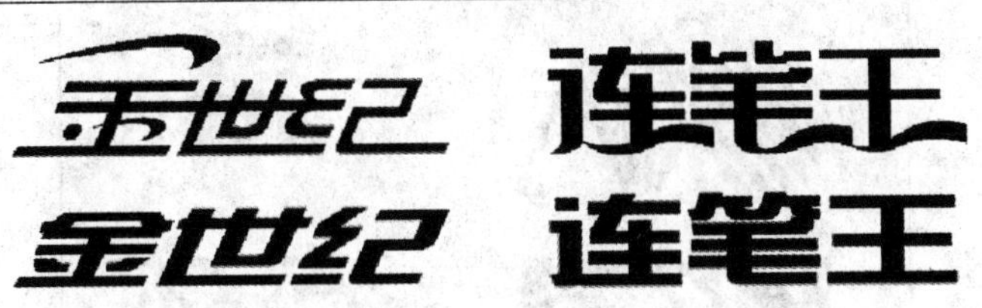

图 5-47　综艺体

快乐星
快乐星

图 5-48　老宋体

图 5-49　综艺体

图 5-50　运用统一形态元素

（2）在统一形态元素中加入另类不同的形态元素，如图 5-51 所示。

（3）拉长或缩短字体的笔画变异就是对笔画的形态做一定的变异，这种变异是在基本的字体的基础上对笔画进行改变，如图 5-52 所示。

图 5-51　统一形态元素加入不同形态元素

图 5-52　伸缩变形

2）笔画共用

既然文字是线条的特殊构成形式，是一种视觉图形，那么，在进行设计时，就可以从纯粹的构成角度，从抽象的线性视点，来理性地看待这些笔画的异同，分析笔画之间内在的联系，寻找它们可以共同利用的条件，借用笔画与笔画之间，中文字与拉丁文字之间存在的共性而巧妙地加以组合，如图 5-53～图 5-57 所示。

图 5-53　字体设计 1

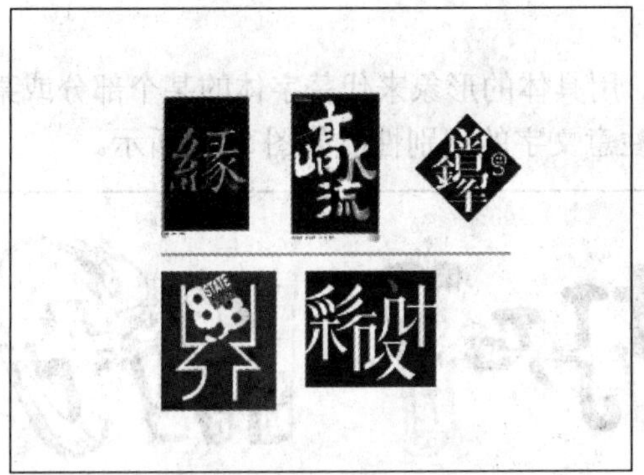

图 5-54　字体设计 2

图 5-55　字体设计 3

图 5-56　字体设计 4

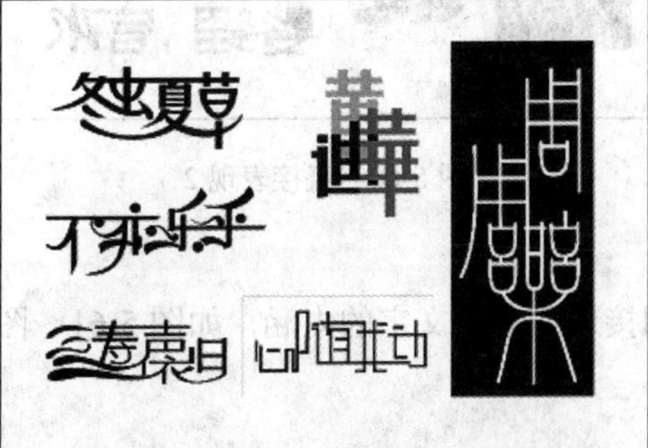

图 5-57　字体设计 5

3. 具象形变化

根据文字内容的意思，用具体的形象来代替字体的某个部分或某一笔画，这些形象可以是写实或夸张的，但一定要注意文字的识别性，如图 5-58 所示。

图 5-58 字体设计

（1）直接表现。

用具体的形象直接表达出文字的含义，如图 5-59 和图 5-60 所示。

图 5-59 直接表现 1

图 5-60 直接表现 2

（2）间接表现。

用相关的符号、形象间接地隐喻出文字的内涵，如图 5-61～图 5-63 所示。

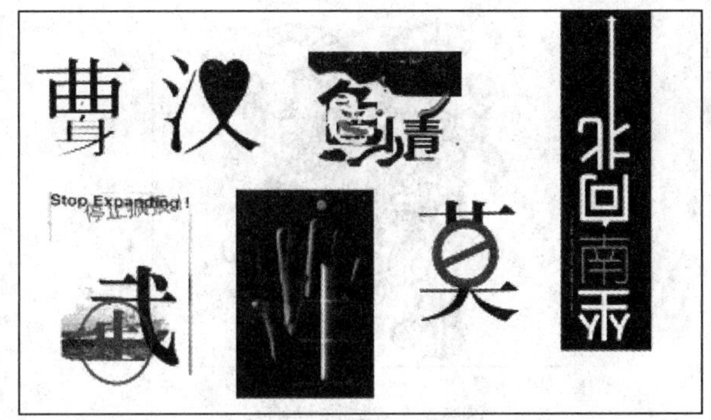

图 5-61　间接表现 1

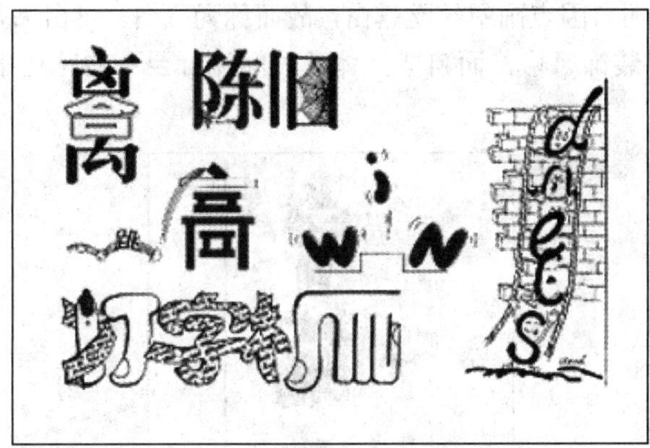

图 5-62　间接表现 2

图 5-63　间接表现 3

4. 装饰性变化

在文字笔画外添加图形，或者将笔画延伸并与图形接续，或在笔画的实空间里填充图形，这些都是一种装饰性字体设计的方法。

由于添加的图形没有使文字的原形改变，也不影响文字的阅读，反而会因这些装饰方法而丰富了文字的内涵，因为可以通过添加的图形，渲染或烘托文章的形态，直接或间接地让人们更好地理解文字的内容，如图 5-64 所示。

图 5-64　装饰性变化

（1）飞白书。

用扁平的竹笔写字时，因点画中丝丝露白，故而称为飞白。飞白书是硬笔书写的文字，又因其笔画所具有的独特装饰风格，而自成一体。民间流行至今的花鸟字是飞白书的延续，如图 5-65～图 5-67 所示。

图 5-65　春满人间

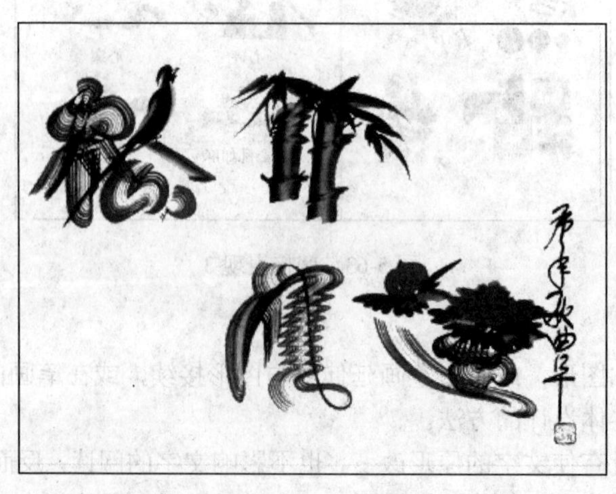

图 5-66　松林风飞

图 5-67　鸟语花香

（2）鸟虫书。

在春秋战国，一种极具趣味的字体突然兴起，构成了汉字字形演化历程中一道独特的风景线，它就是鸟虫书，如图 5-68 和图 5-69 所示。

图 5-68　寿命天下

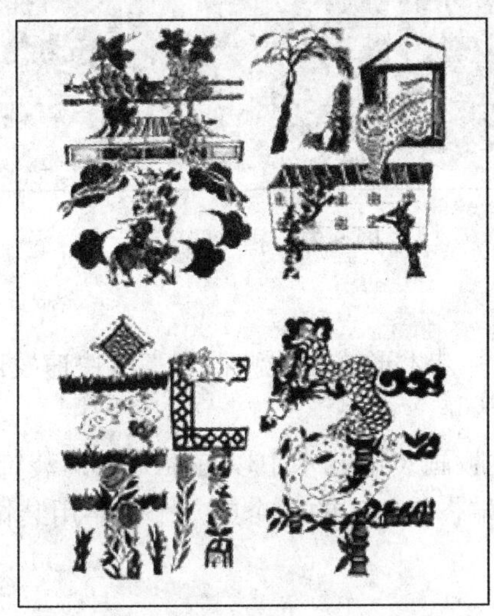

图 5-69　恭贺新年

（3）吉祥装饰字。

在民间，人们同样喜欢将汉字装饰化，至今能从民间剪纸、挑花、砖雕、陶瓷的图案中看到诸如福、禄、寿、喜等附有装饰性的汉字，如图 5-70 和图 5-71 所示。

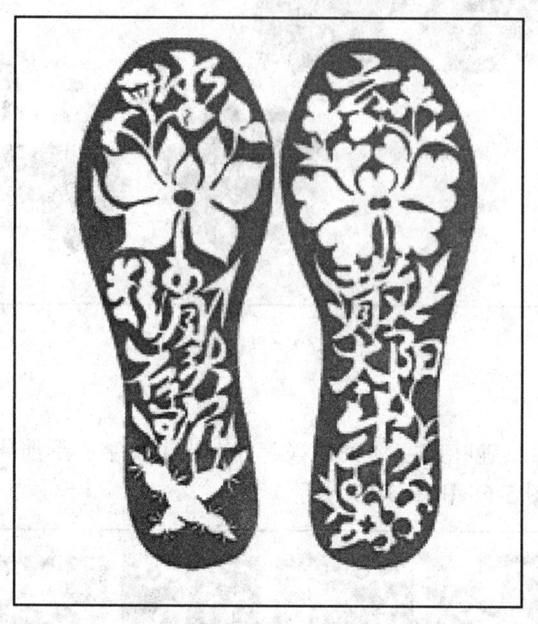

图 5-70　冰消石头沉，云散太阳出

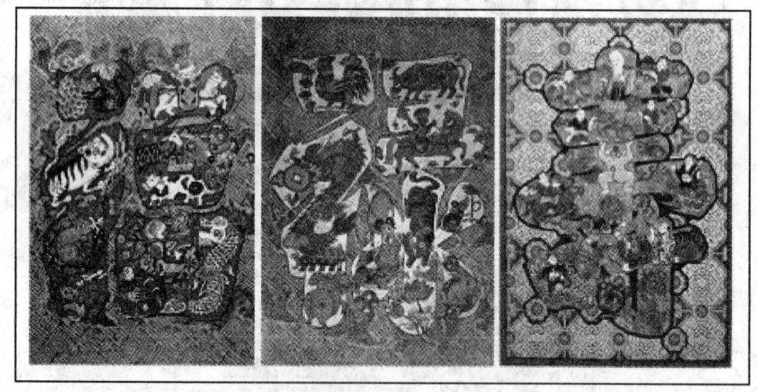

图 5-71　福、禄、寿

（4）写本装饰字。

中世纪初期，写本作为一种艺术形式在欧洲得到高度快速发展，直到 15 世纪印刷术出现而被取代。

写本画中最具特色的要数版画装饰艺术中以首字为主的装饰字。所谓以首字为主的装饰字，是指彩绘在书中章节的开端，将起头的一个或几个文字用装饰的手法加以美化，形成图案性文字，如图 5-72 所示。

（5）文字规范。

三五香烟的包装设计是由文字组成的（见图 5-73）。在全世界严格控制香烟生产销售的形势下，三五香烟上的每一条文字都严格遵守了销售地区的法律规定。

图 5-72　写本装饰字

图 5-73　香烟包装的文字设计

而对药品的文字规范则更严格。药品文字规定要求十分严格，中国国家食品药品监督管理局令第 24 号《药品说明书和标签管理规定》中对文字管理的规范非常明确，其中要求“标签的文字表达相当科学、规定、准确”，“应当清晰易辨，标识应当清楚醒目”，“应当使用国家语言文字工作委员会公布的规范化汉字”，“药品通用名称应当显著、突出，其字体、字号和颜色必须一致”，“对于横版标签，必须在上三分之一范围内显著位置标出；对于竖版标签，必须在右三分之一范围内显著位置出；不得选用草书、篆书等不易识别的字体，不得使用斜体、中空、阴影等形式对字体进行修饰；字体颜色应当使用黑色或白色，与相应的浅色或者深色背景形成强烈反差；除因包装尺寸的限制而无法同行书写的，不得分行书写”，如图 5-74 所示。

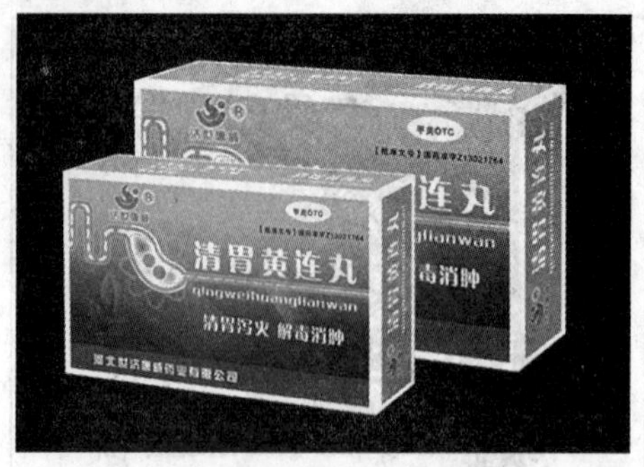

图 5-74　药品包装的文字设计

对标签要求“应当注明药品通用名称、成分、形状、适应症状或者功能主治、规格、用法用量、不良反应、禁忌、注意事项、储备、生产日期、产品批号、有效期、批准文号、生产企业等内容。适应症或者功能主治、用法用量、不良反应、禁忌、注意事项不能全部注明的，应当标出主要内容并注明‘详见说明书’字样”等。

5.4.2　文字在包装设计中的应用

（1）字体的设计与商品的特点统一，如图 5-75 所示。

图 5-75　金姐大头菜

（2）文字设计应强调易读性、艺术性和独特性，如图 5-76 所示。

图 5-76　金姐大礼包

（3）文字的设计应体现一定的风格和时代特色，如图 5-77～图 5-80 所示。

（4）在包装设计中，容器类的包装较多采用文字设计的变现形式，如图 5-80 和图 5-81 所示。

（5）字体设计在包装设计中大多以标识形态出现，如图 5-77 和图 5-78 所示。

图 5-77　文字设计 1

图 5-78　文字设计 2

图 5-79　文字设计 3

图 5-80　文字设计 4

图 5-81　文字设计 5

（6）中文书法字体在包装设计中的应用会使产品具有浓郁的古典气息，如图 5-82～图 5-86 所示。

图 5-82　文字设计 6

图 5-83　文字设计 7

图 5-84　文字设计 8

图 5-85　文字设计 9

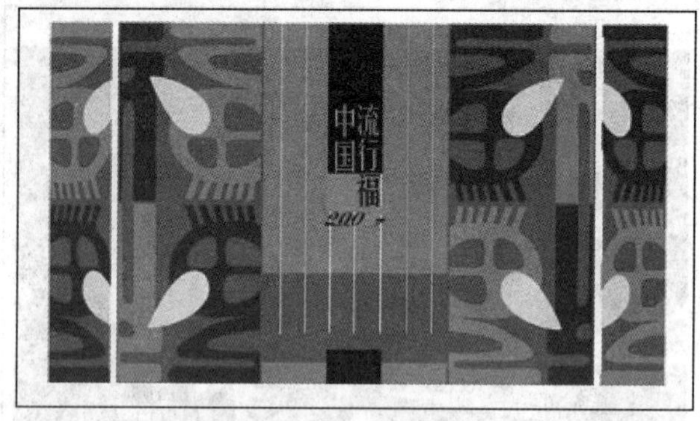

图 5-86　文字设计 10

5.4.3　文字在包装设计中的编排

（1）文字安排一定要准确、醒目、易辨认，文字的大小、主次、用色的强弱设置要考虑整体效果。

（2）文字编排整体感要强，如图 5-87 所示。

图 5-87　白果仁包装中的文字编排

（3）文字编排要注意科学性和艺术性的结合，如图 5-88 所示。

图 5-88　六堡茶包装中的文字编排

（4）优秀设计作品的标准如下。

① 引人注目，能脱颖而出。

② 精致，具有艺术审美性。

③ 久看耐人寻味，有长期保存的价值，经得起时间的考验。

④ 有整体统一效果。

⑤ 注意货架实用性效果。

（5）商品包装文字设计注意事项如下。

① 文字内容简明、真实、生动、易读、易记。

② 处理好相互间的主次及大小关系。

③ 字体设计要反映商品的特点、性质、独特性，并具备良好的识别性和审美功能。

5.5　构图

构图是指将商标、文字、图案、条形码等构成一个和谐统一的整体。主要有以下几种构图方式。

5.5.1　构图的根本任务

包装装潢是结合包装容器造型体现和完善设计构思的重要手段。它担负着对商品的信息传达和宣传、美化商品的重任。

构图正是围绕着以上任务和目的，将包装装潢设计诸要素进行合理、巧妙地编排组合，以构成新颖悦目而又理想的构图形式。

5.5.2　构图的基本要求

1. 整体要求

包装设计在装潢上有许多基本要素要表达，如产品名称、商标、厂家地址、用途说明、规格等。所有这些形象的大小比例、位置、角度、所占空间等各方面的关系处理是相当复杂的，而包装画面又多是较小的设计舞台，并要求在一瞬间便能简洁、明了地向消费者传递诸多信息。尤其需要强调构图的整体性，就像乐曲要设定一个基调一样，是活泼的还是严谨的，是华丽的还是素雅的……使画面形成一种大的构图趋势。

2. 突出主题

由于包装装潢设计是在方寸之地做文章，这就需要设计者在所有需要表达的要素中，用一个或一组要素来发挥主题的作用，称之为主要形象。应通过各种手段，如位置、角度、比例、排列、距离、重心、深度等方面来突出这一主要形象。如果对众多要素不分主次、不加选择地“全面”表现，就像文章没有重点，电影故事里没有主角，其结果可想而知。

3. 主次兼顾

在包装画面诸要素的整体安排中，主要部分必须突出，次要部分则应充分起到衬托主题的作用，给画面制造气氛，加强主要部分的效果。而次要部分如何更好地衬托主题、达到主次呼应、整体协调，则需要我们精心地反复推敲才能达到目的。构图的主要技巧就在于设计者对各部分关系的处理。

5.5.3 构图技巧的把握

与色彩技巧一样，构图的技巧多种多样，而两者的关系却是相互依存和互为表述的。但色彩是基础，构图既是过程又是最终目的。所以，在设计过程中，除了要把握一定的技巧外，还要考虑它的视觉效果，而效果才是最终目的。

构图的技巧，除了在色彩运用的对比技巧需要借鉴掌握以外，还需考虑几种对比关系，如粗细对比，远近对比，疏密对比，静动对比，中西对比，古今对比，等等。

1. 构图技巧的粗细对比

所谓粗细对比，是指在构图的过程中所使用的色彩以及由色彩组成图案而形成的一种风格，在书画作品中有工笔和写意之说，或工笔与写意同时出现在一个画面上（如同国画大师齐白石的白菜与蝈蝈的画一般），这种风格在包装构图中是一些包装时常利用的表现手法。对于这种粗细对比有些是主体图案与陪衬图案对比，有些是中心图案与背景图案的对比；有的是一边粗犷如风扫残云，而另一边则精美的细若游丝；有些以狂草的书法取代图案，这在一些酒类和食品类包装中都能随时随地见到，如思念牌水饺和飘柔牌的洗发露就是这样的，如图 5-89 和图 5-90 所示。

图 5-89　水饺包装

图 5-90　洗发露包装

2. 构图技巧的远近对比

在国画山水的构图中讲究近景、中景、远景，而在包装图案的设计中，以同样的原理，也应分别为近、中、远几种画面的构图层次。所谓近，就是一个画面中最抢眼的那部分图案，也叫第一视觉冲击力，这个最抢眼的也是该包装图案中要表达的最重要的内容，如双汇最早使用过的火腿肠包装，首先闯进人们视线中的是空白背景中的双汇商标和深红色方块背景中托出的白色综艺硕大的“双汇”二字（即近景），其次才是小一点的“特级火腿肠”行书几个主体字（应该说第二视线，也称中景），再次是表述包装物的产品照片（也称第三视线，介于中景），最后是辅助性的企业吉祥物广告语、性能说明、企业标志等，这种明显的层次感也称视觉的三步法则，它在兼顾人们审视一个静物画面时从上至下、从右至左的习惯的同时，依次凸显出其中最想表达的主题部分。作为设计人在创作画面之始，就应该弄明白所诉求的主题，营造一个众星捧月，鹤立鸡群的氛围，从而使包装设计的画面像强大的磁力紧紧地把消费者的视线拉过来，如图 5-91 所示。

图 5-91　双汇食品

3. 构图技巧的疏密对比

说起构图技巧的疏密对比，这和色彩使用的繁简对比很相似，也和国画中的飞白很相同，即图案中该集中的地方就须有扩散的陪衬，不宜都集中或都扩散，体现一种疏密协调，节奏分明，有张有弛，同时也不妨碍主题突出，如图 5-92 所示。

4. 构图技巧中的静动对比

在一种图案中，往往会发现这种现象，也就是在一种包装主题名称处的背景或周边表现出的爆炸性图案或是看上漫不经心，实则是故意涂抹的几笔随意的粗线条，或飘带形的英文或图案等，无不表现出一种“动态”的感觉。主题名称端庄稳重，而大背景轻淡平静，这种场面便是静和动的对比。这种对比，符合人们的正常审美心理，如图 5-93 所示。

图 5-92　化妆品包装

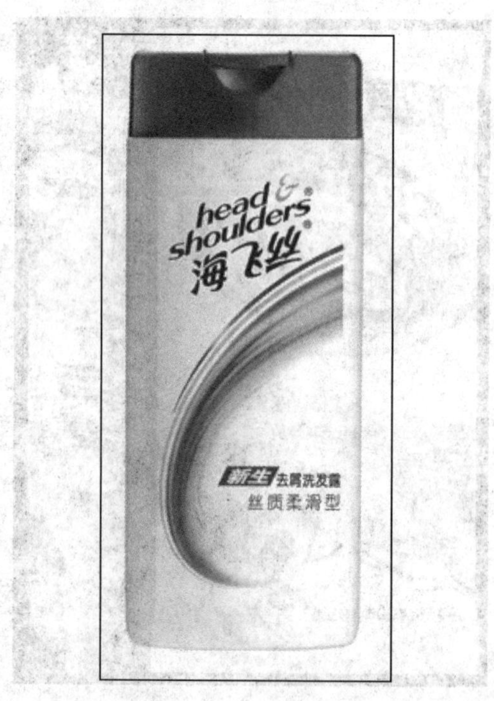

图 5-93　海飞丝洗发水包装

5．构图技巧中的中西对比

这种对比，常见的如在画面中利用卡通手法和中国传统手法的结合或中国汉学艺术和英文的结合。这种表达技巧在儿童用品、女式袜、服装或化妆品上的包装都曾出现，如图 5-94 所示。

6．构图技巧的古今对比

只要有洋为中用就有古为今用，特别是人们为了体现一种文化品位，在包装设计构图上把古代的经典的纹饰、书法、人物、图案用在当前的包装上，这在酒的包装上体现得最为明显。如印着红楼梦十二金钗仕女图的酒，太白酒，中秋月饼等，都是从这些方面体现和挖掘内涵的。另外，还有一些化妆品及生活用品的高级礼品盒的纹饰与图案也是从古典文化中寻找嫁接手法的，给人一种古朴、典雅的视觉享受，如图 5-95 和图 5-96 所示。

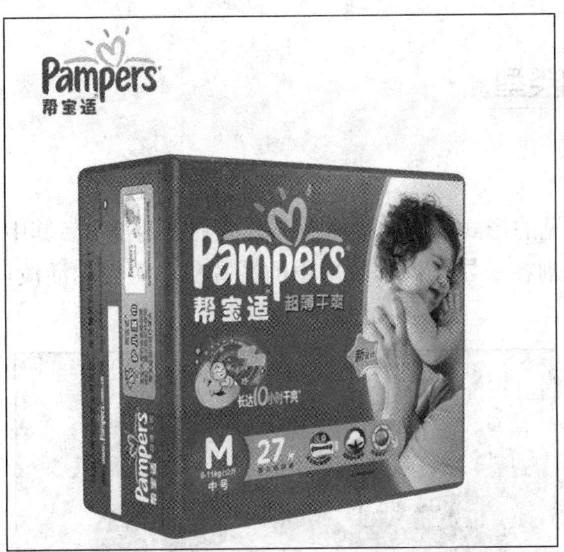

图 5-94　中西对比技巧包装

图 5-95　太白酒包装

图 5-96　中秋月饼包装盒

5.5.4 常见的构图类型

1. 分割构图

（1）上下分割。

平面设计中较为常见的形式，是将版面横向分成上下两部分，其中一部分配置图片，另一部分配置方案。横向分割容易显呆板，故采用的图片应尽量生动活泼，富有动感，如图 5-97 所示。

图 5-97　上下分割构图的洗涤剂包装

（2）左右分割。

同上下分割相反，左右分割是将画面垂直分割为左右两部分，给人以崇高肃穆之感。由于视觉上的原因，图片宜配置在左侧，右侧配置小图片或方案。如果两侧明暗上对比强烈，效果则更加明显，如图 5-98 所示。

图 5-98　左右分割构图的食品包装

（3）斜向分割。

将图片倾斜放置或将画面斜向分割，较之上下分割更为生动活泼，因为斜线可以产生动感，对于汽车等以速度见长的商品或较为呆板冷漠的商品倾斜配置时，效果会更生动，如图 5-99 所示。

图 5-99 斜向分割构图的食品包装

2. 形状构图

（1）螺旋形编排。

图片由大渐小、由外向内有规律地渐变配置，形成螺旋形，使人的视觉移动轨迹，由外向内弯曲旋动，最终落到中心点，形成一定的动感。这种编排，使多幅图片形成有机的整体，并主次明确，中心突出。运用这种方式构成画面，会使人的视线立刻集中到中心点，而这一点就是广告的重要图片的放置点，如图 5-100 所示。

图 5-100 螺旋形编排的包装设计

（2）以中心为重点的编排。

人的视线往往会集中在中心部位，产品图片或需重点突出的景物配置在中心，会起到强调作用。如果由中心向四周放射，可以起到统一的效果，并且主次分明，如图 5-101 所示。

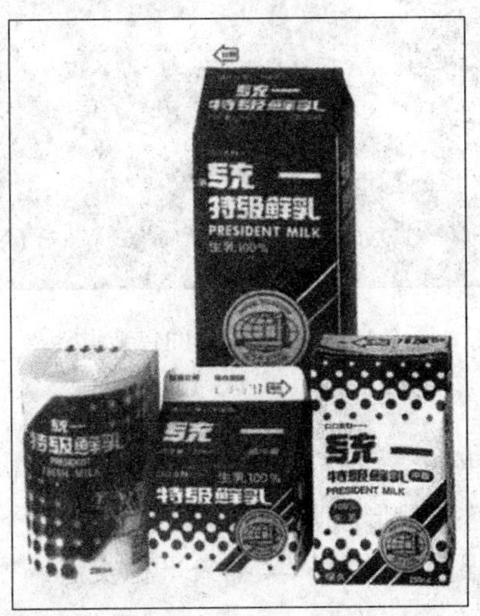

图 5-101 以中心为重点编排的包装设计

（3）L 形编排。

以一幅大图片为主，配置在上下左右任何一隅，两边出血，另两边留出 L 形空白。有图片处较沉偏坠，故留白的地方应巧妙编排，一来活跃变化版面，二来重量上加以均衡，否则会给人一头沉的感觉，如图 5-102 所示。

图 5-102　L 形编排的包装设计

（4）U 形编排。

把图片配置于版面中央的上方或下方，并在一方出血，产生 U 形空白，这种编排有强烈的稳定感，具有强烈的感染力。空白处的编排要精心设计，否则会过于呆板，如图 5-103 所示。

图 5-103　U 形编排的包装设计

（5）三角形编排。

正三角形编排是最有稳定感的金字塔形，逆三角形则富有极强的动感。所以，用正三角形编排时应注意避免呆板，而用逆三角形时则应注意保持版面的平衡。任意三角形则没有以上两个三角形的弊端，因为它既有很强的动感，又不失平稳安定，如图 5-104 所示。

图 5-104 三角形编排的包装设计

（6）上、下（左、右）编排。

将图片或文字配置在上、下（左、右）两端时，会产生一种稳定的水平作用力，并相互呼应，这是最为简单的设计形式，但又极具高格调的形式，若能掌握运用，需要相当的功力，如图 5-105 所示。

图 5-105 上、下（左、右）编排的包装设计

（7）N 形编排。

在版面上将图片流线型的编排，使视觉由上向下反复移动，形成既有上下左右相呼应，又有均衡的稳定感。多图编排时，N 形配置是最佳方案，如图 5-106 所示。

图 5-106 N 形编排的包装设计

（8）重复编排。

把内容相同或有着内在联系的图片重复编排，会使人产生冷静的畅快感与调和感。尤其对较为繁杂的事物，通过比较和反复联系，使复杂的过程变得简单明了。重复还有强调的作用，使得主体更加突出。画面的反复出现，会有流动的韵律感出现，同一商品在重复出现的情况下，表现角度不同的两幅照片自然融合为一体，所产生的调和感，能引起读者的共鸣。若将这样的照片以大小或强弱对比处理，产生立体感，妙趣横生，如图 5-107 所示。

图 5-107　重复编排的包装设计

（9）并置编排。

将同一类内容的图片，以大小相同的面积并置在一起，会加重分量，突出重点。图片并置的画面，富有冷静、畅快与调和感，容易让读者比较对象物，如同在相同的条件下比较分析实验结果。在画面构成上，图片的反复出现能够产生冷静的节奏，使对比更鲜明，产生新的视野，如图 5-108 所示。

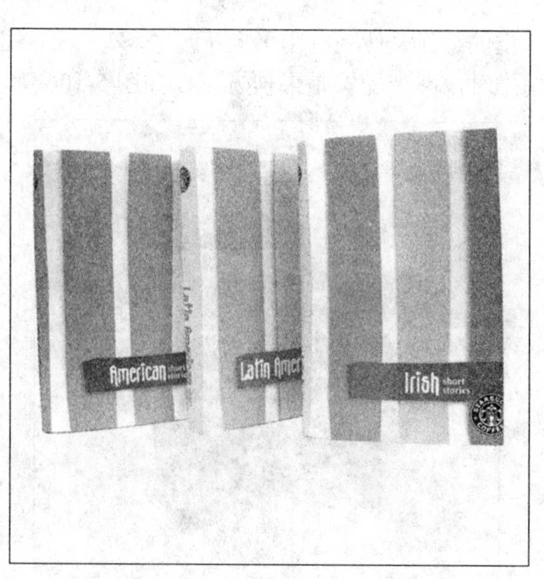

图 5-108　并置编排的包装设计

（10）包围型。

用图案或图形将四周围起来，使画面产生喧闹热烈的气氛，从而加深主题，起到烘托作用。包围构图使空间有了约束，限定了范围，同时也强调了保护作用，增加了稳定感，如图 5-109 所示。

图 5-109　包围型包装设计

3. 对比构图

（1）大与小的对比。

大与小是相对而言的，就造型艺术布景而言，运用大小对比会产生奇妙的视觉效果。大小之间差别小，给人的感觉是温和沉稳；大小之间差别大，给人的感觉则鲜明、强烈、有力。广告编排设计上经常运用，配图、文字都适用。在一幅画面中同时有几幅图片出现时，视线的第一眼必然落在其中最大的一帧图片上，然后才会逐一浏览小图片。因此，图片的配置，采取由大到小的次序排列，既简单又明快，如图 5-110 所示。

图 5-110　大与小的对比构图方式

（2）明暗的对比。

黑与白、阴与阳、正与反，都可形成对比。画面上，黑的部分与白的部分形成对比，会产生时差感的空间。在黑的背景下放置亮的物体，也可以黑里有白，白里有黑地反复进行对比，产生出奇妙的光与影视觉效果，如图 5-111 所示。

图 5-111　明暗的对比

（3）曲与直的对比。

一幅画上都是曲线或都是直线将显得十分呆板单调，缺少变化。同样，画面上都是圆形或都是方形也令人乏味。所以，将曲与直、圆与方对比运用则会产生强烈的情感和深刻的印象。在许多圆中放一个方形，方形会显得尤为突出。曲线周围有直线时，则曲线给人印象强烈。编排设计中的巧妙运用，会收到事半功倍的效果，如图 5-112 所示。

图 5-112　曲与直的对比

（4）动与静的对比。

自然界中动与静是相对而言的，如正在运行的汽车和停止不动的汽车，正在飞翔的大雁与栖息在枝头的大雁。那么在编排设计上，把富有扩散感或具有流动形态的形状和物体称为“静”，把两者配置于相对之外，以“动”的部分为主体，占据较大面积，“静”部分占小面积，周围适量地留白强调其独立性，虽然面积小，却能起到强烈的画龙点睛的效果，如图 5-113 所示。

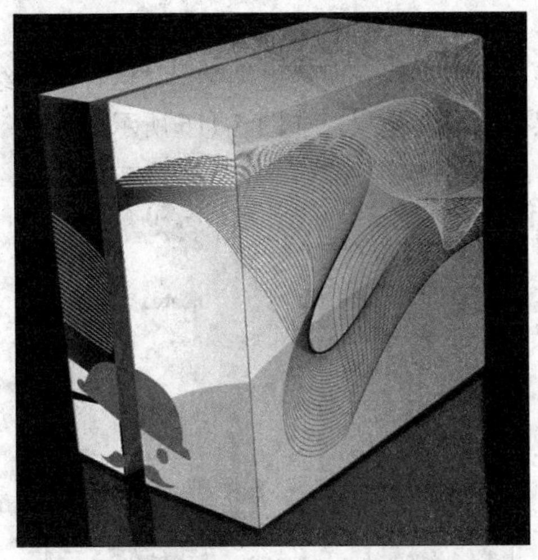

图 5-113 动与静的对比

（5）疏与密的对比。

在广告设计编排时，疏则表示空白，密则表示图或文字。在大量空白中，有一段稠密的文字或图，一定会格外突出，而在密布的文字或图面中留有一块空白，则这块空白十分醒目。疏密对比，会使整个画面更加生动、新颖，如图 5-114 所示。

图 5-114 疏与密的对比

（6）垂直与水平的对比。

垂直线有动感，有向上的伸展活动力，使画面冷静鲜明。水平线具有稳定平和感，沉着理智感。将两者进行对比处理，不但使画面产生紧凑感，还能避免冷漠呆板的效果，如图 5-115 所示。

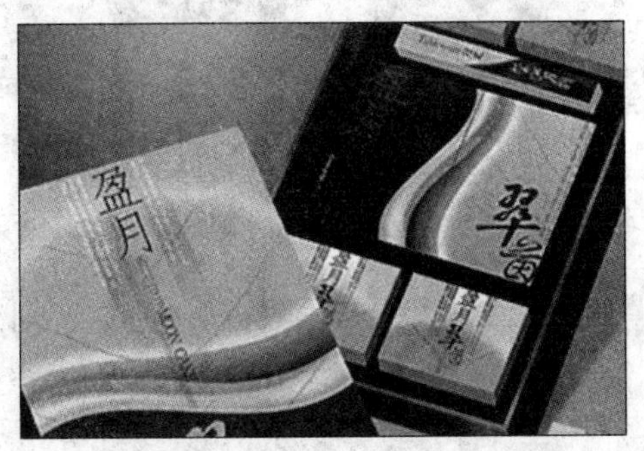

图 5-115 垂直与水平的对比

（7）虚与实的对比。

将次要的辅助的景物隐去，使主体表现物更加突出。这种手法经常在摄影中体现。编排设计时，运用此方法，可以取得相同的效果，如图 5-116 所示。

图 5-116　虚与实的对比

5.6　包装装潢设计案例解析

包装装潢设计是产品进行市场推广的重要组成部分，包装的好坏对产品的销售起着非常重要的作用。产品的包装仅仅有外表的美观是不够的，重要的是通过视觉语言来介绍产品的特色，建立及稳定产品的市场地位，吸引消费者的购买欲望，达到提升销售的目的。

IYEMON　CHA 日本绿茶饮料在文字上除了大大的茶字 Logo，汉字应尽量小而低调，取而代之的是优雅纤细的英文字体，包装上使用充满高级感的雾面玻璃，还在半透明的玻璃瓶上绝妙地运用渐变，营造出一种简约的日本美学，如图 5-117 所示。

图 5-117　日本绿茶饮料

Jooze Juice Boxes 独特的棱角造型勾勒出抽象的水果形象，可爱的字体加上可爱的卡通造型产生鲜明、新鲜、活泼、积极之感觉，让人爱不释手，缤纷的水果色彩让人一见就垂涎欲滴了。棱角造型与水果曲线对比让消费者产生强烈的情感和深刻的印象。水果形象让人一眼就能想像出果汁的味道，如图 5-118 所示。

图 5-118　果汁饮料

5.7　本章实践

（1）设计以色彩为主要表达方式进行儿童食品的包装设计。

（2）市场调研，寻找以笔形变异、笔画共用作为包装设计的成功实例。

（3）利用左右分隔构图方式，创作完成一组食品类包装，要求：不少于 3 件物品。

① 展示内容包括所设计的食品实物、内包装（直接接触产品）、外包装，可加入相关配件。

② 包装上必须包括基本文字（品牌、品名、出产者）、资料文字（产品成分、容量、型号、规格、准字号、生产日期）、说明文字（产品用途、用法、保养方面的注意事项）、条形码，QS 认证标识及生产日期、出厂日期等，如有广告语则须处理好主次关系。

第6章 系列化包装设计

在所有的包装设计中，系列化包装设计最具有影响力和视觉冲击力。当产品研发出来，要投放市场时，可根据产品的不同型号、不同规格，设计制作一整套的外包装，然后再投放市场，其影响力要远远高于没有完整系列化的包装设计。

本章首先概述系列化包装设计的基础知识，然后重点通过最常见的几类产品，包括酒、茶、糕点食品等系列化包装设计的实例分析与制作介绍，让读者通过实例分析及操作，掌握系列化包装设计的流程及设计思路、定位方法等，能将基础知识转化为应用能力。

要点

- ✧ 系列化包装设计的概念、功能、分类
- ✧ 系列化包装设计案例分析——红酒系列、茶系列、糕点系列包装设计
- ✧ 案例分析构思定位及其具体操作步骤

重点内容

- ✧ 了解系列化包装在市场中的战略意义
- ✧ 掌握系列化包装的设计方法

6.1 系列化包装概述

一整套的包装设计不仅具有统一的企业标识，还有相同的颜色配置、紧密联系的外部形状设计特征，以及不同规格、不同型号的产品包装。它们在整体形象上是统一的，便于人们识别。

6.1.1 系列化包装设计的概念

系列化包装是现代包装设计中较为普遍、流行的形式。它是以一个企业或一个商标、品牌名的不同类产品用一种共性特征来统一的设计，可用特殊的包装造型特点、形体、色调、图案、标识等统一设计，形成统一的视觉形象。这种设计的好处在于：既有多样的变化美，又有统一的整体美；上架陈列效果强烈；容易识别和记忆；能缩短设计周期，便于商品新品种发展，方便制版印刷；增强广告宣传效果，强化消费者的印象，扩大影响，树立品牌。

6.1.2 系列化包装设计几种案例分析

（1）同类产品，造型统一，图案统一，文字位置统一，只是颜色变化，如图 6-1 所示。

图 6-1 系列包装颜色变化

（2）同类产品，图案、文字、颜色都不变，只是规格不一，造型不同，如图 6-2 所示。

图 6-2 系列包装规格、造型变化

（3）同类产品，文字位置不变，其规格、图案、颜色都有变化，如图 6-3 所示。

图 6-3 系列包装规格、图案、颜色都有变化

（4）同类产品，规格不变，图案、颜色、文字都有变化，如图6-4所示。

图6-4　系列包装规格不变，图案、颜色、文字都有变化

（5）同类产品，规格、颜色、造型都有变化，只是品牌不变，表现手法一致，如图6-5所示。

图6-5　系列包装品牌不变，表现手法一致

（6）同类产品，颜色基调不变、文字品牌不变、造型不变，只是图案形象及位置变化，如图6-6所示。

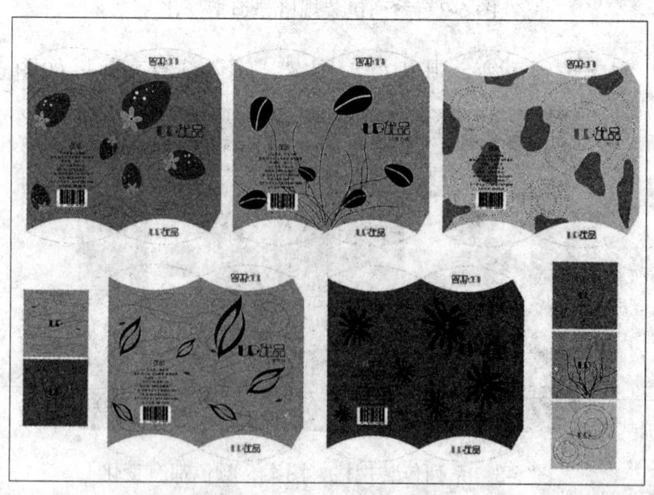

图6-6　系列糖果包装图案形象及位置变化

6.2 红酒系列包装案例

6.2.1 设计背景

痴迷红酒的爱好者通过看酒标，便可非常迅速地找到自己喜欢的红酒。看一瓶酒的酒标，其实就可以大概了解这瓶酒的一些来历，酒标内容的复杂多变表现了不同特点的酒。因为产地的不同，酒标的标示方式也不同。因此，酒标是“葡萄酒的身份证”。

16 世纪意大利画家阿尔钦博托把金秋之神绘成酒神模样，他的形象既表现出青春的紧张，又表现出在转瞬即逝的和谐中所焕发出的精神。画家弗朗西斯科·德·科雅、查尔斯·福朗索瓦、德比涅和奥古斯丁·赫努等，画家均就葡萄及葡萄丰收时的采摘场景加以表现酒标，以展示大自然的慷慨无私。弗朗索瓦·米勒用箍桶匠酒桶的粗壮来表示，亚吉纳·布丹则以波尔多葡萄酒桶的运输场面来描述。

6.2.2 红酒系列化包装设计构思定位

红酒系列化包装设计，可根据它的以下几个特征来进行定位。

（1）酒的颜色呈暖色调，因此，对于酒瓶颜色的要求也应该是能衬托酒的色调。

（2）酒瓶表层商标的选择，因为红酒文化始源于西方国家，所以可以选用具有文化代表性的图案；但随着红酒文化的全球化，一大批具有东方色彩魅力的图案也开始出现。

（3）外层包装，目前大多数葡萄酒采用纸袋、纸筒、硬质套筒和木质封盒包装等外包装。

本系列化展现了几种不同的包装类型，以展示不同的包装效果。

6.2.3 制作一个红酒包装

通过本例的练习，使读者练习 Photoshop CS5 中制作玻璃包装的方法和技巧。本例制作完成后的最终效果如图 6-7 所示。

图 6-7　红酒包装最终效果

本例的具体操作步骤如下。

（1）按 Ctrl+N 组合键，在弹出的“新建”对话框中将“名称”命名为“瓶贴”，“宽度”选项设置为 4cm，“高度”选项设置为 10cm，“分辨率”选项设置为 300 像素/英寸，“颜色模式”选项设置为 CMYK 颜色。

（2）选择工具箱中“矩形选框工具”，在画面中创建一个矩形选区。

（3）新建“图层 0”图层，在工具箱中将前景色设置为红色（C：0，M：100，Y：100，K：0），按 Alt+Delete 组合键，将选区填充为红色，如图 6-8 所示。

图 6-8　填充红色

（4）选择“文件”→“打开”命令，在打开的“打开”对话框中选择“新郎.psd”“新娘.psd”和“双喜.psd”文件，然后单击“打开”按钮，打开文件，如图 6-9 所示。

图 6-9　打开文件

（5）选择工具箱中“移动工具”，将新郎、新娘和双喜纹拖进“瓶贴.psd”文件中，同时生成“图层 1”“图层 0 副本”和“图层 2”，然后按 Ctrl+T 组合键，确保“双喜”字样的“图层 2”在“新郎”和“新娘”图层的下方，如图 6-10 所示。

（6）选择工具箱中“自定义形状工具”，在其工具属性栏中单击“形状”选项旁边的按钮，在其下拉菜单中选择“全部”选项。在弹出的对话框中单击“确定”按钮，选择锯齿，如图 6-11 所示。

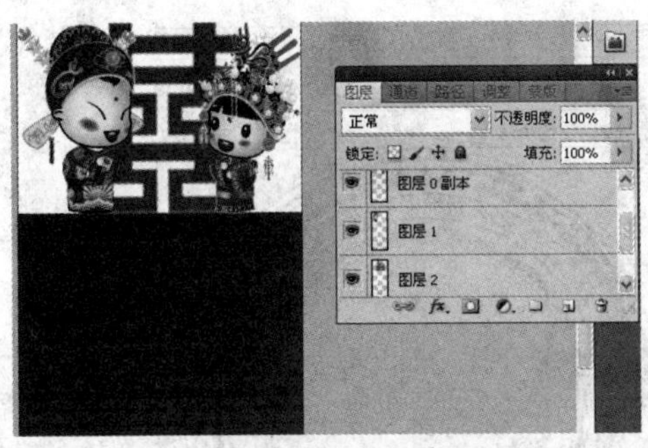

图 6-10　拖入图并添加

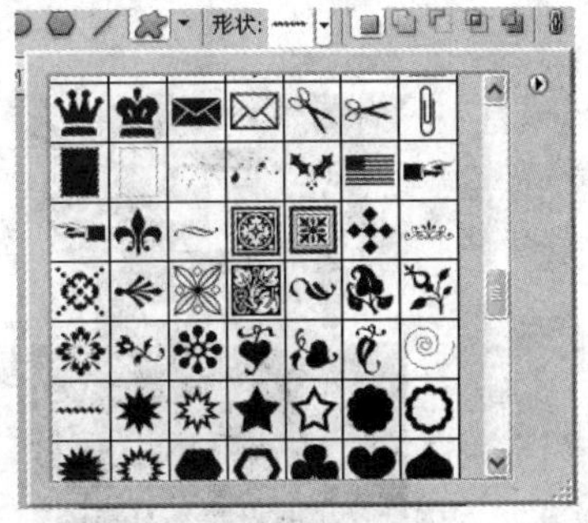

图 6-11　选择形状

（7）在其工具属性栏中选择“路径”选项，然后在画面的下方绘制一条封闭的路径并调节密集度，如图 6-12 所示。

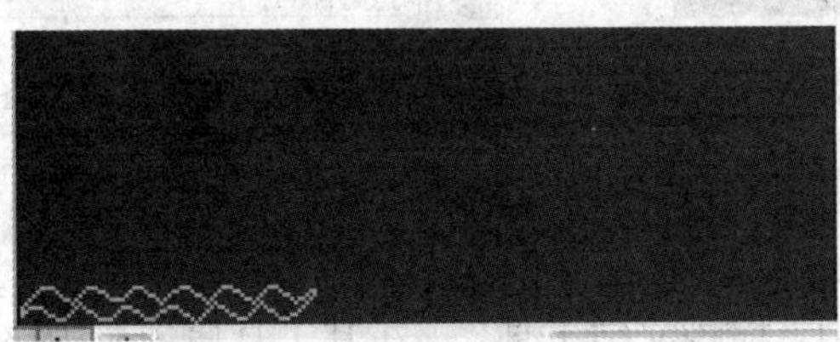

图 6-12　调整锯齿

（8）按 Ctrl+Enter 组合键，将路径转换为选区，然后在“图层”面板中选择“图层 0”后，按下 Delete 键，将选区中的图形删除。选择“矩形选框工具”，将红色图形选中，按 Delete 键将其删除，制作出瓶贴下的锯齿形状，得到删除后的瓶贴图形如图 6-13 所示。

（9）在工具箱中选择“矩形选框工具”，按住 Shift 键，创建一个正方形选区。在“图层”面板中新增“图层 3”后填充金色（C：19，M：45，Y：95，K：10），如图 6-14 所示。

图 6-13　删除后的瓶贴图形

图 6-14　填充金色

（10）在选择工具箱中单击“横排文字工具”，在其工具属性栏中将“字体”设置为“经典粗黑简”，字体大小设置为43pt,“颜色”设置为红色（C：0，M：100，Y：100，K：0）。运用设置好的“横排文字工具”，输入文字“喜”，放置在金色的正方形上，在其属性栏中将“字体”设置为“经典标宋简”，字体大小设置为“43点”，颜色设置为金色（C：19，M：45，Y：95，K：10）。运用设置好的“横排文字工具”，输入文字“福”，效果如图6-15所示。

（11）打开“框.psd”文件，如图6-16所示。

图6-15 输入文字“喜”、“福”

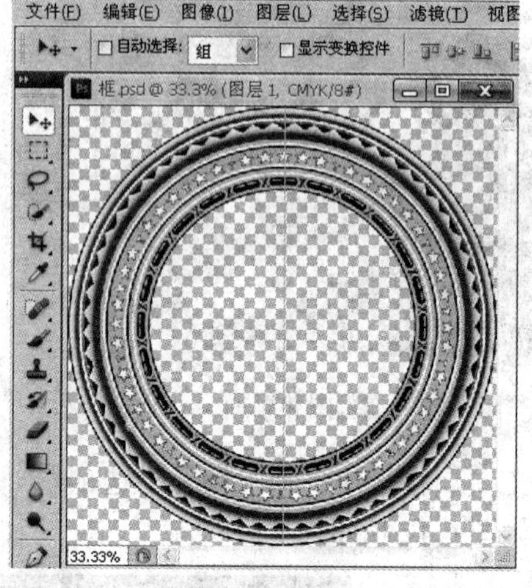

图6-16 打开的图形

（12）利用“移动工具”将打开的图片拖入“瓶贴.psd”文件中，生成“图层4”，调整其大小位置。在“图层”面板中将“图层4”的“混合模式”设置为“正片叠底”，“不透明度”设置为20%，选择工具箱中“横排文字工具”，在其工具属性栏中将“字体”设置为“黑体”，“字体大小”设置为“4.3点”，颜色设置为黑色（C：0，M：0，Y：0，K：100）。运用设置好的“横排文字”工具，输入文字“四川长城酒业”。在工具属性栏中单击按钮，弹出“文字变形”对话框，在对话框中将“样式”设置为“扇形”，“弯曲”选项设置为100%，并调整方向，在“图层”面板中将文字的“不透明度”选项设置为20%，将文字和图形融合在一起，效果如图6-17所示。

（13）选择工具箱中“横排文字工具”，在其工具属性栏中将“字体”设置为“宋体”，“字体大小”设置为“28.5点”，“颜色”设置为金色（C：19，M：45，Y：95，K：10）。在画面中输入“长城”两个字，选择工具箱中“椭圆选框工具”，按住Shift键，在画面中创建一个圆形。在“图层”面板中新建“图层5”后，在菜单中选择“编辑”→“描边”命令，在弹出的“描边”对话框中将“宽度”设置为“2点”，颜色设置为金色（C：19，M：45，Y：95，K：10），“位置”设置为“居中”，单击“确定”按钮后，得到一个圆环。在其工具属性栏中将“文字”设置为“经典标宋简”，“字体大小”设置为“10点”，颜色设置为金色（C：19，M：45，Y：95，K：10）。然后运用设置好的文字工具输入文字R，效果如图6-18所示。

（14）选择“横排文字工具”，在其工具属性栏中将“字体”设置为“黑体”，“字体大小”设置为“6点”，颜色设置为黑色（C：0，M：0，Y：0，K：100），运用设置好的文字工具输入文字“起泡甜型玫瑰红”。打开“葡萄酒介绍.doc”文件，将文件中的文字全部选中，按Ctrl+C组合键，将其复制，然后在“瓶贴.psd”文件中选择“横排文字工具”，在画面中单击鼠标后，再按 Ctrl+V 组合键，将文字粘贴在画面中，并在其工具属性栏中将“文字大小”设置为“3 点 ”，选择工具箱中“横排文字工具”，在其工具属性栏中将“字体”设置为“黑体”，“字体大小”设置为“4 点”，颜色设置为黑色（C：0，M：0，Y：0，K：100）。输入文字“四川长城酒业有限公司荣誉出品”，放置在画面的最下方，效果如图 6-19 所示。

图 6-17　调整图形位置

图 6-18　效果

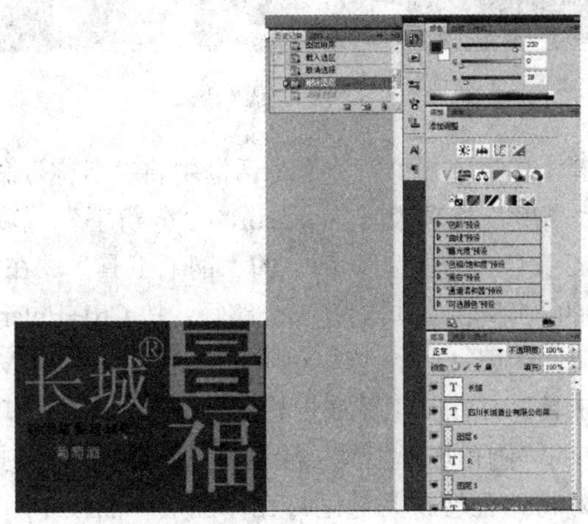

图 6-19 效果

（15）在菜单中选择“文件”→“打开”命令，打开“标贴 psd”文件，如图 6-20 所示。

图 6-20　标贴

（16）利用“移动工具”，将“标贴. psd”文件拖入“瓶贴.psd”文件中，生成新的图层（图层 4 副本 7），调整其大小和位置，并完成标贴，如图 6-21 所示。

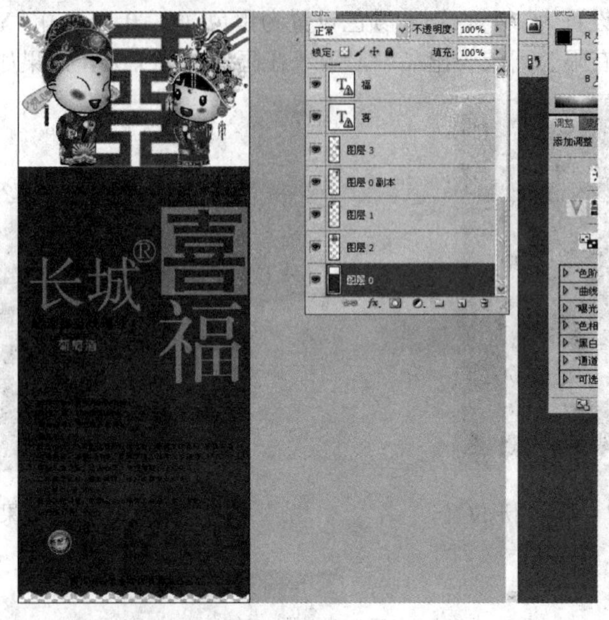

图 6-21　完成贴标

（17）按 Ctrl+N 组合键，在弹出的“新建”对话框中将“名称”命名为“红酒包装”，“宽度”选项设置为 15cm，“高度”选项设置为 15cm，“分辨率”选项设置为 300 像素/英寸，“颜色模式”设置为 CMYK 颜色。选择工具箱中的“钢笔工具”，在其工具属性栏中选择“路径”选项。运用设置好的“钢笔”工具创建一个路径，按 Ctrl+Enter 组合键，将路径转换为选区，在“图层”面板中新建“图层 1”，在选区中填充黑色（C：0，M：0，Y：0，K：100）。选择工具箱中的“圆角矩形工具”，在其工具属性栏中选择“路径”选项，将“半径”设置为“10 点”，然后运用设置好的“圆角矩形工具”绘制一个圆角矩形，制作出瓶口的形状。

按 Ctrl+Enter 组合键，将路径转换为选区，在“图层”面板中新建“图层 2”，在选区中填充黑色（C：0，M：0，Y：0，K：100），如图 6-22 所示。

图 6-22　填充黑色

（18）选择“钢笔工具”，创建一个如图 6-23 所示路径，绘制出瓶身上的高光形状。按 Ctrl+Enter 组合键，将路径转换为选区。在菜单上选择“选择”→“修改”→“羽化”命令，弹出 “羽化”对话框，将“羽化半径”设置为“5 像素”，单击“确定”按钮，在“图层”面板中新建“图层 3”，填充灰色（C∶29，M∶21，Y∶16，K∶ 0），如图 6-23 所示。

（19）用相同的方法再绘制另一处的高光，并在“图层”面板中将“不透明度”设置为 30%。运用“钢笔工具”创建一个选择所示路径。按 Ctrl+Enter 组合键，将路径转换为选区。在菜单栏中选择“选择”→“修改”→“羽化”命令，在弹出的“羽化”对话框中将“羽化半径”设置为“5 像素”。选择“渐变工具”，打开“渐变编辑器”对话框，设置一个从深红色（C∶63，M∶80，Y∶71，K∶ 36）到黑色（C∶77，M∶77，Y∶75，K∶ 49）的渐变色，并选择“线性渐变”选项。在“图层”面板中新建“图层 4”，运用设置好的“渐变工具”，从左至右拖动，在选区中填充渐变色，如图 6-24 所示。

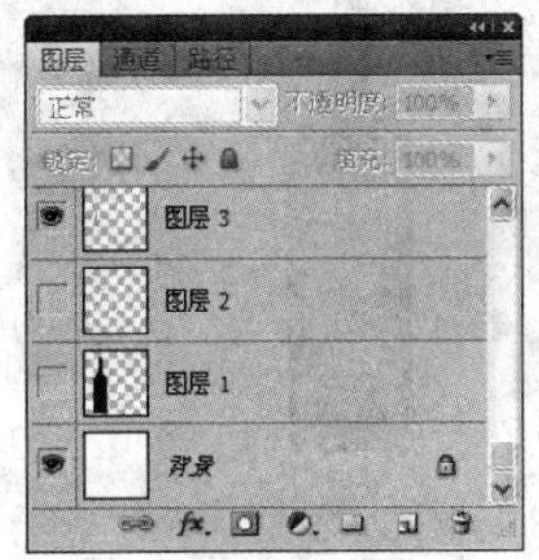

图 6-23　图层 3

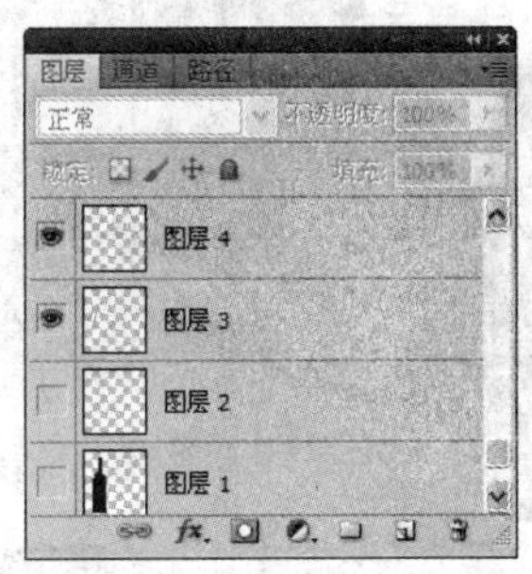

图 6-24　填充渐变色

（20）在工具箱中选择 “画笔工具”，在其工具属性栏中将“画笔”选项设置为“柔和 100 像素”。用设置好的画笔工具，在选区中涂抹，制作出反光的立体感，并将“图层 5”的“不透明度”选项设置为 80%，使反光和瓶身更好地融合在一起，再绘制一个深红色（C∶63，M∶80，Y∶71，K∶ 36）的反光，并在“图层”面板中将“图层 4”的“混合模式”设置为“亮度”，如图 6-25 所示。

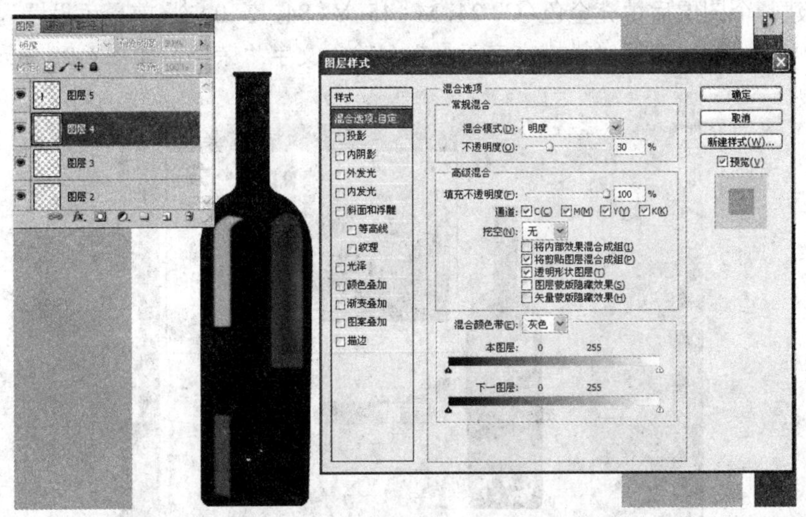

图 6-25　制作反光

（21）将制作好的“瓶贴. psd”文件打开，按 Ctrl+Shift+E 组合键，将所有的图层合并，然后将瓶贴拖入“红酒包装.psd”文件中，并生成新的瓶贴图层“图层 6”，调整大小和位置，如图 6-26 所示。

（22）在工具箱中将前景色设置为黑色，然后选择“画笔工具”，在工具属性栏中将“画笔”选项设置为“柔角 200 像素”，“不透明度”选项设置为 25%。在“图层”面板中新建“图层 7”，运用设置好的画笔工具在瓶的右侧涂抹，给瓶增加立体感。按住 Ctrl 键，单击瓶贴所在的图层，选择工具箱中“画笔工具”，将前景色设置为红色（C：4，M：99，Y：99，K：4），运用画笔在瓶贴右侧增加一条红色的图形，增加上反光的效果，如图 6-27 所示。

图 6-26　调整瓶贴位置

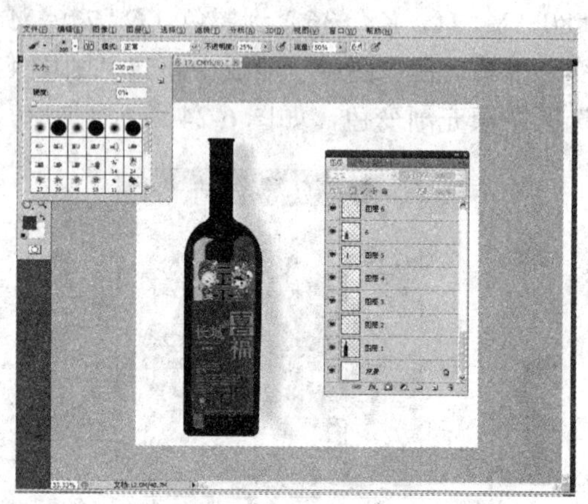

图 6-27　绘制反光效果

（23）选择工具箱中的“矩形选框工具”，创建一个与瓶口同宽的矩形选区，然后填充红色（C：4，M：99，Y：99，K：4），制作出瓶口包装纸的效果。选择“画笔工具”，将前景色设置为深红色（C：48，M：100，Y：100，K：29），运用设置好的画笔工具涂抹，制作出立体感。再将前景色设置为白色（C：0，M：0，Y：0，K：0），运用“画笔”工具在瓶口涂抹，制作出高光效果。在工具箱中选择“椭圆选框工具”，按住 Shift 键，创建一个圆形选区，在“图层”面板中新建一个图层后填充金色（C：24，M：45，Y：84，K：0）。将前景色设置为红色（C：4，M：99，Y：99，K：4），选择“横排文字工具”，输入文字“荣”，如图 6-28 所示。

图 6-28　输入文字

（24）利用“椭圆选框工具”，按住 Shift 键，创建一个圆形选区。在菜单栏选择“编辑”→“描边”命令，在打开的“描边”对话框中将“宽度”选项设置为 3px，颜色设置为金色（C：24，M：45，Y：84，K：0），设置“位置”选项为“居中”，单击“确定”按钮，描边流程如图 6-29 所示，效果如图 6-30 所示。

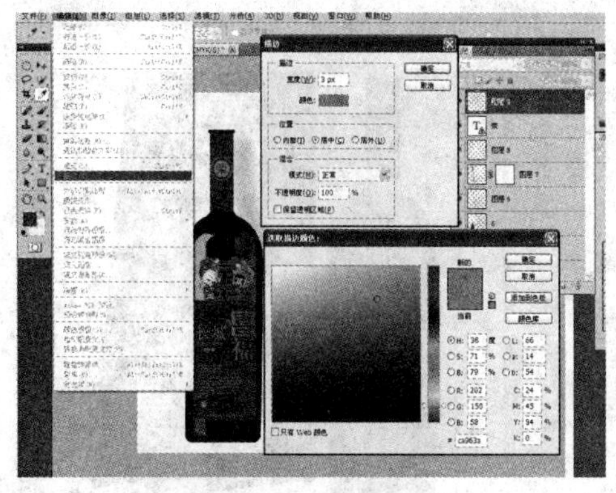

图 6-29 描边流程

图 6-30 描边效果

（25）选择工具箱中“横排文字工具”，在其工具属性栏中将“文字”选项设置为“黑体”，“字体大小”设置为 2.27，如图 6-31 所示，颜色设置为金色（C：24，M：45，Y：84，K：0）。运用设置好的“横排文字工具”，输入文字“荣誉出品”。单击“创建变形文字”按钮，打开“变形文字”对话框，在对话框中将“样式”设置为“扇形”，“弯曲”选项设置为 55%。单击“确定”按钮后，将变形好的文字居中放置。

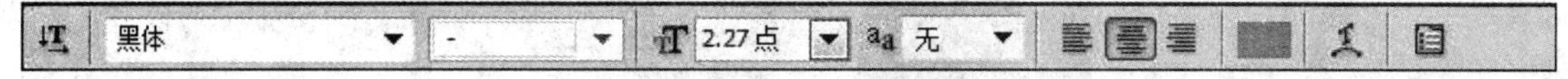

图 6-31 设置横排文字工具

（26）用相同的方法制作出另一组变形文字“四川长城酒业有限公司”，放置如图 6-32 所示，放置效果如图 6-33 所示。

图 6-32 变形文字

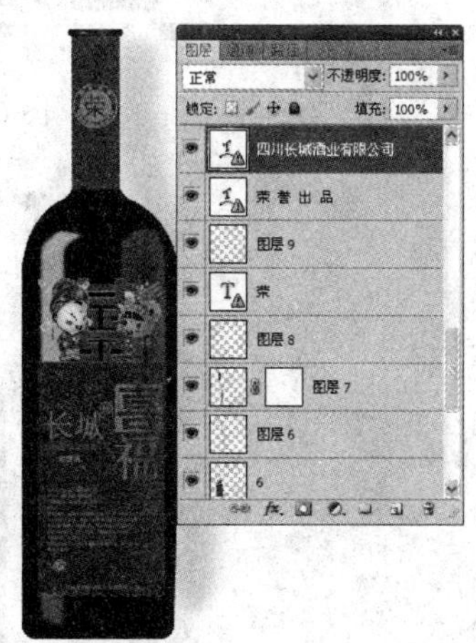

图 6-33 变形效果

（27）选择工具箱中“矩形选框工具”，在画面中创建一个矩形选区，新建一个图层后填充红色（C：0，M：100，Y：100，K：0）。按 Ctrl+T 组合键，将图形进行“透视”和“斜切”，自由变形调整，如图 6-34 所示。

（28）选择工具箱中的“钢笔工具”和“矩形选框工具”，在菜单栏中选择“图像”→“调整”→“色相/饱和度”命令，完成外包装袋轮廓，如图 6-35 所示。

图 6-34　自由变形

图 6-35　外包装袋轮廓

（29）选择工具箱中的“矩形选框工具”，创建一个选区。在菜单栏中选择“图形”→“调整”→“色相/饱和度”命令，打开对话框，将“明度”选项设置为-60，如图 6-36 所示。单击“确定”按钮后得到效果，如图 6-37 所示。

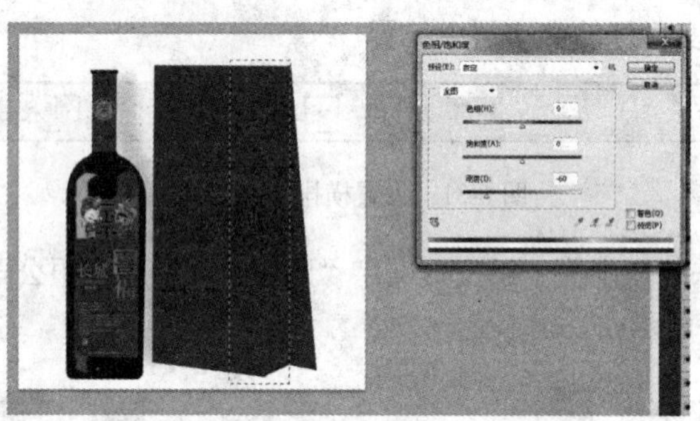

图 6-36　“色相/饱和度”命令

图 6-37　色相/饱和度效果

（30）用相同的方法，逐步实现外包装袋的阴影层次，如图 6-38 所示。

图 6-38 盒子立体效果

（31）将瓶贴上的文字和图案复制一个，放置在外包装袋的右下角，如图 6-39 和图 6-40 所示。

图 6-39 标贴文字图案

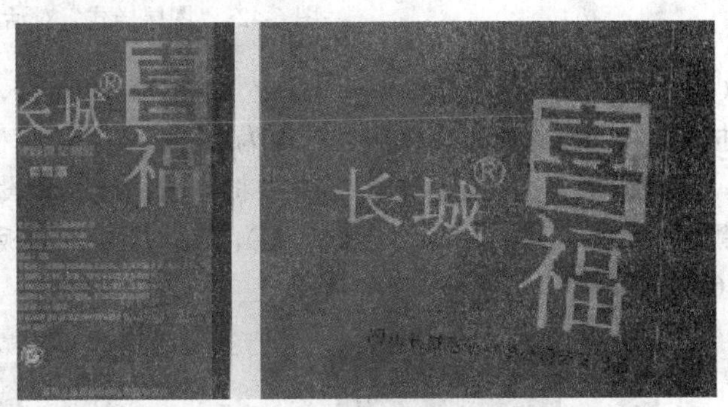

图 6-40 外包装文字图案

（32）选择工具箱中的“椭圆选框工具”，按住 Shift 键，创建一个圆形选区，新建一个图层，填充黑色（C：0，M：0，Y：0，K：100），然后将圆形复制一个，放置在如图 6-41 所示的位置。

图 6-41 绘制黑色圆形

（33）打开“蝴蝶结.psd”文件，运用“移动工具”将蝴蝶结拖到“包装红酒.psd”文件中。双击“蝴蝶结”所在的图层，在打开的“图层样式”对话框中选择“投影”选项，在打开的“图层样式”对话框中进行设置，如图6-42所示，单击“确定”按钮，得到效果如图6-43所示。

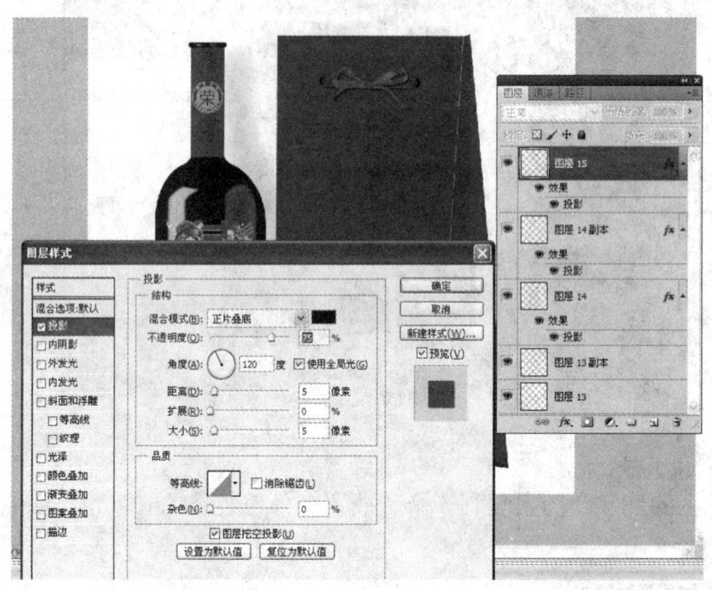

图6-42 “图层样式”对话框

（34）选择工具箱中的“钢笔工具”，创建一个路径，制作出酒瓶在盒子上的投影形状，然后按Ctrl+Enter组合键，将路径转换为选区后，在菜单栏选择“选择”→“修改”→“羽化”命令，在打开的“羽化选区”对话框中将“羽化选区”设置为“10 像素”。新建一个图层，填充黑色（C：0，M：0，Y：0，K：100），在“图层”面板中将“不透明度”选项设置为30%，如图6-44所示。

图6-43 投影效果

图6-44 羽化选区

（35）选择工具箱中的“画笔工具”，在其工具属性栏中将画笔设置为“柔角250像素”，“不透明度”选项设置为50%。将前景色设置为深红色（C：39，M：100，Y：100，K：39）。运用设置好的“画笔工具”，在画面中涂抹，制作出包装的投影效果，如图6-45所示。

图 6-45　增加投影效果

（36）完成本例的制作，如图 6-46 所示。

图 6-46　本例最终效果

6.2.4　其他款式包装效果制作

本案例制作是承接 6.2.3 红酒包装的其他款式包装效果，与前例同属红酒系列化包装。操作步骤如下。

（1）新建“红酒包装 2.psd”文件（参考 6.2.3 节第 17 步），把酒瓶换成墨绿色，如图 6-47

所示。

（2）处理光泽。参考 6.2.3 节第 18～第 20 步，光泽应与瓶色相符，处理过程与前例一致，效果如图 6-48 所示。

图 6-47　墨绿色酒瓶

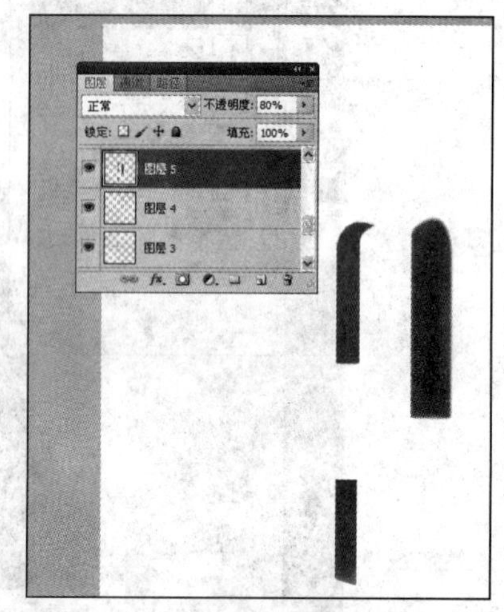

图 6-48　光泽填充色处理

（3）瓶子本身与光的漫反射效果的组合，反射图层在瓶子图层的上面，勾选以显示图层，如图 6-49 所示。

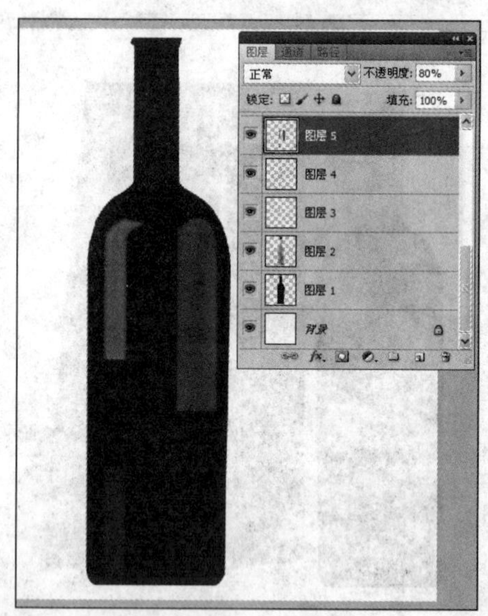

图 6-49　瓶子与漫反射

（4）将 6.2.3 节中的“瓶贴.psd”拖入“包装红酒 2.psd”，如图 6-50 所示，调整大小并以其作为绿色酒瓶的瓶贴，如图 6-51 所示。

（5）按照 6.2.3 节的第 22～第 36 步，实现本例红酒包装的其余部分。本例最终效果如图 6-52 所示。

图 6-50　打开 psd 文件

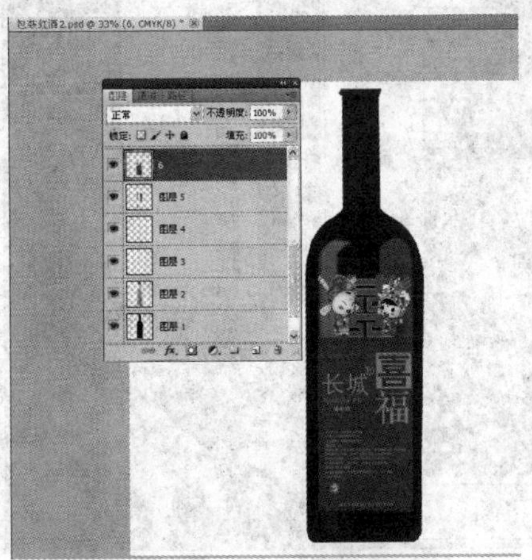

图 6-51　瓶子与瓶贴

图 6-52　包装红酒 2

6.2.5 其他款式包装效果

本案例制作是承接 6.2.3 节红酒包装的其他款式包装效果，与前例同属红酒系列化包装。操作步骤如下。

（1）打开 6.2.3 节已完成的“瓶贴.psd”文件，单击“窗口”→“图层”菜单命令，以显示“瓶贴.psd”的全部信息，如图 6-53 所示。

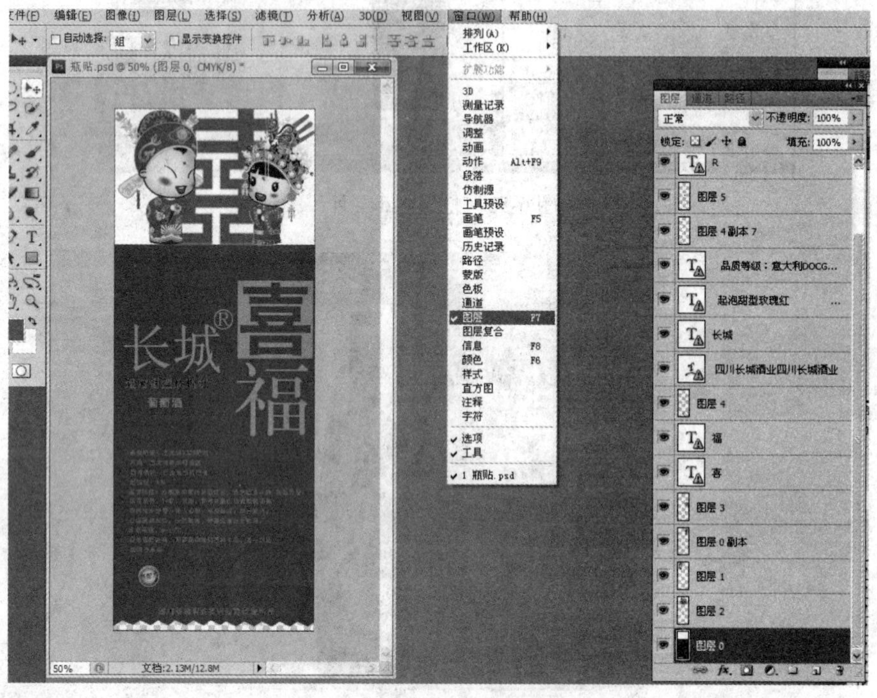

图 6-53 显示瓶贴所有层信息

（2）选择“长城”图层，并单击（删除层）按钮，然后单击（添加一个新的图层）按钮，将新图层命名为“郎蒂菲”，利用“横排文字工具”在原来写有“长城”字样的区域输入“郎蒂菲”字样，色彩与前例字样一致，步骤如图 6-54 所示。

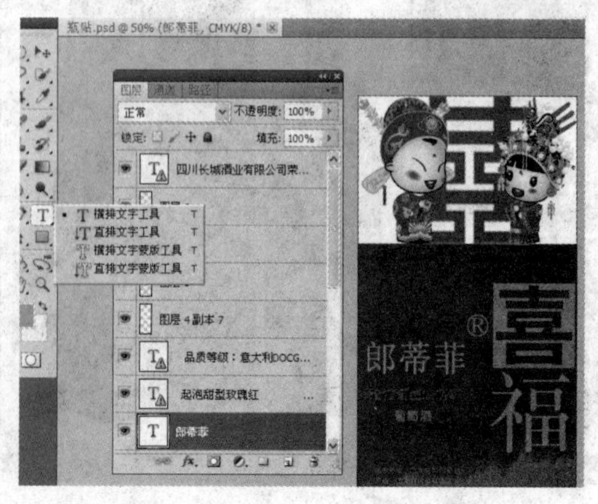

图 6-54 输入“郎蒂菲”字样

（3）选择“起泡甜型红玫瑰 葡萄酒”图层，单击（删除层）按钮，然后单击（添加一个新的图层）按钮，将新的图层命名为“橡木桶干型 葡萄酒”，利用“横排文字工具”在原来写有“起泡甜型红玫瑰 葡萄酒”字样的区域输入字样“橡木桶干型 葡萄酒”，色彩与前例字样一致，操作步骤如图6-55所示。

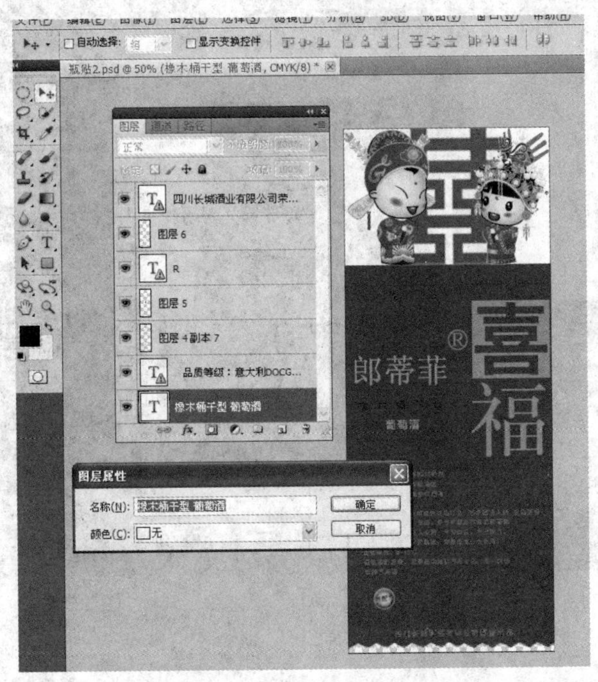

图6-55 橡木桶干型葡萄酒

（4）同时打开“包装红酒2.psd”，选择“瓶贴.psd”的“郎蒂菲”图层，将其复制到“包装红酒2.psd”的“长城”图层的上一层，把“包装红酒2.psd”中的外包装袋上的“长城”字样所在的“长城”图层替换掉，如图6-56所示。

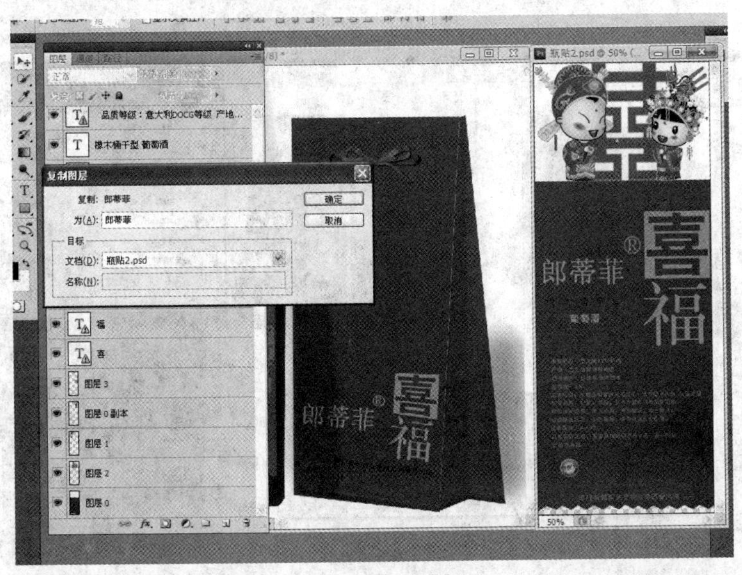

图6-56 文字替换

（5）将制作好的“瓶贴 2.psd”文件打开，按 Ctrl+Shift+E 组合键，将所有的图层合并，然后将瓶贴拖入“包装红酒 2.psd”文件中，并生成新的瓶贴图层“图层 18”，调整其大小和位置，如图 6-57 所示。

图 6-57 包装红酒 3

6.2.6 红酒系列化包装陈列

（1）打开“包装红酒.psd”“包装红酒 2.psd”和“包装红酒 3.psd”，同时新建“系列化包装展示.psd”，“宽度”选项设置为 15 厘米，“高度”选项设置为 15 厘米，“分辨率”选项设置为 300 像素/英寸，“颜色模式”设置为 CMYK 颜色，如图 6-58 所示。

图 6-58 打开/新建

（2）按 Ctrl+Shift+E 组合键，将制作好的“包装红酒.psd”中的酒瓶+瓶贴部分的所有层合并，然后将瓶贴拖入“系列化包装展示.psd”文件中，并生成新的瓶贴图层“图层 1”，调整大小和位置，如图 6-59 和图 6-60 所示。

图 6-59　图层合并

图 6-60　复制

（3）按 Ctrl+Shift+E 组合键，将制作好的“包装红酒 2.psd”和“包装红酒 3.psd”中的所有层合并，然后将瓶贴拖入“系列化包装展示.psd”文件中，并分别生成新的瓶贴图层“图层 2”和“图层 3”，调整大小和位置，如图 6-61 和图 6-62 所示。

图 6-61　合并所有图层

图 6-62　系列化包装展示

6.3 茶系列包装设计

6.3.1 设计背景

我国是世界茶叶的故乡，有着悠久的茶文化历史。茶叶和茶文化是中华文明的重要组成部分。茶叶包装设计的表现，按不同的方式，可选择不同的表现方法。

1. 以茶叶种类特征为表现主题

（1）绿茶：绿茶系列包装中以清新淡雅的色调为主。

（2）红茶：红茶系列包装中以红黄等暖色调为主。

（3）花茶：花茶系列包装往往以所采用的花种形象作为画面主要构成元素，并呈现出相应的色调。

2. 以茶文化为表现主题

此类茶包装设计风格古朴淳厚，多以表现茶文化的诗词、书画为载体，具有浓郁的传统文化气息。在版面的构成和色彩搭配上，也以传统美学为指导。

3. 以地域风貌为表现主题

此类茶叶包装采用茶叶生产加工地具有代表性的山水照片或图画为包装版面的主要构成元素，以当地名胜风景提升产品知名度。

4. 以民间传说为表现主题

将茶叶生产加工地的民间传说中的人物或动物的形象为包装版面的主要构成元素，具有浓郁的民间文化气息，提升品牌的文化附加值。

5. 以本土茶道为表现主题

我国各族人民有着各种不同的饮茶习俗，因而形成了各地区特有的本土茶道。此类茶包装中，将本土茶道作为表现主题，是茶文化中共性与个性的结合。

6.3.2 广西凌云白毫茶系列包装设计构思定位

1. 凌云白毫茶简介

凌云白毫茶，属于绿茶类。原名“白毛茶”，又名“凌云白毛茶”，因其叶背长满白毫而得名，素以色翠、毫多、香高、味浓、耐泡五大特色闻名中外，为我国名茶中的新秀。凌云白毫产于广西壮族自治区凌云、乐业二县境内的云雾山中，以青龙山一带的玉洪、加尤两地的白毫茶品质最佳，产量最多。凌云白毫茶茶树品种独特，是乔木大叶种类型，芽叶密披茸毛，以白毫满身而得名。

2. 包装设计构思定位

结合绿茶系列包装设计的表现方式，采用的茶形象作为画面主要构成元素，在色调上可使用清新的浅绿色为主体进行设计。同时，可根据不同的产地特征，选用不同的地域背景、文化形象为包装版面的主题形象，既突出茶的产品特征，又增加包装中的文化内涵，使整个系列包装透出淡雅、清香、高贵的特征，吸引消费者的注意从而刺激消费。

6.3.3 设计实例展示

本系列包装设计包含小袋包装、大盒包装、圆筒盒装三种，属于同类产品，图案、文字、颜色都不变，只是规格不一，造型不同的系列包装形式。

本系列包装设计可先绘制出各包装造型的平面展开图（使用 CorelDRAW 完成）；然后在设计构思的指导下，设计出包装的主版面，其中包含了主要构成元素（图片、图案、文字等），色彩的搭配方式及设计风格的表现等方面（使用 Photoshop/CorelDRAW 完成）；最后进行后期效果处理及立体效果图的制作（使用 Photoshop 完成）。制作过程如下。

1. “盒装平面展开图”的制作

（1）运行 CorelDRAW，单击菜单“文件”→“新建图形”命令，如图 6-63 所示，设定图形大小。

图 6-63 设置图形大小

（2）选择“矩形”工具，分别绘制一个宽 5cm、高 7cm 和一个宽 10cm、高 7cm 的矩形，分别填充为 20%黑色和 40%黑色，有轮廓填充。接着将标尺原点设置在矩形的左上角节点处，然后参照标尺原点设置辅助线（执行“视图”→“设置”命令），辅助线位置参照图 6-64。

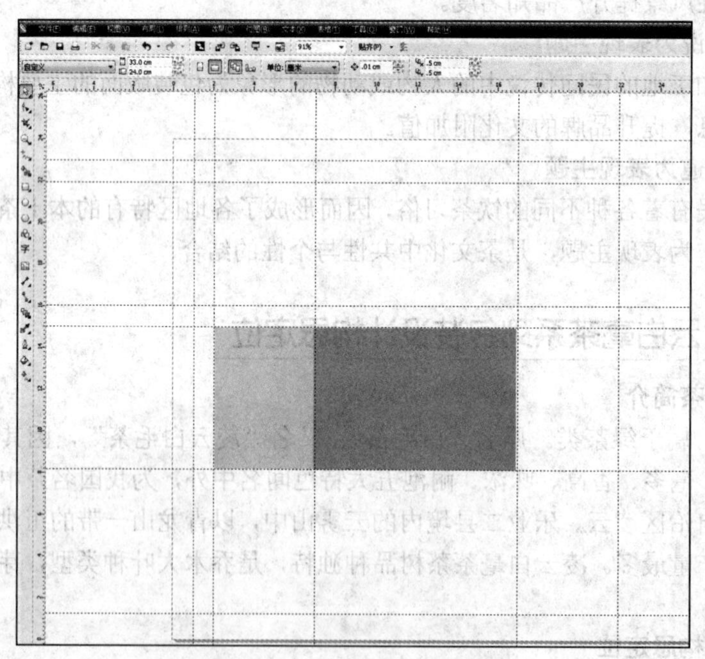

图 6-64 绘制两个矩形

（3）复制（按 Ctrl+C 组合键）矩形，选择“挑选”工具，将 4 个矩形分别放置到如图 6-65 所示位置，使其与辅助线对齐。

（4）选择“矩形”工具，分别绘制 3 个矩形：宽 1cm、高 7cm，宽 5cm、高 1cm，宽 10cm、高 1cm，填充为白色，并将矩形转换为曲线（按鼠标右键，在弹出的菜单中选择“转换为曲线”

命令)，接着选择“形状”工具，参照图 6-66 所示调整曲线。

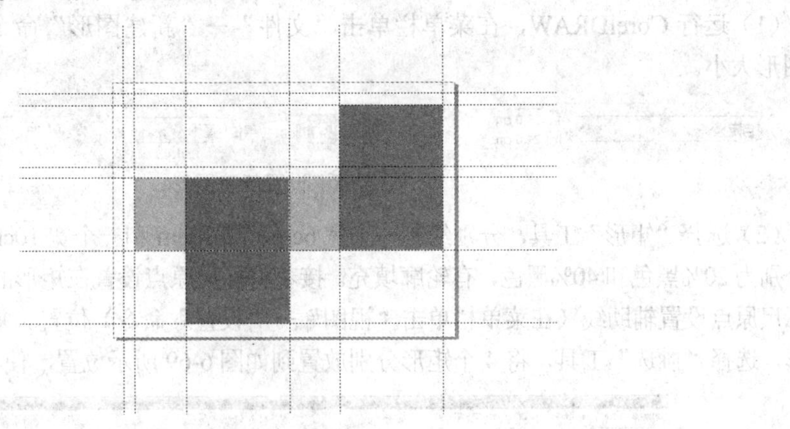

图 6-65　放置矩形位置

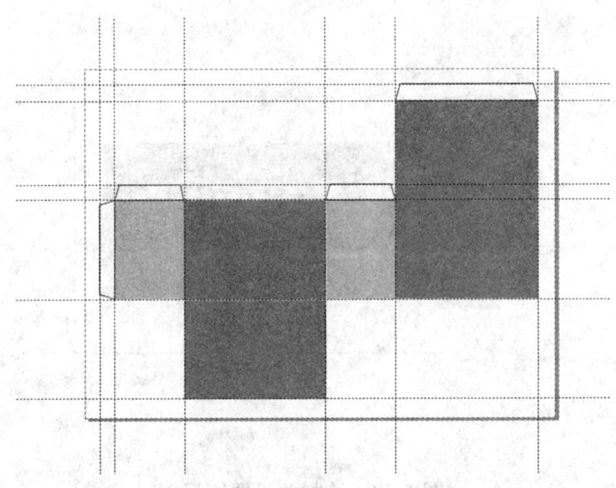

图 6-66　绘制并设置新矩形

（5）将图形保存为 CDR 格式，并导出 PSD 格式，便于后面的版面设计及立体效果制作，完成效果如图 6-67 所示。

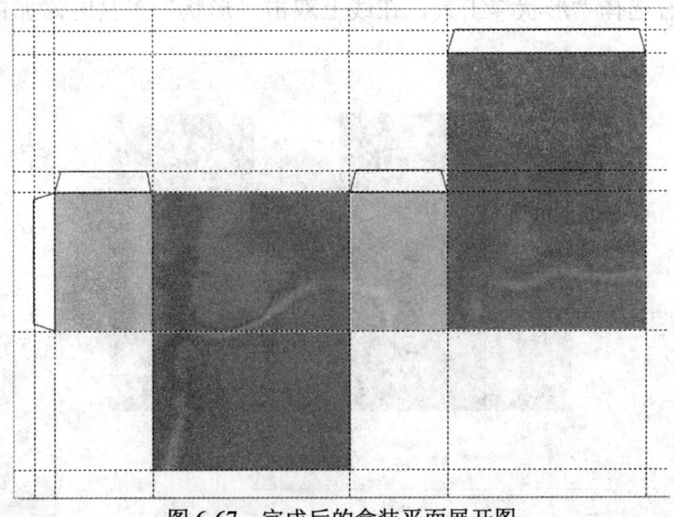

图 6-67　完成后的盒装平面展开图

2. “礼盒装平面展开图”的制作

（1）运行 CorelDRAW，在菜单栏单击“文件”→“新建图形”命令，参照图 6-68 所示设定图形大小。

图 6-68　设置新建图形

（2）选择“矩形”工具，分别绘制一个宽 6cm、高 15cm 和一个宽 10cm、高 15cm 的矩形，填充分别为 20%黑色和 40%黑色，有轮廓填充。接着将标尺原点设置在矩形的左上角节点处，然后参照标尺原点设置辅助线（在菜单栏单击“视图”→“设置”命令）位置。复制（按 Ctrl+C 组合键）矩形，选择“挑选”工具，将 4 个矩形分别放置到如图 6-69 所示位置，使其与辅助线对齐。

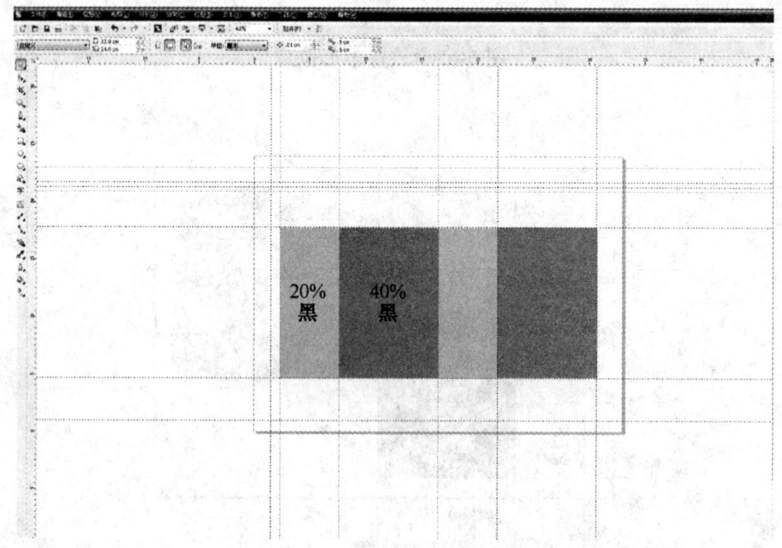

图 6-69　绘制并设置矩形

（3）选择“矩形”工具，分别绘制 2 个矩形：宽 6cm、高 4cm，宽 10cm、高 6cm，填充为 20%黑色和 40%黑色，并将矩形转换为曲线（按鼠标右键，在弹出的菜单中选择“转换为曲线”命令），接着选择“形状”工具，在线上双击“形状”工具时添加锚点，调整曲线，如图 6-70 所示。

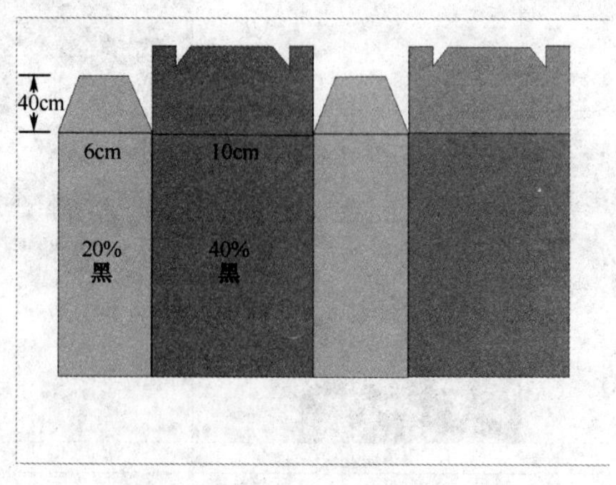

图 6-70　绘制并调整矩形形状

（4）选择“矩形”工具，分别绘制一个宽 6cm、高 2.5cm 的矩形和一个宽 2cm、高 1.5cm 的矩形，分别填充为白色和 10%黑色，并将矩形转换为曲线（按鼠标右键在弹出的菜单中选择“转换为曲线”命令），接着选择“形状”工具，调整曲线。用“指标”工具框选住区域，然后进行焊接，如图 6-71 和图 6-72 所示。

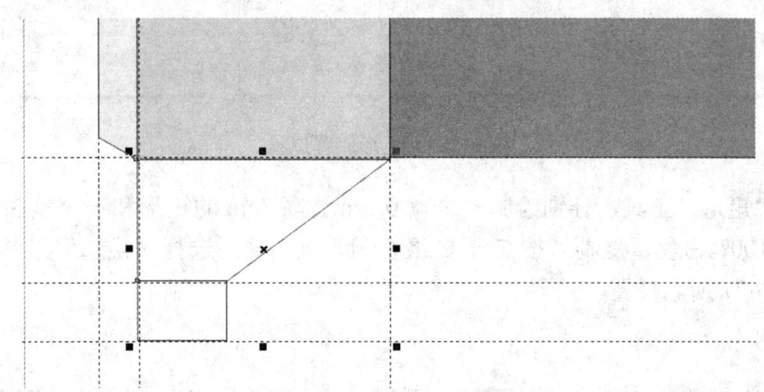

图 6-71　调整形状

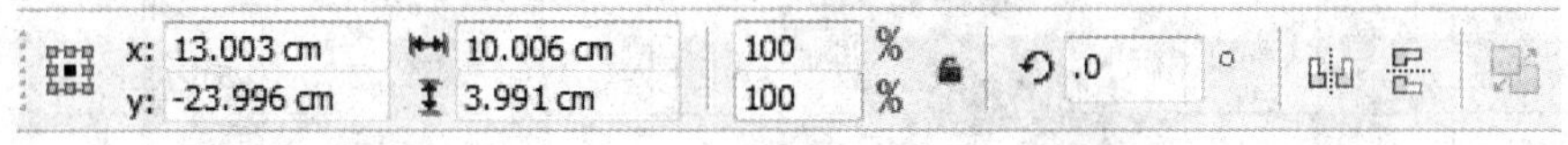

图 6-72　焊接

（5）复制（按 Ctrl+C 组合键）步骤 4 的图形，进行水平镜像翻转，如图 6-73 所示。然后放置到如图 6-74 所示位置。

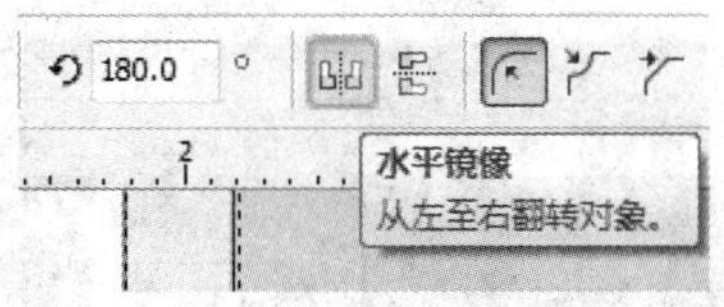

图 6-73　水平翻转图形

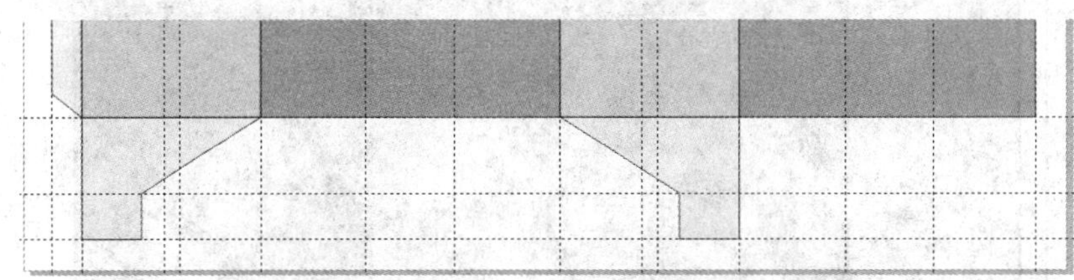

图 6-74　翻转后图形放置位置

（6）选择“矩形”工具，分别绘制一个宽 10cm、高 4cm 的矩形和一个宽 6.8cm、高 1.5cm 的矩形，填充为白色，用“指标”工具框选住区域，然后进行移除前面对象，再复制（按 Ctrl+C 组合键）一个该图形，选择“挑选”工具，将两个图形分别放置到如图 6-75 和图 6-76 所示位置。

图 6-75　移除对象

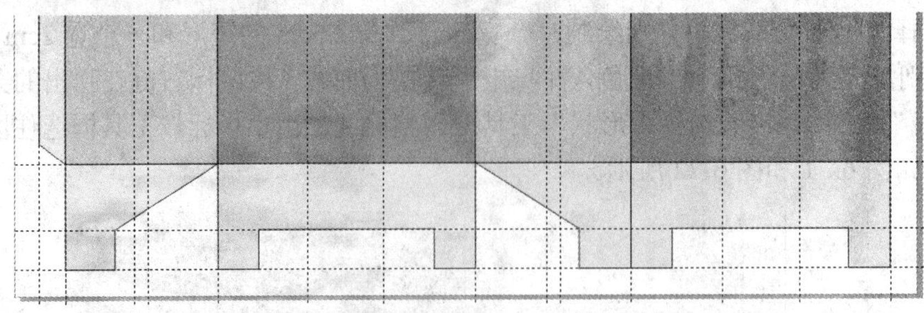

图 6-76　矩形放置位置

（7）选择“矩形”工具，分别绘制一个宽 0.5cm、高 3cm 的矩形和一个宽 3cm、高 1cm 的矩形，填充为 100%白色，复制（按 Ctrl+C 组合键）该矩形，选择“挑选”工具，将两个图形分别放置到图 6-77 所示位置。

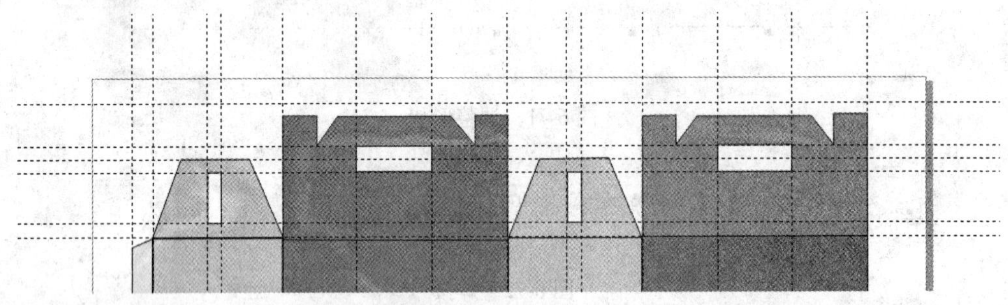

图 6-77　移动新矩形到合适位置

（8）将图形保存为 CDR 格式，并导出 PSD 格式，便于后面的版面设计及立体效果制作，完成效果如图 6-78 所示。

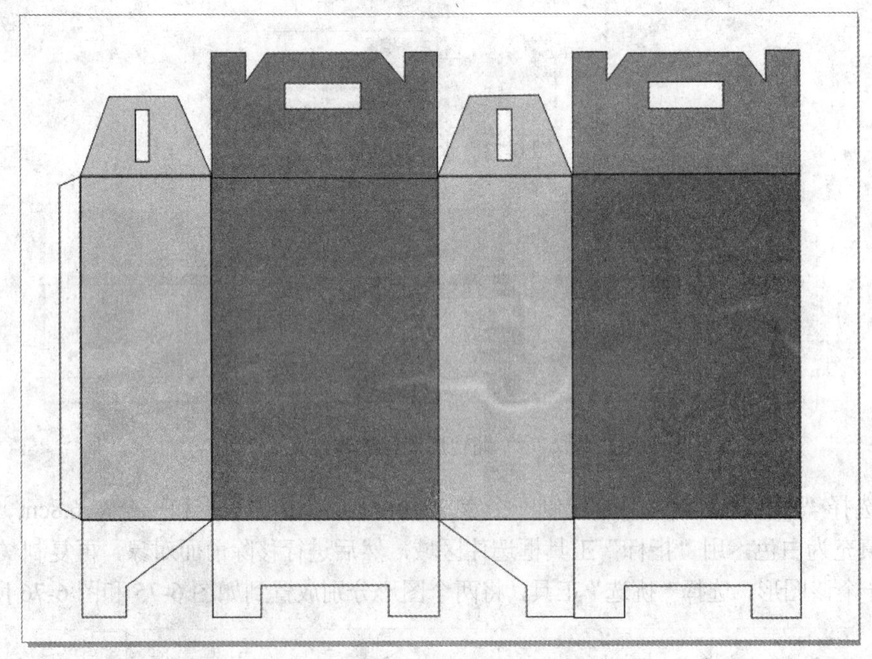

图 6-78　完成后的礼盒装平面展开图

3. “手提装平面展开图”的制作

（1）运行 CorelDRAW，在菜单栏单击“文件”→“新建图形”命令，参照图 6-79 所示，设定图形大小。

图 6-79　设定新建图形大小

（2）选择“矩形”工具，分别绘制一个宽 10cm、高 14cm 和一个宽 10cm、高 15cm 的矩形，分别填充为 40%黑色和 20%黑色，有轮廓填充。将标尺原点设置在矩形的左上角节点处，然后参照标尺原点设置辅助线（在菜单栏选择“视图”→“设置”命令），辅助线位置复制（按 Ctrl+C 组合键）矩形，选择“挑选”工具，将两个矩形分别放置到图 6-80 所示位置，并使其与辅助线对齐。

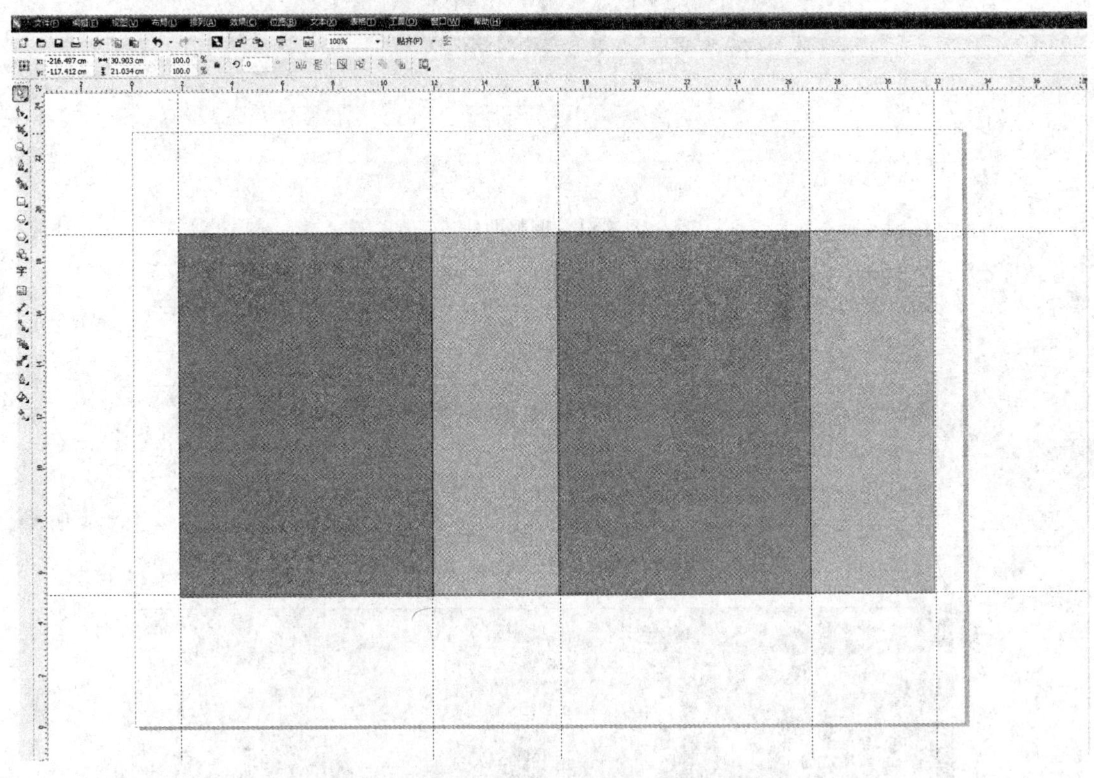

图 6-80　设置两个矩形的位置

（3）选择“矩形”工具，分别绘制 5 个矩形：宽 1cm、高 11cm，宽 10cm、高 3cm，宽 5cm、高 3cm，宽 5cm、高 4cm，宽 10cm、高 4cm 矩形，填充为 100%白色，并将矩形转换为曲线（按鼠标右键，在弹出的菜单栏中选择“转换为曲线”命令），接着选择“形状”工具，调整曲线，如图 6-81 所示。

（4）选择“椭圆”工具，绘制宽 0.5cm、高 0.5cm 的椭圆，复制 3 个这样的椭圆，填充 10%黑色，选择“挑选”工具，将两个矩形分别放置到图 6-82 所示位置。

（5）将图形保存为 CDR 格式，并导出 PSD 格式，便于后面的版面设计及立体效果制作，完成效果如图 6-83 所示。

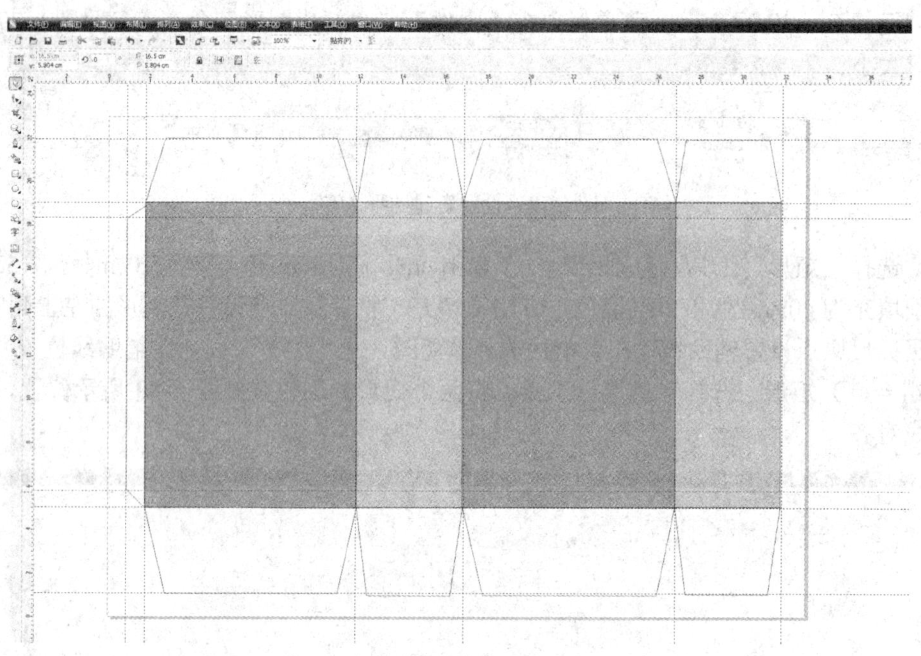

图 6-81 调整曲线

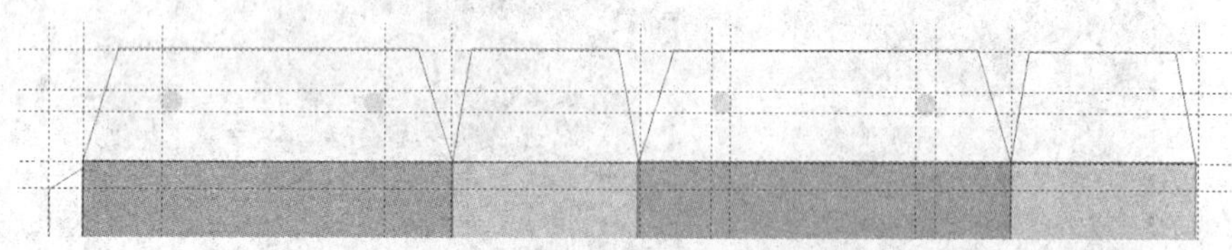

图 6-82 设置矩形位置

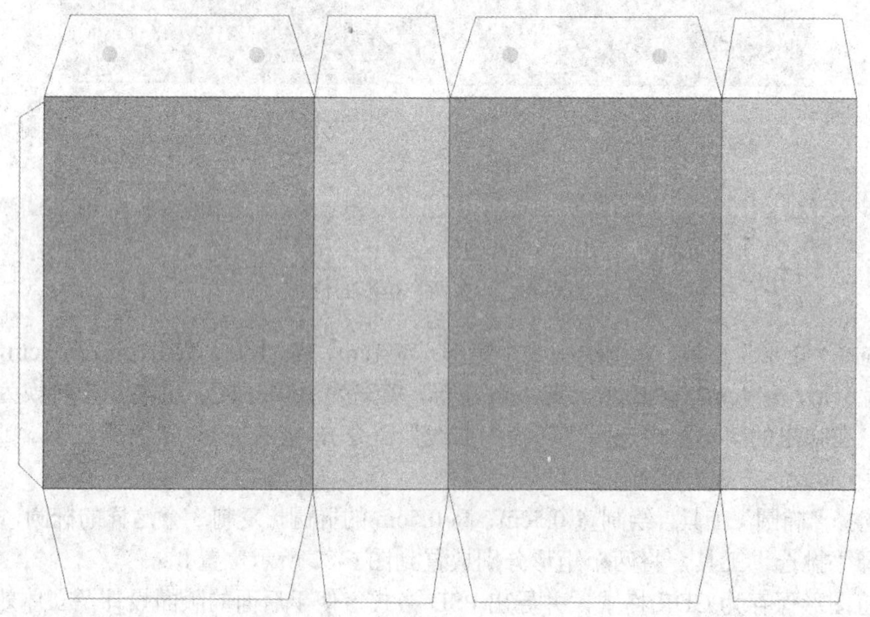

图 6-83 手提袋平面展开图

4. **“外盒装平面展开图”的制作**

（1）运行 CorelDRAW，在菜单栏单击“文件”→“新建图形”命令，参照图 6-84 所示设定图形大小。

图 6-84　设定新建图形大小

（2）选择“矩形”工具，绘制一个宽 11cm、高 15cm 的矩形，填充为 40%黑色，有轮廓填充。将标尺原点设置在矩形的左上角节点处，参照标尺原点设置辅助线（在菜单栏单击“视图”→“设置”命令），设置辅助线位置，复制（按 Ctrl+C 组合键）2 个这样的矩形，选择“挑选”工具，将两个矩形分别放置到图 6-85 所示位置。

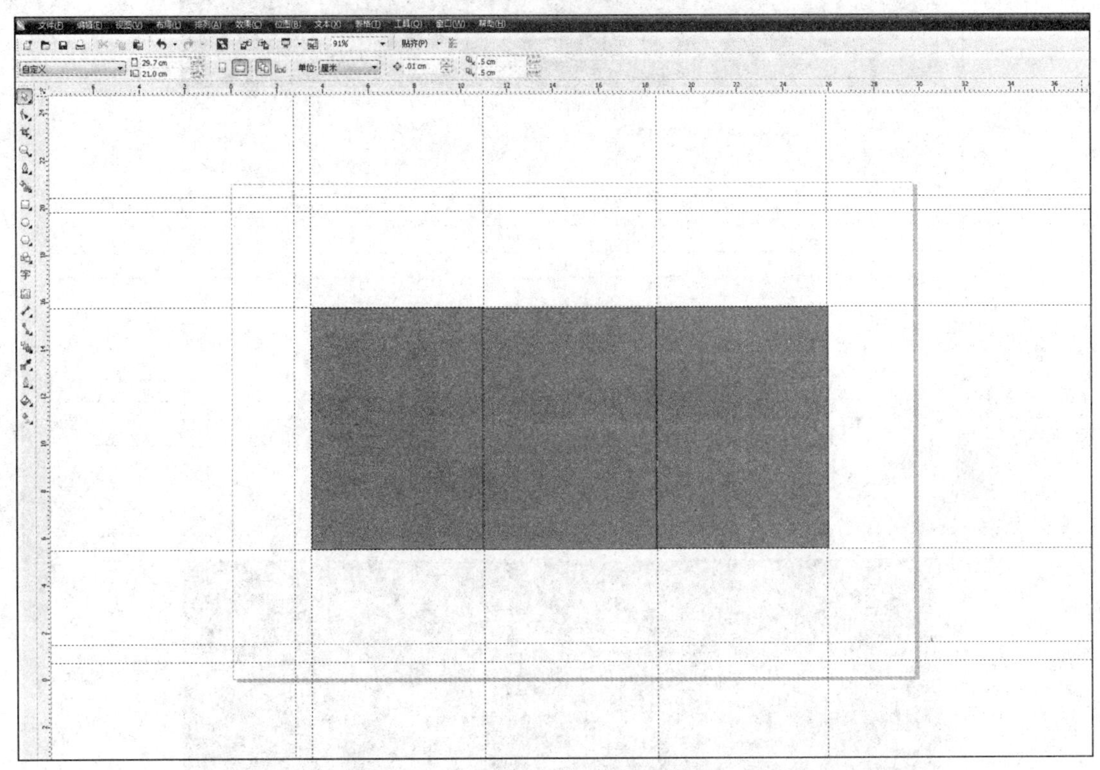

图 6-85　矩形位置

（3）选择“矩形”工具，分别绘制一个宽 1cm、高 11cm 的矩形和一个宽 11cm、高 6cm 的矩形，填充为 100%白色，并将矩形转换为曲线（按鼠标右键，在弹出的菜单中选择“转换为曲线”命令），接着选择“形状”工具，调整曲线，如图 6-86 所示。

（4）选择“手绘工具”中的“贝塞尔” 工具绘制所需的图形，然后选择“形状”工具进行曲线调整，如图 6-87 所示。

（5）将图形保存为 CDR 格式，并导出 PSD 格式，便于后面的版面设计及立体效果制作，完成后效果如图 6-88 所示。

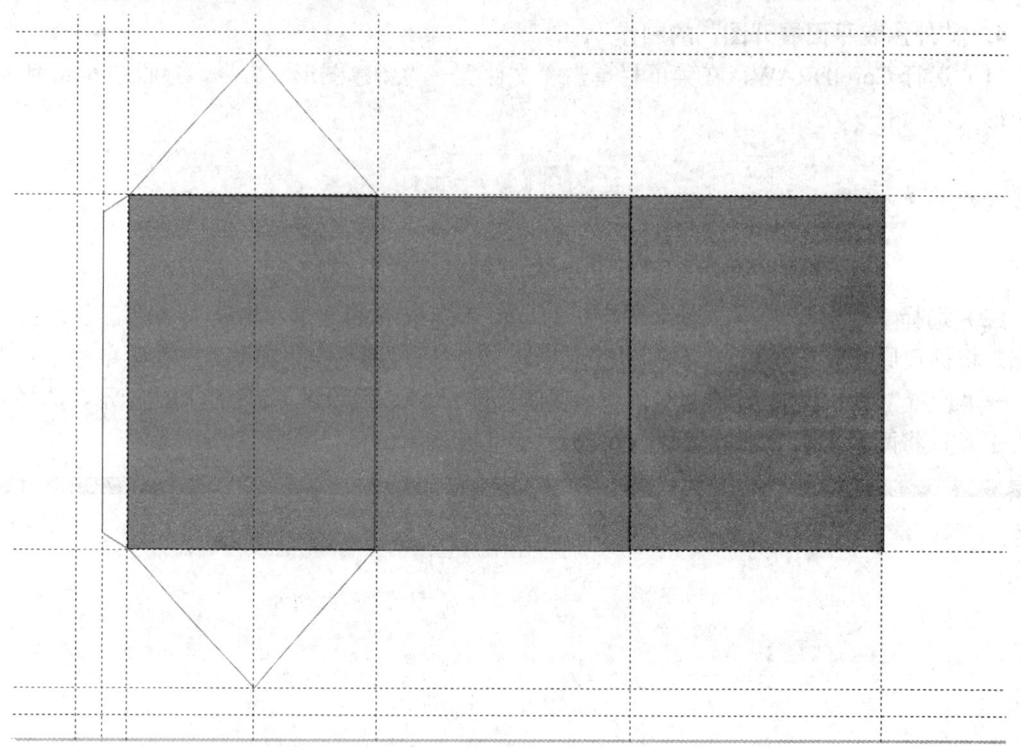

图 6-86　调整矩形曲线

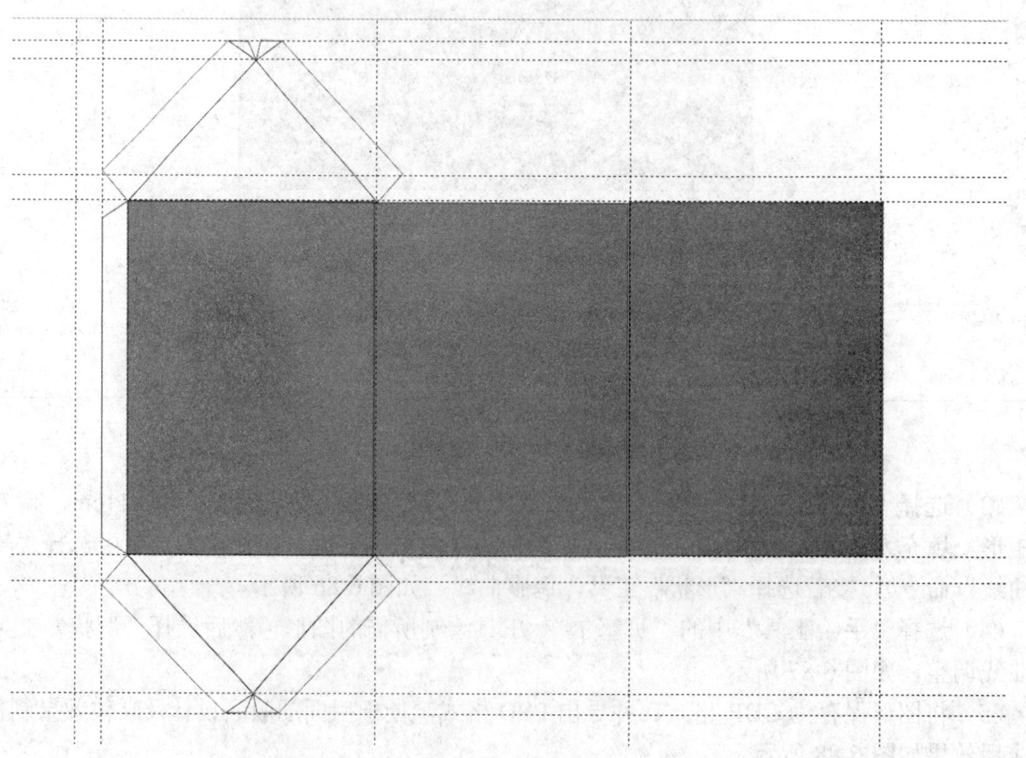

图 6-87　调整贝塞尔曲线

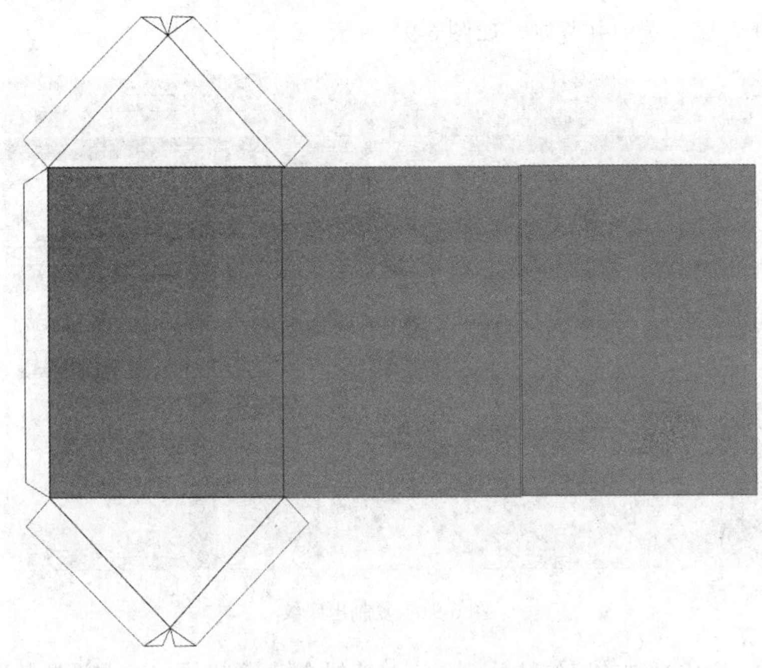

图 6-88 外盒装平面展开图

5. “盒装平面效果图”的制作

（1）在 Photoshop 中打开素材库中的“盒装平面展开图.psd”文件，将背景层转换为图层 0，新建图层 1，并将图层移至图层 0 下方，选中图层 0，接着单击图层调板中的“创建新的填充或调整图层”按钮 ，执行“色相/饱和度”命令，并参照图 6-89 和图 6-90 所示的数值对其参数进行设置。

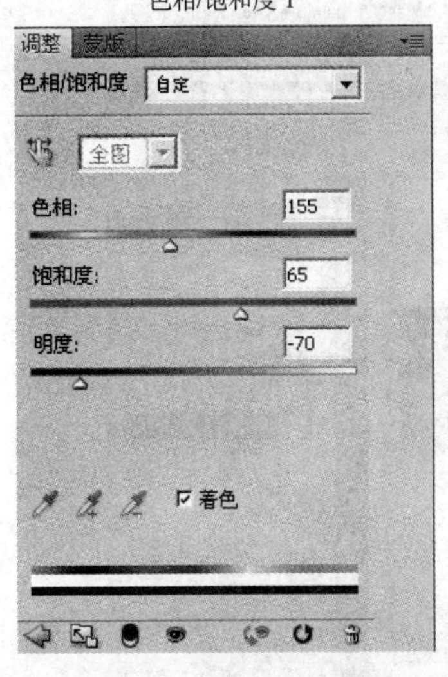

图 6-89 色相/饱和度设置数值 1

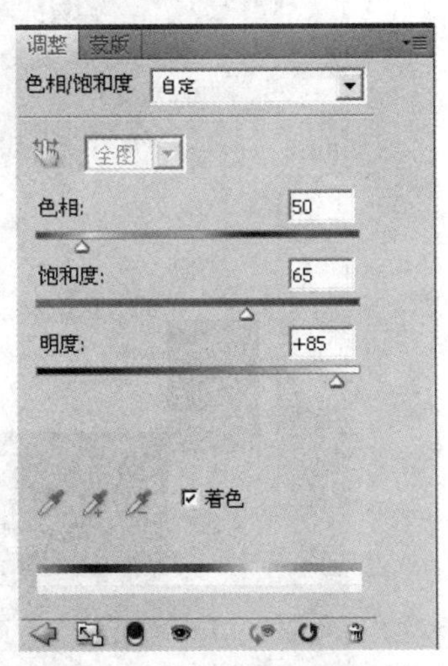

图 6-90 色相/饱和度设置数值 2

（2）打开素材库中的“底纹样图.jpg”文件，按步骤操作：通道→红色通道→调整→色阶—使其黑白分明→滤镜→风格化→查找边缘→复制（按 Ctrl+C 组合键）一个红色通道的副本。在菜单栏选择“图像”→“调整”→“反相”命令，在通道调板中选择红色通道，将其转换为选区，将黑色底纹选中并复制，如图 6-91 所示。

图 6-91　复制出底纹

（3）将步骤（2）中复制的底纹粘贴（按 Ctrl+V 组合键）到图层上，并设置其透明度为 20%。

（4）打开本产品素材库中的“二方图案.jpg”文件，其操作步骤：通道→蓝色通道→调整→色阶→使其黑白分明→滤镜→风格化→查找边缘→复制一个蓝色通道的副本。在菜单栏选择“图像”→“调整”→“反相”命令，在通道调板中选择蓝色通道，将其转换为选区，将黑色底纹选中并复制。

（5）将步骤（4）中复制的二方图案粘贴在图层 2 上，用魔棒框选住图案，将其颜色填充为白色，设置其大小，将二方图案放置到如图 6-92 所示位置。

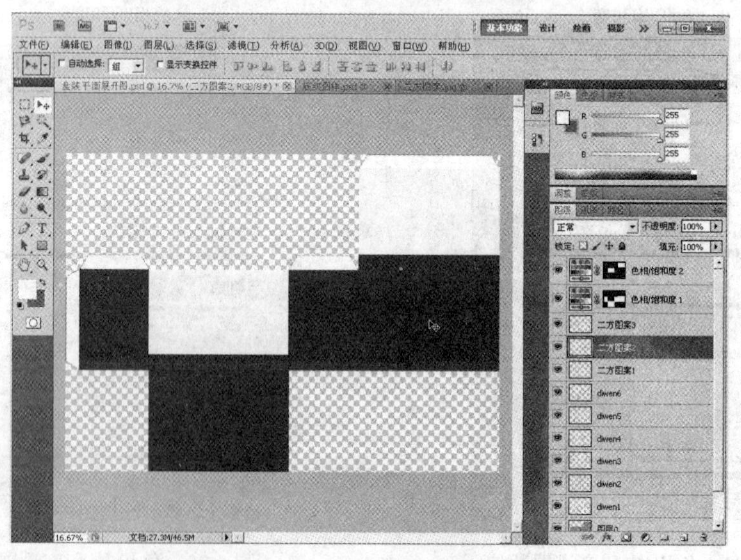

图 6-92　二方图案放置位置

（6）打开素材库中的“字茶. jpg”文件，其操作步骤：用“魔棒”工具圈选中“茶”字，然后用“移动工具”拖动到相应的图层，复制一个该图层，并设置其透明度为 3%。

（7）打开素材库中的“斗茶图.jpg”文件，其操作步骤：用“磁性套索工具”套索出来，然后用“移动工具”拖动到相应的图层斗“茶图 1”和“斗茶图 2”上，复制 2 个该图层，并设置其透明度为 40%。

（8）打开素材库中的“字绿茶.jpg”文件，其操作步骤：用“魔棒”工具圈选中那些字，然后用“移动工具”拖动到相应的图层字“绿茶”上，复制一个该图层。

（9）把需要的文字输入并编辑在包装上。字体为文鼎中特广告体，大小分别为 16 点、15 点、9 点、6 点。

（10）打开素材库中的“茶杯.jpg”和“条形码.jpg”文件，其操作步骤：用“魔棒工具”圈选中茶杯，然后用“移动工具”拖动到相应的图层字“茶杯”上，复制一个该图层。用“矩形选框工具”框选中条形码，然后用“移动工具”拖动到相应的图层字“条形码”上，如图 6-93 所示。

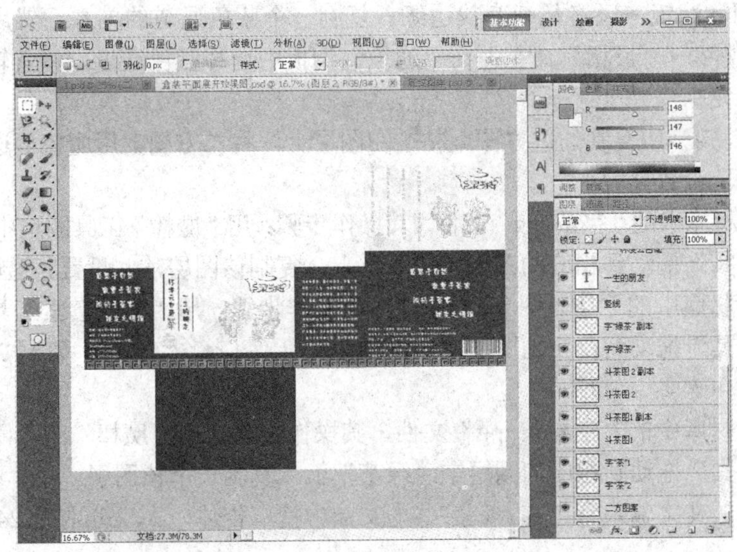

图 6-93　条形码位置

完成盒装平面效果版面设计，效果如图 6-94 所示。

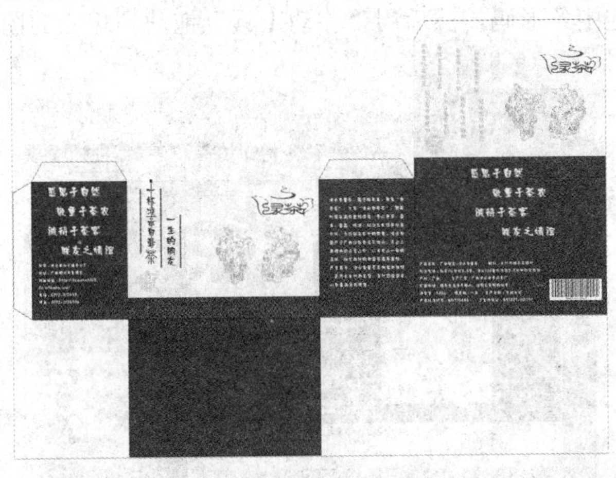

图 6-94　盒装平面效果图

6. “礼盒装平面效果图”的制作过程

（1）打开素材库中的“礼盒装平面展开图.psd”文件，将背景层转换为图层 0，新建图层 1，并将图层移至图层 0 下方。选中图层 0，接着单击图层调板中的“创建新的填充或调整图层”按钮 ，执行“色相/饱和度”命令，参照图 6-89 和图 6-90 所示数值对其参数进行设置。

（2）打开素材库中的“底纹样图.jpg”文件，其操作步骤：通道→红色通道→调整→色阶→使其黑白分明→滤镜→风格化→查找边缘→复制一个红色通道的副本。然后在菜单栏选择“图像”→“调整”→“反相”命令，在通道调板中选择红色通道，将其转换为选区，将黑色底纹选中并复制，效果参照图 6-91 所示。

（3）将步骤（2）中复制的底纹粘贴在图层上，并设置其透明度为 20%，最后合并底纹图层。

（4）打开素材库中的“二方图案.jpg”文件，其操作步骤：通道→蓝色通道→调整→色阶→使其黑白分明→滤镜→风格化→查找边缘→复制一个蓝色通道的副本。然后在菜单栏选择“图像”→“调整”→“反相”命令，在“通道”调板中选择蓝色通道，将其转换为选区，将黑色底纹选中并复制。

（5）将步骤（4）中复制的二方图案粘贴在图层上，将二方图案用魔棒框选住图案，将其颜色填充为白色，设置其大小。

（6）打开素材库中的“字茶.jpg”文件，其操作步骤：用“魔棒”工具圈选中那个字“茶”，然后用“移动工具”拖动到相应的图层字“茶”上，复制该图层，并设置其透明度为 3%。

（7）打开素材库中的“斗茶图.jpg”文件，其操作步骤：用“磁性套索工具”套索出来，然后用“移动工具”拖动到相应的图层“斗茶图 1”和“斗茶图 2”上，复制 2 个该图层，并设置其透明度为 40%。

（8）打开素材库中的“字绿茶.jpg”文件，其操作步骤：用“魔棒”工具圈选中那些字，然后用“移动工具”拖动到相应的图层字“绿茶”上，复制一个该图层。

（9）把需要的文字输入到包装上。字体为文鼎中特广告体，大小分别为 24 点、18 点、8 点、11 点。

（10）打开素材库中的“茶杯.jpg”和“条形码.jpg”文件，其操作步骤：用“魔棒”工具圈选中茶杯，然后用“移动工具”将其拖动到相应的图层字“茶杯”上，复制该图层。用“矩形选框工具”框选中条形码，然后用“移动工具”拖动到相应的图层字“条形码”上，如图 6-95 所示。

图 6-95　调整条码位置

完成礼盒装平面效果版面设计，效果如图 6-96 所示。

图 6-96　礼盒装平面效果

7. “手提袋平面效果图”的制作

（1）打开素材库中的“手提袋平面展开图.psd”文件，将背景层转换为图层 0，新建图层 1，并将图层移至图层 0 下方。选中图层 0，接着单击图层调板中的“创建新的填充或调整图层”按钮，执行“色相/饱和度”命令，并参照图 6-89 和图 6-90 所示数值对其参数进行设置。

（2）打开素材库中的“底纹样图.jpg”文件，其操作步骤：通道→红色通道→调整→色阶→使其黑白分明→滤镜→风格化→查找边缘→复制一个红色通道的副本。然后在菜单栏选择“图像”→“调整”→“反相”命令，在通道调板中选择红色通道，将其转换为选区，将黑色底纹选中并复制。

（3）将步骤（2）中复制的底纹粘贴在图层上，并设置其透明度为 20%，最后合并底纹图层。

（4）打开素材库中的“二方图案.jpg”文件，其操作步骤：通道→蓝色通道→调整→色阶→使其黑白分明→滤镜→风格化→查找边缘→复制一个蓝色通道的副本。然后在菜单栏选择“图像”→“调整”→“反相”命令，在通道调板中选择蓝色通道，将其转换为选区，将黑色底纹选中并复制。

（5）将步骤（4）中复制的二方图案粘贴在图层上，将二方图案用魔棒框选住图案，将其颜色填充为白色，设置其大小，将二方图案放置到如图 6-97 所示。

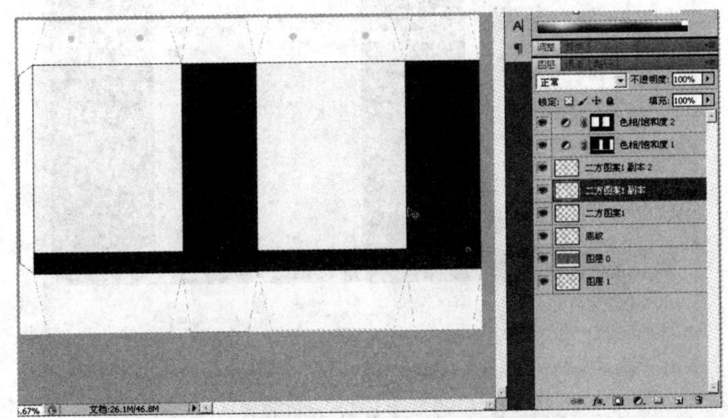

图 6-97　放置二方图案

（6）打开素材库中的“字茶.jpg”文件，其操作步骤：用“魔棒”工具圈选中那个字“茶”，然后用“移动工具”拖动到相应的图层字“茶”上，复制该图层，并设置其透明度为3%。

（7）打开素材库中的“斗茶图.jpg”文件，其操作步骤：用“磁性套索工具”套索出来，然后用“移动工具”将其拖动到相应的图层“斗茶图 1”和“斗茶图 2”上，复制 2 个该图层，并设置其透明度为40%。

（8）打开素材库中的“字绿茶.jpg”文件，其操作步骤：用“魔棒”工具圈选中那些字，然后用“移动工具”拖动到相应的图层字“绿茶”上，复制该图层。

（9）把需要的文字输入到包装上。字体为文鼎中特广告体，大小分别为 24 点、18 点、8 点、12 点。

（10）打开素材库中的“茶杯.jpg”和“条形码.jpg”文件，其操作步骤：用“魔棒”工具圈选中茶杯，然后用“移动工具”将其拖动到相应的图层字“茶杯”上，复制一个该图层。用“矩形选框工具”框选中条形码，然后用“移动工具”拖动到相应的图层字“条形码”上，如图 6-98 所示。

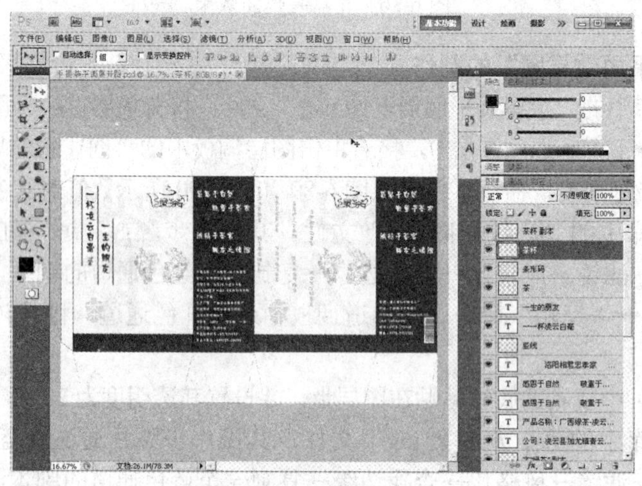

图 6-98　设置条形码

完成手提袋平面效果版面设计，效果如图 6-99 所示。

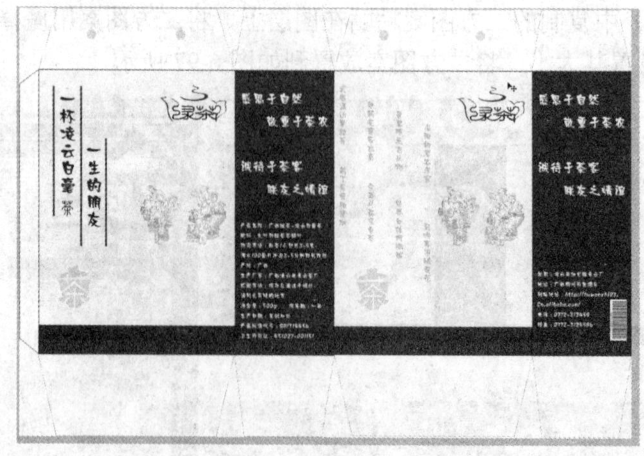

图 6-99　手提袋平面效果

8. “外盒装平面效果图”的制作过程

（1）打开素材库中的“外盒装平面展开图.psd”文件，将背景层转换为图层 0，新建图层 1，并将图层移至图层 0 下方。选中图层 0，接着单击“图层”调板中的“创建新的填充或调整图层”按钮，执行“色相/饱和度”命令，并参照图 6-89 和图 6-90 所示数值对其参数进行设置。

（2）打开素材库中的“底纹样图.jpg”文件，其操作步骤：通道→红色通道→调整→色阶→使其黑白分明→滤镜→风格化→查找边缘→复制一个红色通道的副本。然后在菜单栏选择“图像”→“调整”→“反相”命令，在“通道”调板中选择红色通道，将其转换为选区，将黑色底纹选中并复制。

（3）将步骤（2）中复制的底纹粘贴到图层上，并设置其透明度为 20%，最后合并底纹图层，如图 6-100 所示。

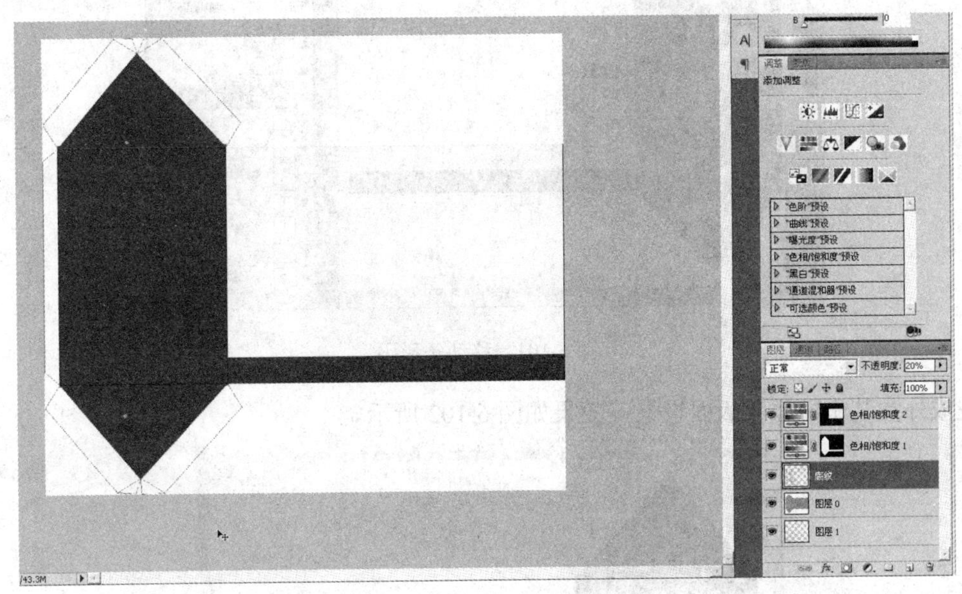

图 6-100　合并底纹图层

（4）打开素材库中的“二方图案.jpg”文件，其操作步骤：通道→蓝色通道→调整→色阶→使其黑白分明→滤镜→风格化→查找边缘→复制一个蓝色通道的副本。然后在菜单栏选择“图像”→“调整”→“反相”命令，在“通道”调板中选择蓝色通道，将其转换为选区，将黑色底纹选中并复制。

（5）将步骤（4）中复制的二方图案粘贴在图层上，将二方图案用魔棒框选住图案，将其颜色填充为白色，设置其大小，将二方图案放到合适位置。

（6）打开素材库中的“字茶.jpg”文件，其操作步骤：用“魔棒”工具圈选中那个字“茶”，然后用“移动工具”拖动到相应的图层字“茶”，复制一个该图层，并设置其透明度为 3%。

（7）打开素材库中的“斗茶图.jpg”文件，其操作步骤：用“磁性套索工具”套索出来，然后用“移动工具”拖动到相应的图层“斗茶图 1”和“斗茶图 2”上，复制 2 个该图层，并设置其透明度为 40%。

（8）打开素材库中的“字绿茶.jpg”文件，其操作步骤：用“魔棒”工具圈选中那些字，然后用“移动工具”拖动到相应的图层字“绿茶”上，复制一个该图层。

（9）把需要的文字输入到包装上。字体为文鼎中特广告体，大小分别为 30 点、9 点、24 点、12 点。

（10）打开素材库中的“茶杯.jpg”和“条形码.jpg”文件，其操作步骤：用“魔棒”工具圈选中茶杯，然后用“移动工具”拖动到相应的图层字“茶杯”上，复制一个该图层。用“矩形选框工具”框选中条形码，然后用“移动工具”拖动到相应的图层字“条形码”上，如图 6-101 所示。

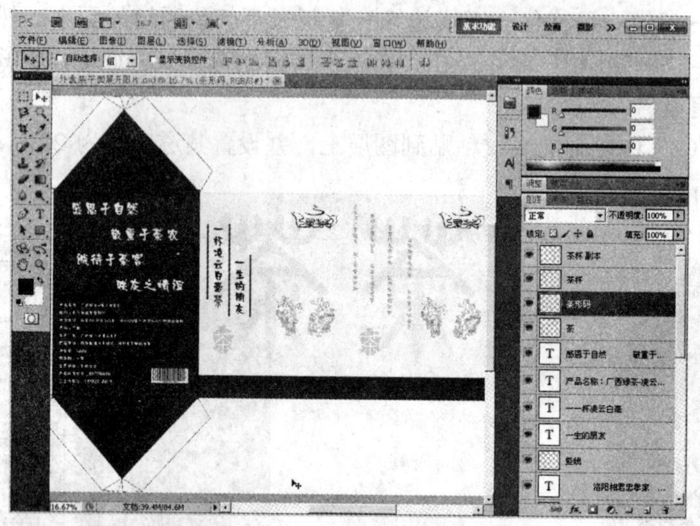

图 6-101　移动条形码

完成外盒装平面效果版面设计，效果如图 6-102 所示。

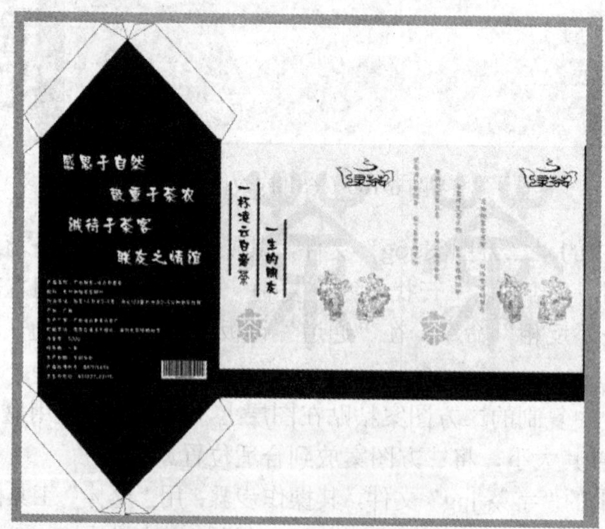

图 6-102　外盒装平面效果

9. “盒装立体效果图”的制作

（1）运行 Photoshop CS5，单击菜单栏“文件”→“新建图形”命令，如图 6-103 所示，设定图形大小。

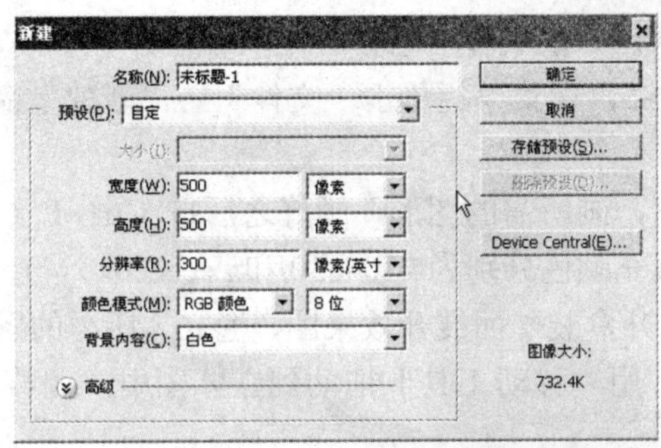

图 6-103　设置新建图形

（2）选择“钢笔工具”，画所需的图形，画好之后按 Ctrl+T 组合键进行扭曲，对其调整到所要的效果立体图案。填充颜色分别为# 104a30 和# eeece0。

（3）新建一个图形，打开盒装平面展开效果图，把立体所需的图形在盒装平面展开效果图中用“矩形”工具框选住，并用“移动工具”拖动到立体图中，调整到一定的大小后按 Ctrl+T 组合键进行扭曲。

（4）其他几个面也用步骤（3）的操作方法。具体参照图 6-104 所示。

图 6-104　参照图

完成盒装立体效果版面设计，效果如图 6-105 所示。

图 6-105　完成后的盒装立体效果

10. “外盒装立体效果图”的制作

（1）运行 Photoshop CS5，在菜单栏单击“文件”→“新建”命令，参照图 6-103 设定图形大小。

（2）选择“钢笔工具”，画所需的图形，画好之后按 Ctrl+T 组合键进行扭曲，将其调整到所要的立体图案效果。填充颜色分别为# 104a30 和# eeece0。

（3）新建一个图形，打开盒装平面展开效果图，把立体所需的图形在盒装平面展开效果图中用“矩形”工具框选中，用“移动工具”拖动到立体图中，调整到一定的大小后按 Ctrl+T 组合键进行扭曲。

（4）其他几个面也用步骤（3）的操作方法。具体参照图 6-106 所示。

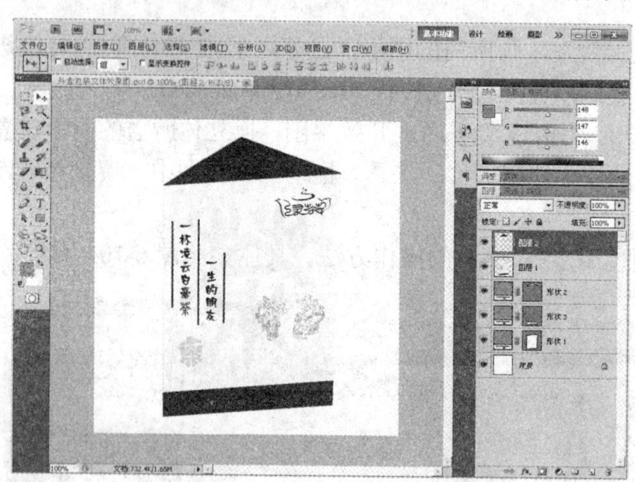

图 6-106　参照图

完成外盒装立体效果版面设计，效果如图 6-107 所示。

图 6-107　完成后的外盒装立体效果

11. “礼盒装立体效果图”的制作

（1）运行 Photoshop CS5，在菜单栏单击“文件”→“新建”命令，参照图 6-103 设定图形大小。

（2）选择“钢笔工具”，画所需的图形，画好之后按 Ctrl+T 组合键进行扭曲，将其调整为所要的立体图案效果。填充颜色分别为# 104a30 和# eeece0。

（3）新建一个文件，打开盒装平面展开效果图，把立体所需的图形在盒装平面展开效果图中用“矩形”工具框选住，用“移动工具”拖动到立体图中，调整到一定的大小后按 Ctrl+T 组合键进行扭曲。

（4）其他几个面也用步骤（3）的操作方法。具体参照图 6-108 所示。

图 6-108　参照图

完成礼盒装立体效果版面设计，效果如图 6-109 所示。

图 6-109　完成后的礼盒装立体效果

12. “手提袋立体效果图”的制作

（1）运行 Photoshop CS5，在菜单栏单击“文件”→“新建”命令，参照图 6-103 设定图形大小。

（2）选择“钢笔工具”，画所需的图形，画好之后按 Ctrl+T 组合键进行扭曲，将其调整为所要的效果立体图案。填充颜色分别是# 104a30 和# eeece0。

（3）新建一个文件，打开盒装平面展开效果图，把立体所需的图形在盒装平面展开效果图中用“矩形”工具框选住，用“移动工具”将其拖动到立体图中，并调整到一定的大小，按

Ctrl+T 组合键将其扭曲。

（4）其他几个面也用步骤（3）的操作方法。具体参照图 6-110 所示。

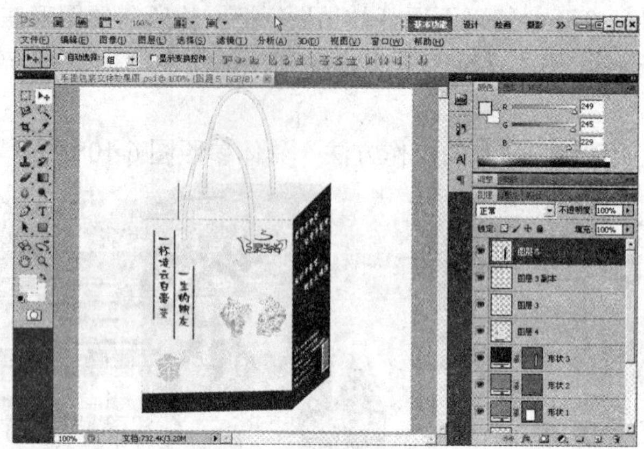

图 6-110　参照图

完成手提袋立体效果版面设计，效果如图 6-111 所示。

图 6-111　完成后的手提袋立体效果

系列包装整体效果如图 6-112 所示。

图 6-112　系列包装整体效果

6.4　糕点系列包装设计

本实例以三峡特产苕酥为例，解析糕点系列包装设计制作理念及过程。

6.4.1　设计背景

1．产品简介

三峡苕酥是以三峡地区土家族民间传统食品“苕丝糖”为基础，精选三峡地区沙土鲜红苕（又名番薯、甘薯或地瓜）、优质鲜糯米、鸡蛋为主要原料，采用土家族民间传统工艺精制而成。

三峡苕酥保留了鲜红苕熟化后的特有香气和风味，口感酥脆，甜味适中，爽口化渣，老少皆宜。产品风味独特，营养丰富，地域特色显著，在日常生活中深受当地人喜爱，同时深受中外游客的青睐。

2．包装设计构思定位

可根据产品的以下几个特征来进行定位。

（1）长江三峡是著名的旅游胜地，同时也具有浓厚的历史文化，可选用能突出旅游和其文化特征的形象作为画面的元素，体现产地特征。

（2）苕酥风味独特，是传统的特色美食，也可用其形象作为包装的主要元素。

（3）苕酥具有悠久的历史和传说，也可选择有历史特征的形象来表现。

本系列包装因要体现同一产品针对不同消费层次的包装系列特征，采用不同规格、造型、构图的系列化设计方式来体现，包含礼品盒装、手提袋装、简易袋装三个包装效果。

6.4.2　设计实例展示

以下是三峡苕酥包装的制作过程。

1．平面展开图的绘制

（1）礼品盒平面展开图绘制。

运行 CorelDRAW，新建图形，参照图 6-113 所示设定图形大小。

图 6-113　图形参数

选择“矩形”工具，绘制一个宽 40cm、高 40cm 的正方形，填充为红色，黑色发丝轮廓填充。接着将标尺原点设置在矩形的左上角节点处，然后参照标尺原点设置辅助线，辅助线位置参照图 6-114 所示。

在图 6-114 的基础上，绘制一个宽 40cm、高 15cm 的矩形，填充为红色，黑色发丝轮廓填充。使其与辅助线对齐，参照图 6-115 所示。

绘制一个宽 5cm、高 15cm 的矩形，填充为 20%黑色，黑色发丝轮廓填充。并将矩形转换为曲线，调整曲线的位置，并与辅助线对齐，形成梯形。

选择“挑选”工具，将梯形与矩形全选，单击右键，在弹出的菜单中选择“群组”命令，参照图 6-116 所示。

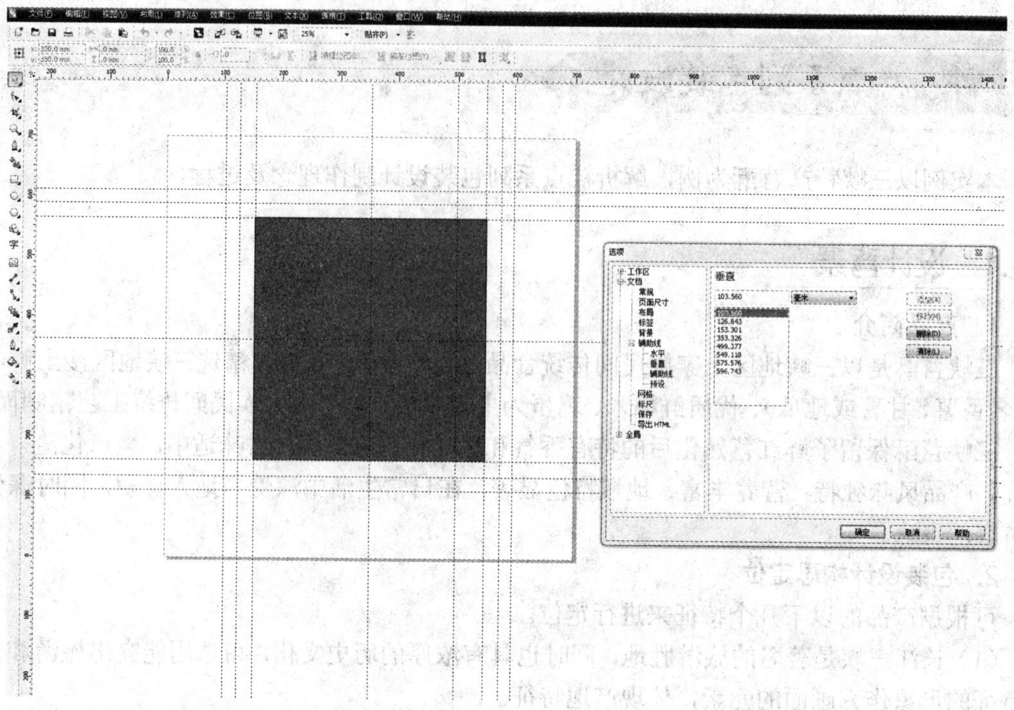

图 6-114　设置矩形 1 辅助线

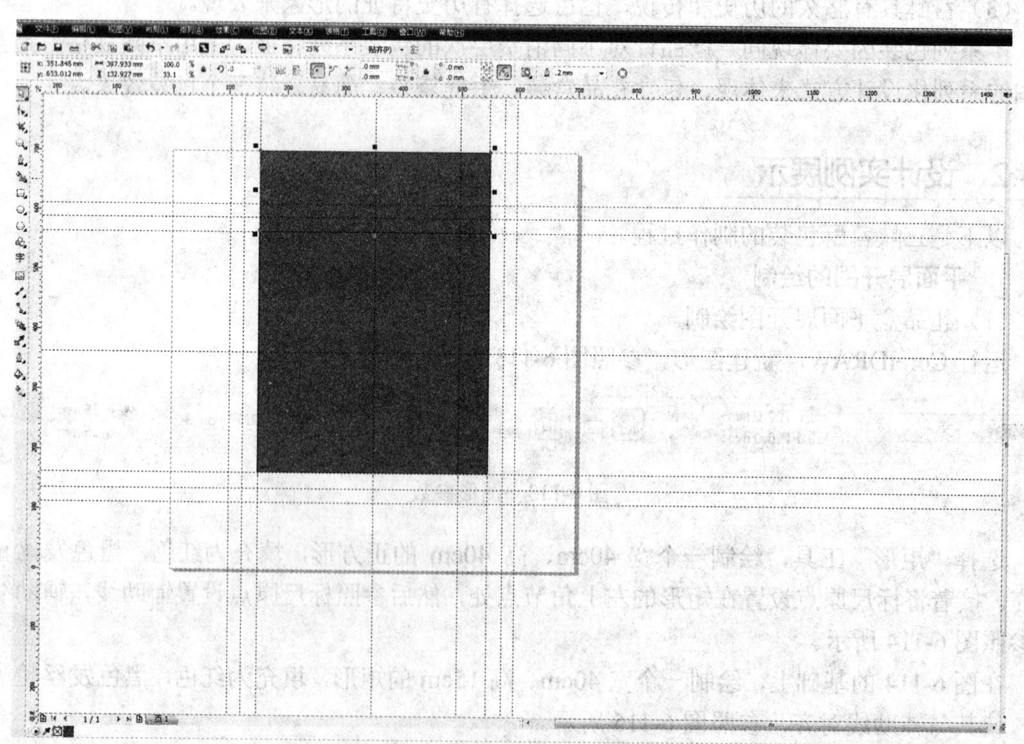

图 6-115　设置矩形 2 辅助线

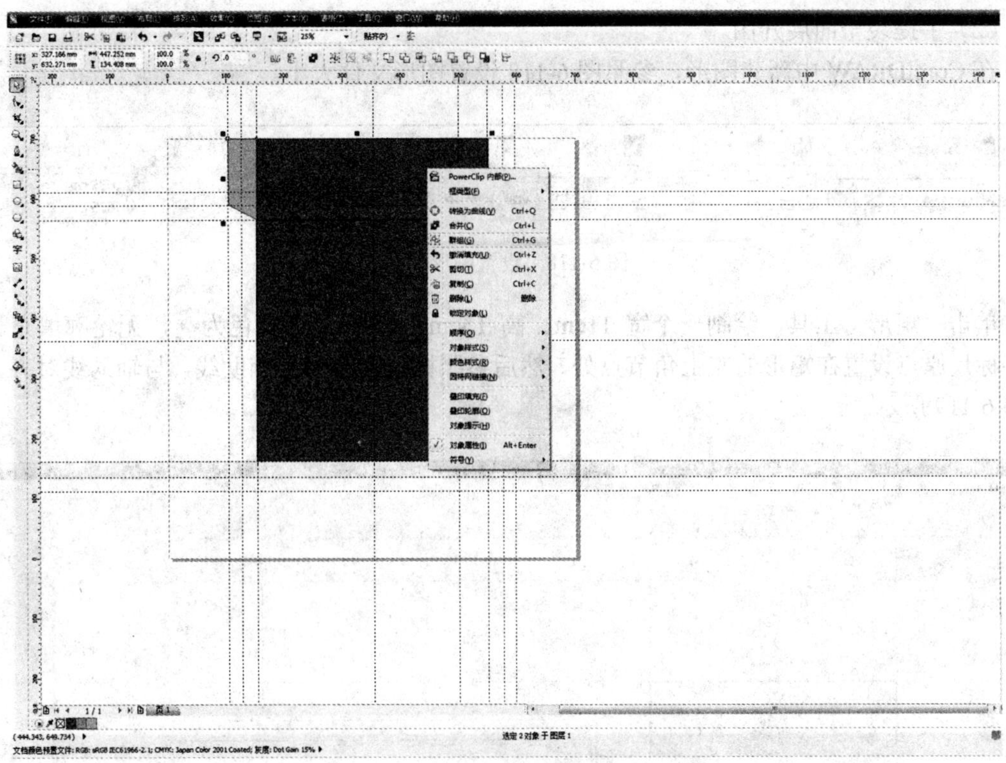

图 6-116　设置矩形群组

然后将群组对象进行复制、旋转。最终效果如图 6-117 所示。

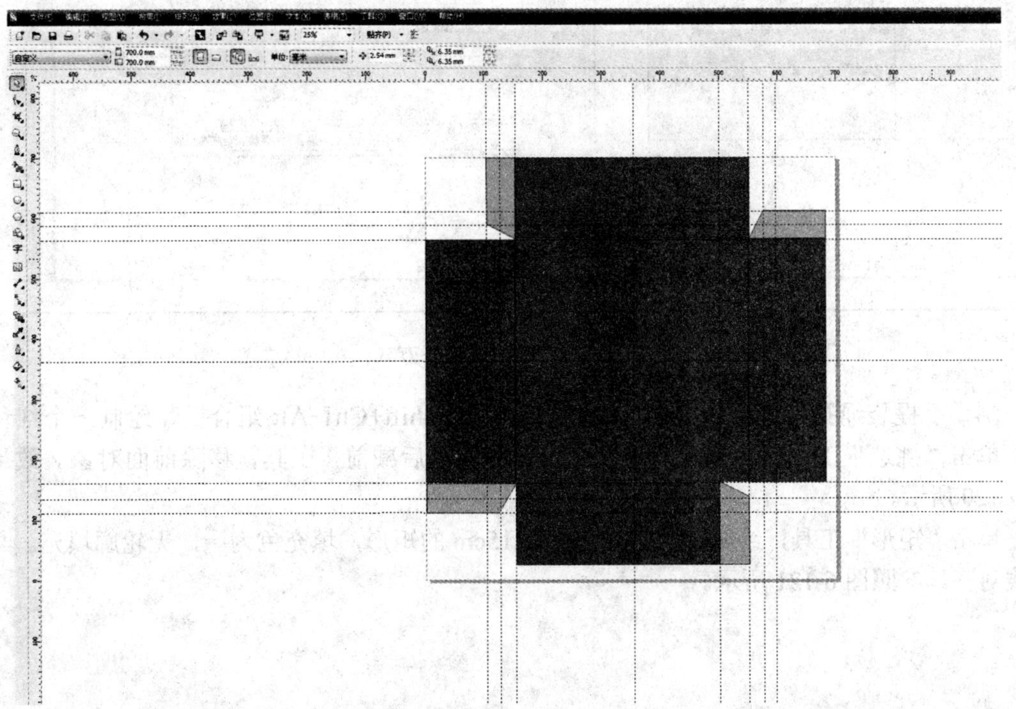

图 6-117　复制旋转后的效果

（2）手提袋平面展开图。

在 CorelDRAW 中新建图形，参照图 6-118 设置图形文件大小。

图 6-118　设置图形大小

单击“矩形”工具，绘制一个宽 11cm、高 15cm 的矩形，填充色为R 251 G 220 B 95，无轮廓填充。接着将标尺原点设置在矩形的左上角节点处，然后参照标尺原点设置辅助线，与辅助线对齐，参照图 6-119 所示。

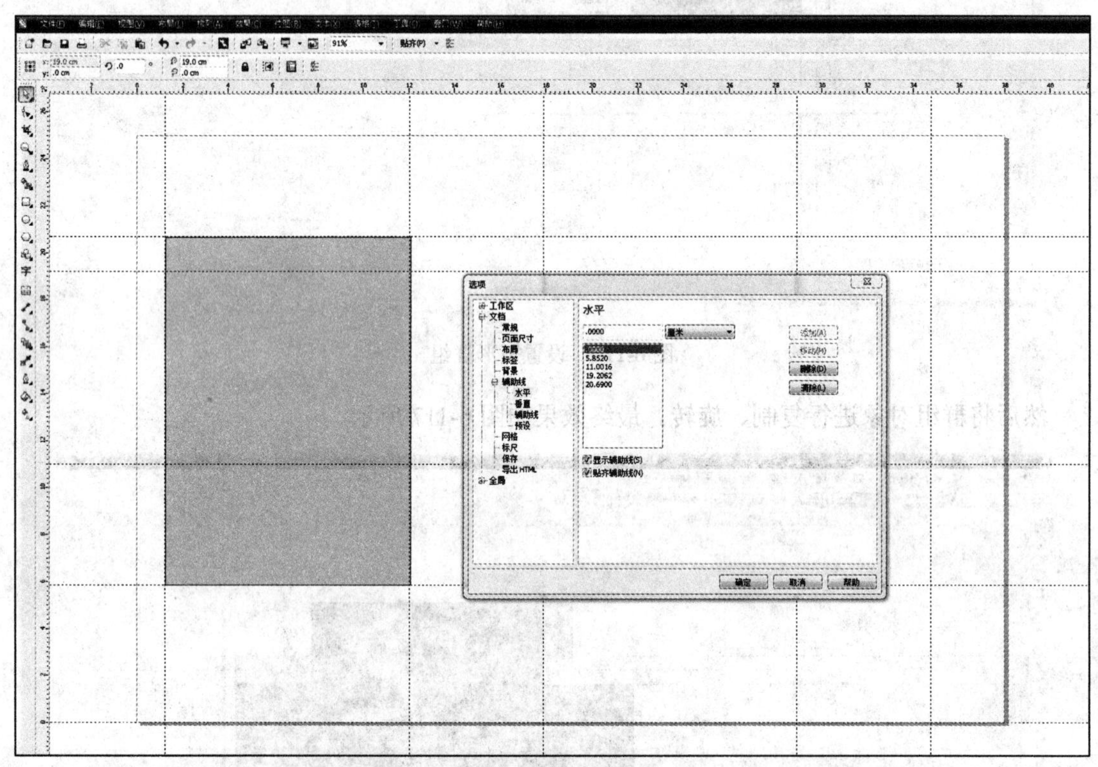

图 6-119　辅助线对齐方式

制作手提袋绳孔：选择“椭圆”工具，同时按 Shift+Ctrl+Alt 组合键，绘制一个红色小圆，单击“挑选”工具，将矩形与小圆全选，使用“后减前”工具，移除前面对象。效果如图 6-120 所示。

单击“矩形”工具，绘制一个宽 6cm、高 15cm 的矩形，填充色为R 251 G 220 B 95，无轮廓填充。与辅助线对齐，参照图 6-121 所示。

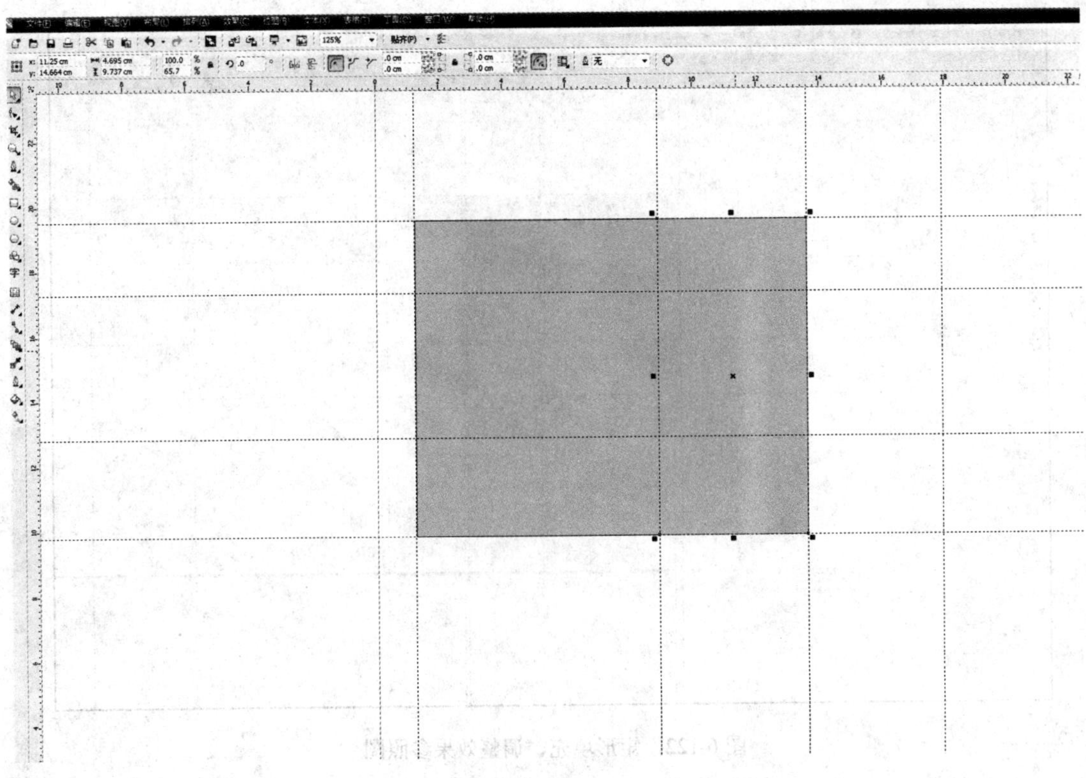

图 6-120　绳孔效果

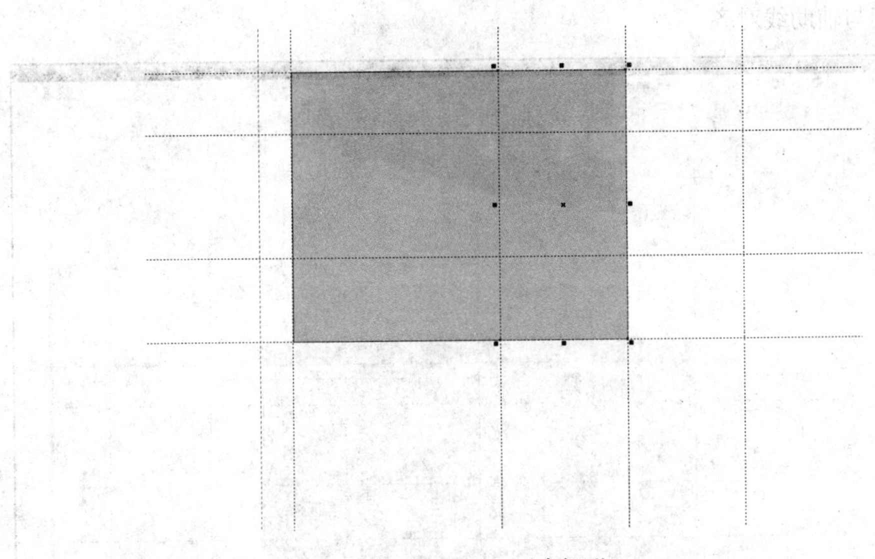

图 6-121　对齐矩形

选择“矩形”工具，绘制一个宽 11cm、高 2.5cm 的矩形，运用制作手提袋打孔的操作步骤，在对称位置进行打孔设计；绘制一个宽 6cm、高 2.5cm 的矩形，均填充为 10%的黑色，无轮廓填充，均转换为曲线，进行微调整。矩形下方绘制一个宽 11cm、高 3.5cm 的矩形，绘制一个宽 6cm、高 3.5cm 的矩形，均填充为 20%的黑色，无轮廓填充。单击“形状”工具（或按 F10 键），进行微调整；效果参照图 6-122 所示。

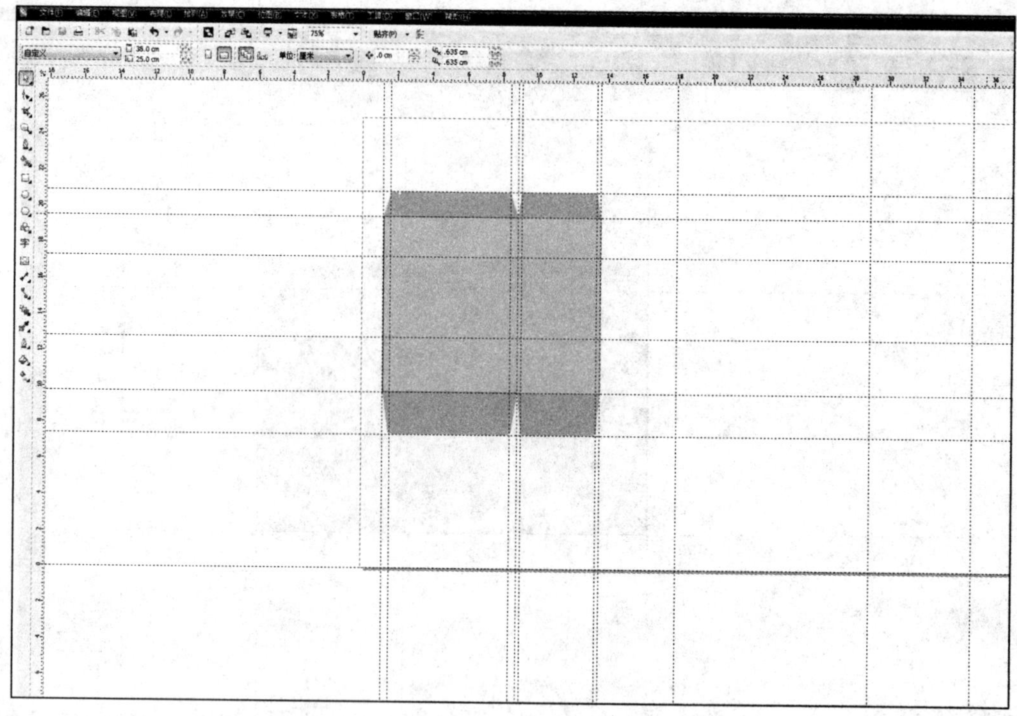

图 6-122　矩形填充、调整效果参照图

单击“挑选”工具，并将这两个矩形群组全选，复制矩形，将矩形分别放置到如图 6-123 所示位置，使其与辅助线对齐。

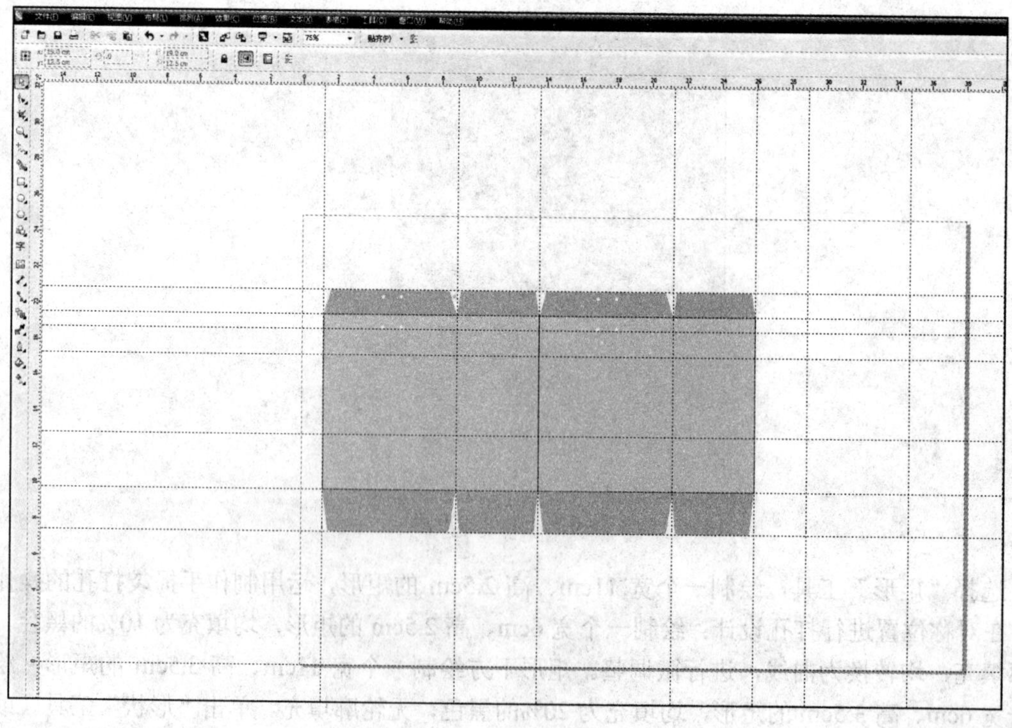

图 6-123　对齐辅助线

单击“矩形”工具，在矩形左侧绘制一个宽 1cm、高 15cm 的矩形，填充为 10%的黑色，无轮廓填充，效果参照图 6-124 所示。

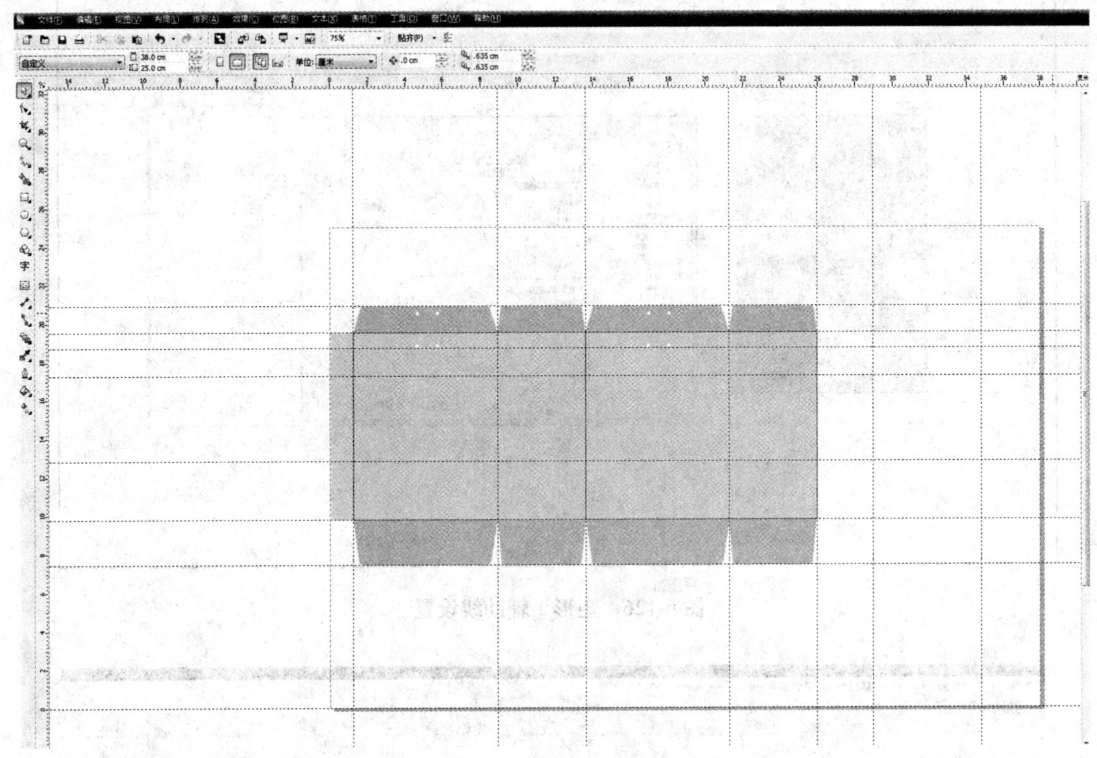

图 6-124　矩形填充效果参照图

（3）小袋包装平面展开图绘制。

运行 CorelDRAW，新建图形，参照图 6-125 设定图形大小。

图 6-125　设定图形大小

单击“矩形”工具，绘制一个宽 25cm、高 35cm 的矩形，填充为 20%的黑色，黑色发丝轮廓填充。接着将标尺原点设置在矩形的左上角节点处，然后参照标尺原点设置辅助线，辅助线位置参照图 6-126 所示。

袋装打孔：单击“椭圆”工具，绘制一个红色椭圆。单击“挑选”工具，将矩形与椭圆全选，使用后减前工具，移除前面对象，效果参照图 6-127 所示。

单击“矩形”工具，再绘制一个宽 15cm、高 35cm 的矩形，填充为 20%的黑色，黑色发丝轮廓填充。与辅助线对齐，参照图 6-128 所示。

单击“挑选”工具，全选并将这两个矩形群组，复制矩形，将矩形分别放置到如图 6-129 所示位置，使其与辅助线对齐。

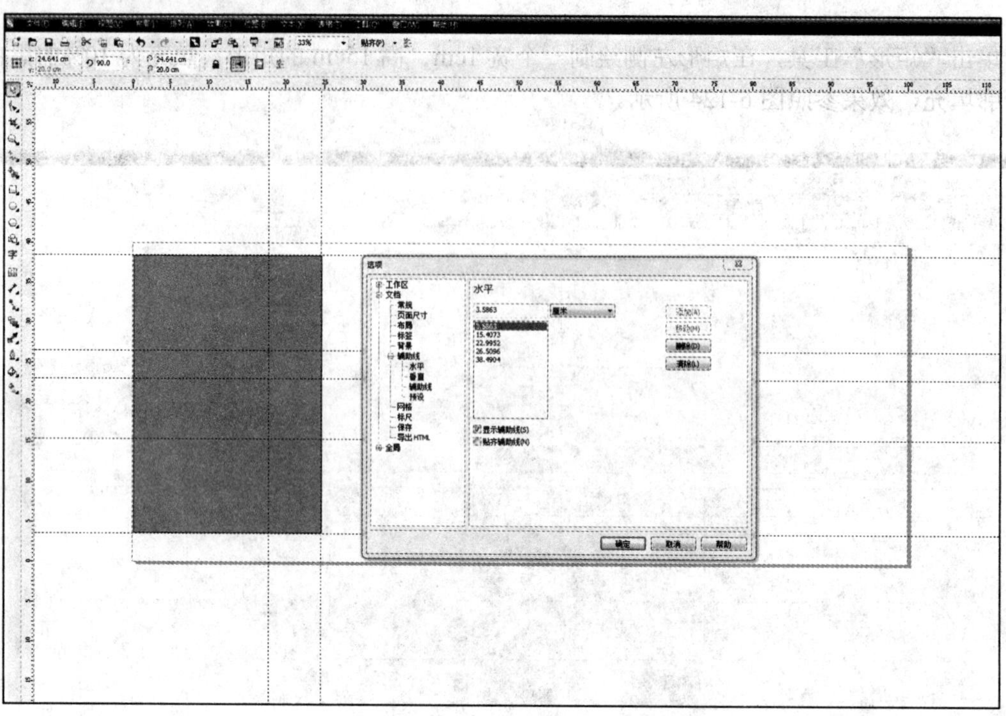

图 6-126　矩形 1 辅助线设置

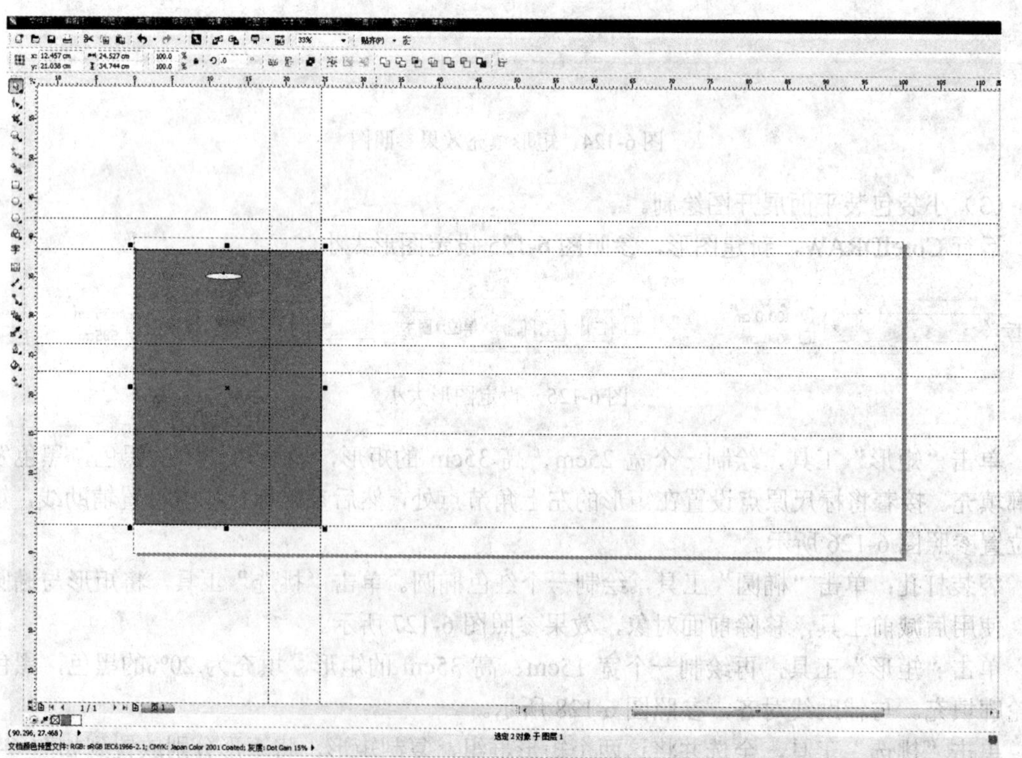

图 6-127　椭圆孔效果

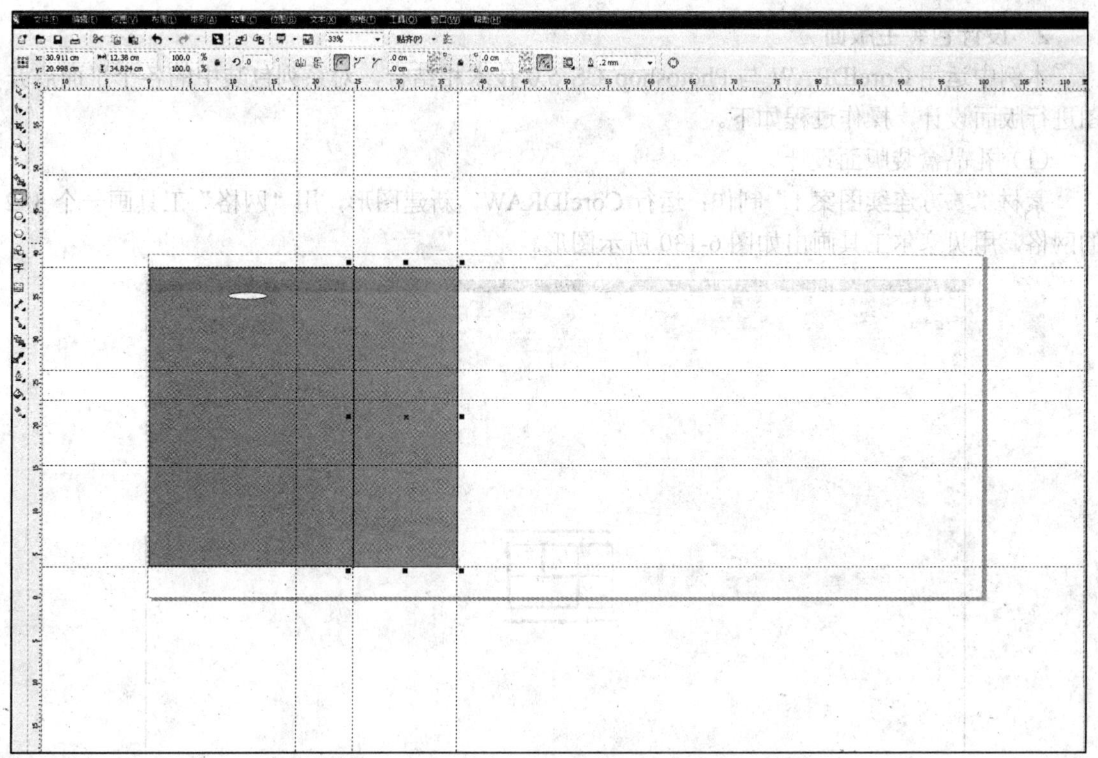

图 6-128　矩形 2 辅助线设置

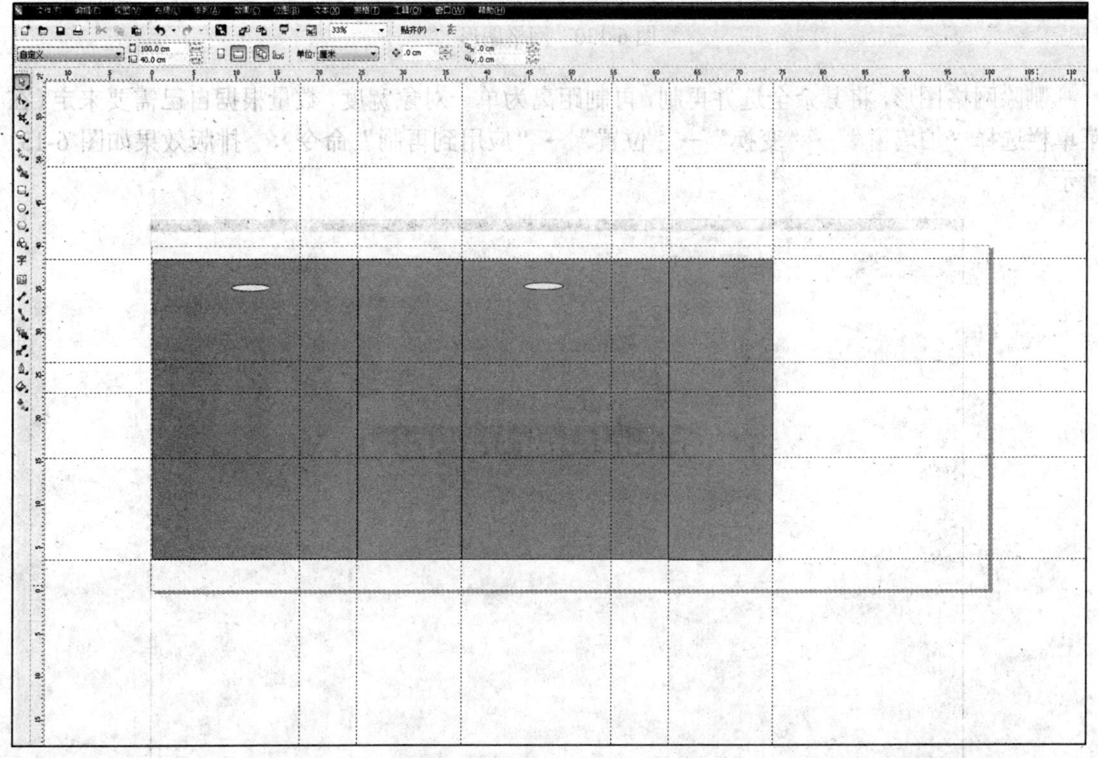

图 6-129　矩形位置及其辅助线

2. 设计包装主版面

本例中运用 CorelDRAW 与 Photoshop CS 5.0 技术相结合，对系列包装中的各个平面展开图进行版面设计，操作过程如下。

（1）礼品盒装版面设计。

素材“二方连续图案 1”制作：运行 CorelDRAW，新建图形，用“网格”工具画一个 3×2 的网格，用贝塞尔工具画出如图 6-130 所示图形。

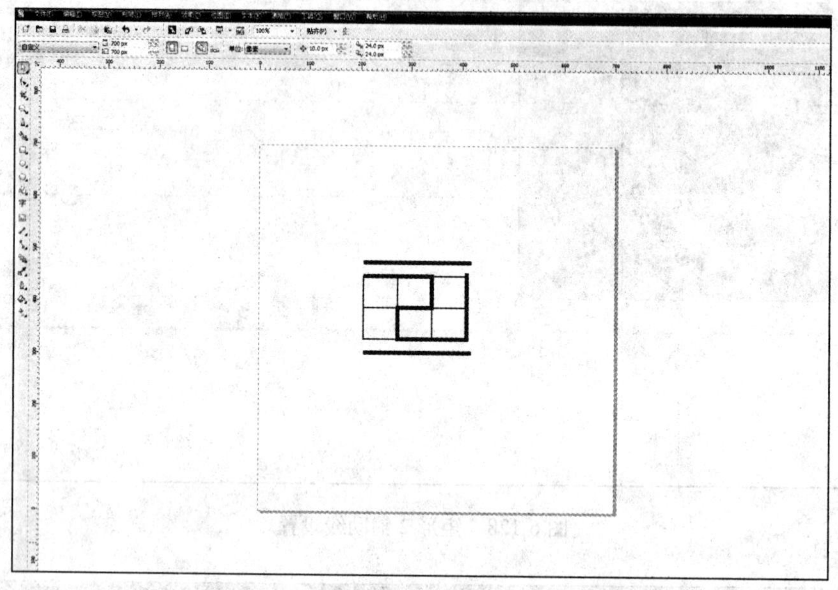

图 6-130　网格图形

删除网格图形，将其余全选并再制，再制距离为单一对象宽度，数量根据自己需要来定（在菜单栏选择“泊坞窗”→“变换”→“位置”→“应用到再制”命令），排版效果如图 6-131 所示。

图 6-131　再制效果

全选并群组，保存为“二方连续图 1.cdr”文件，导入到“礼品盒装平面展开图.cdr”文件中，进行复制排版，效果如图 6-132 所示。

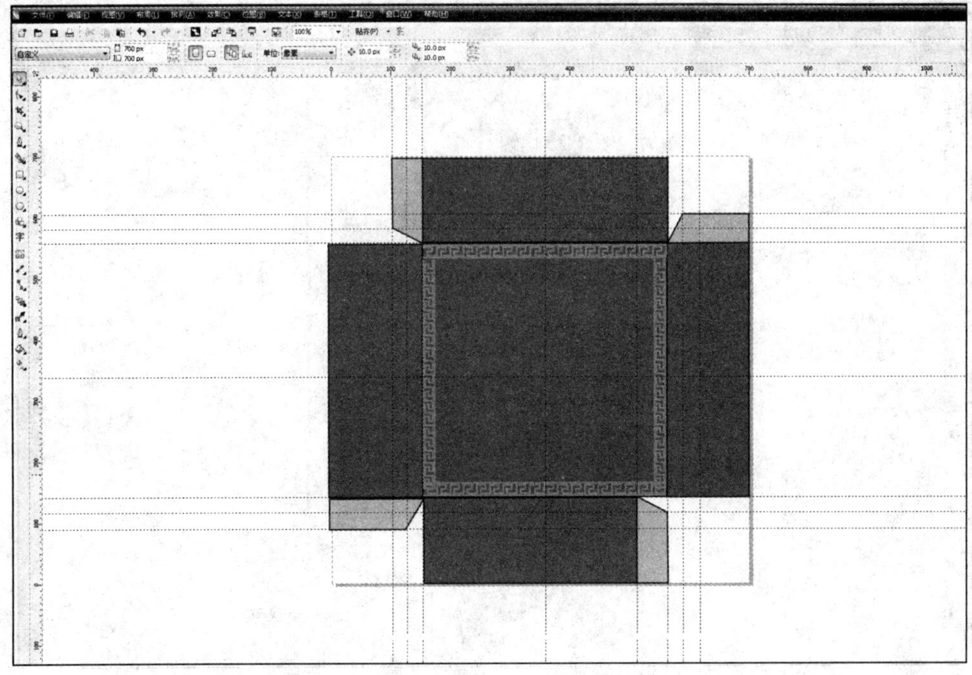

图 6-132　二方连续图 1 的装饰效果

素材“二方连续图案 2”制作：运行 CorelDRAW，新建图形，用“网格”工具画一个 12×11 的网格，用贝塞尔工具画出如图 6-133 所示图形。

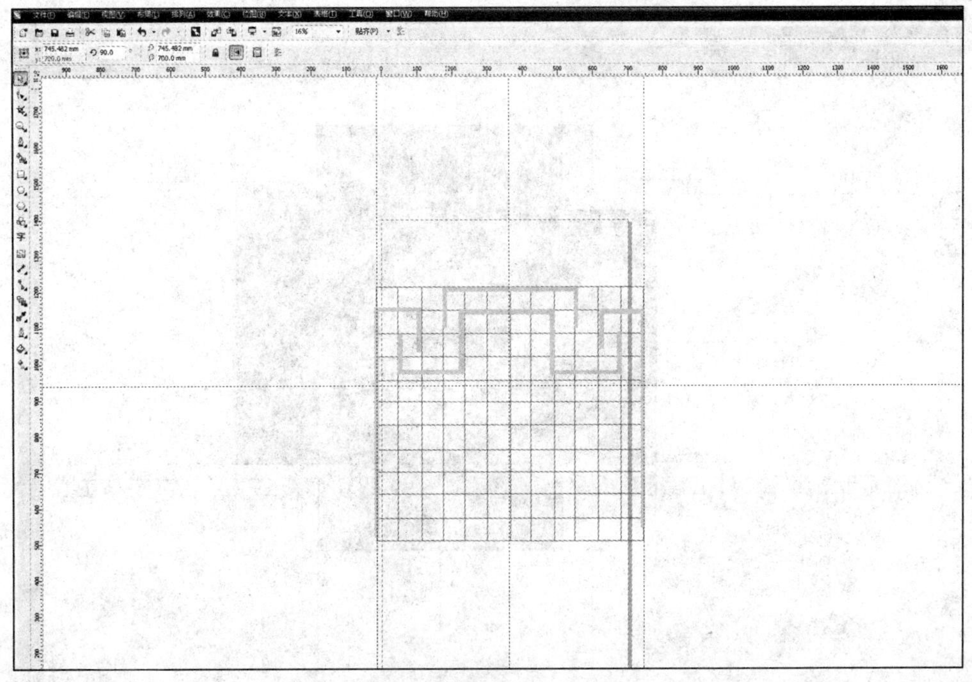

图 6-133　网格图形

删除网格图形，将其余全选并复制 3 次（在菜单栏选择“泊坞窗”→“变换”→“位置”→“应用到再制”命令），排版效果如图 6-134 所示。

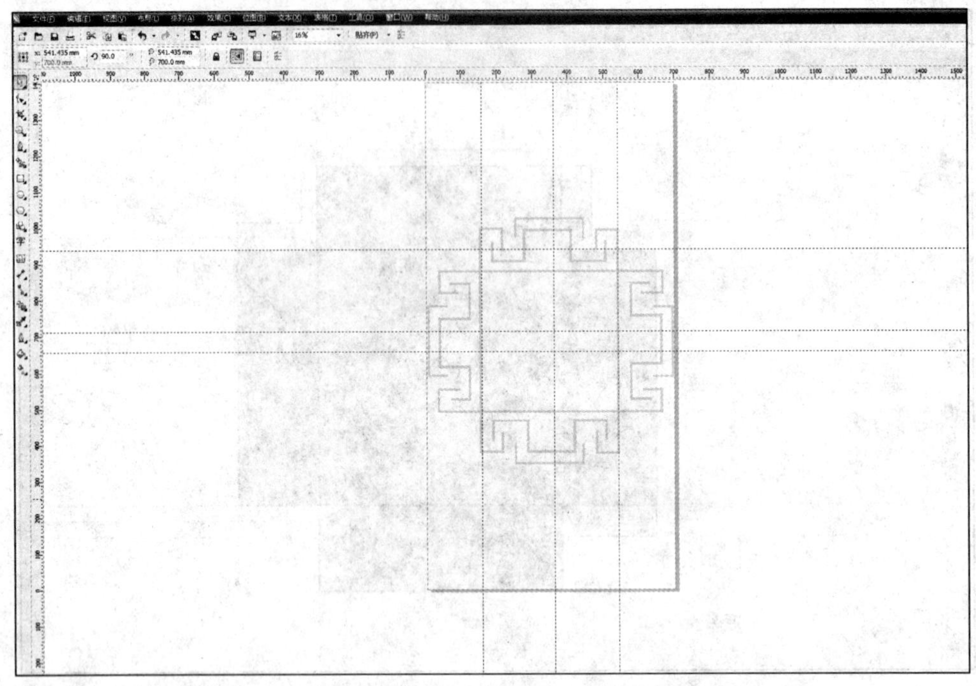

图 6-134　再制图形排版效果

全选并群组，保存为“二方连续图 2.cdr”文件，导入到“礼品盒装平面展开图.cdr”文件中，进行排版，效果如图 6-135 所示。

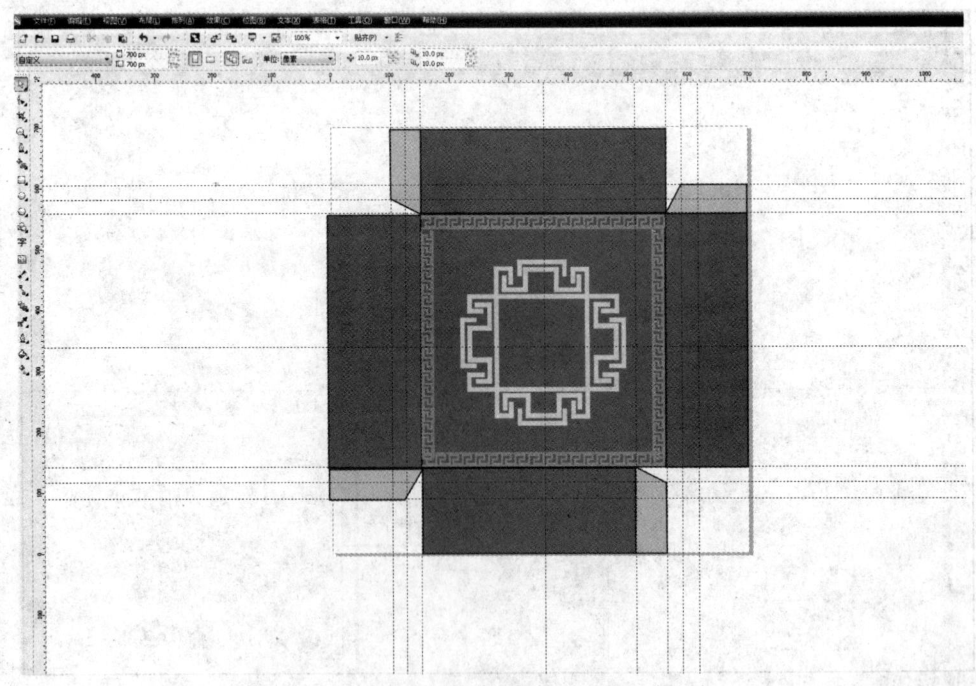

图 6-135　二方连续图 2 排版效果

单击“矩形”工具，绘制一个宽14.5cm、高14.5cm的矩形。单击“填充”工具进行图样填充：选择“图像填充”→“金色”。排版位置如图6-136所示。

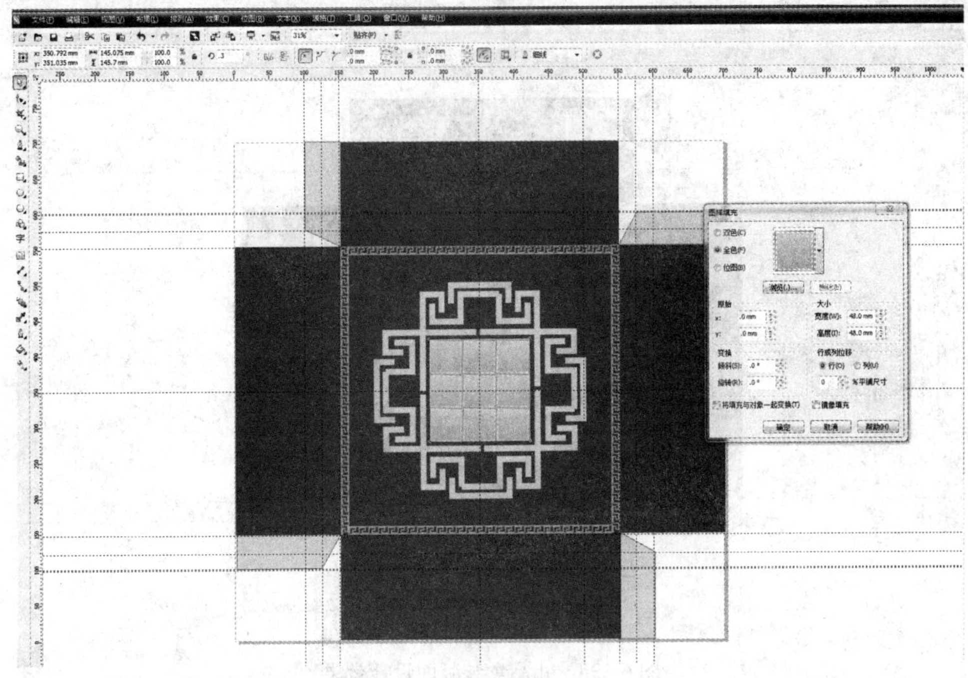

图6-136　双色图案填充效果

将素材中的“标志”“条形码”和“质量认证”放入图像中合适的位置，如图6-137所示。

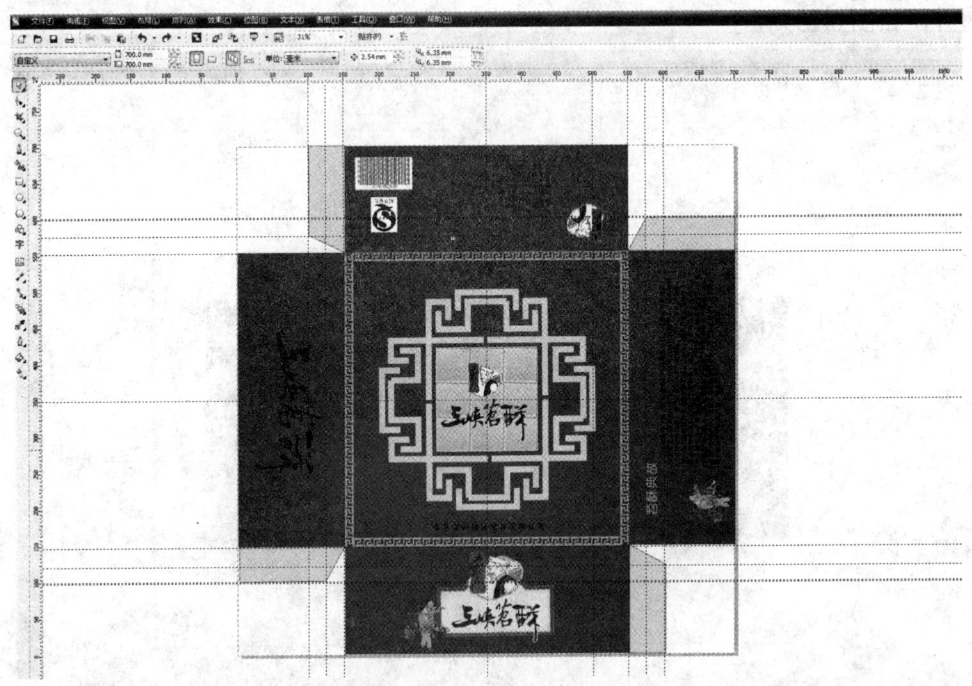

图6-137　放入标志条形码和质量认证标后的效果

完成各种文字的输入和编辑，调整礼品盒装版面设计后的效果如图 6-138 所示。

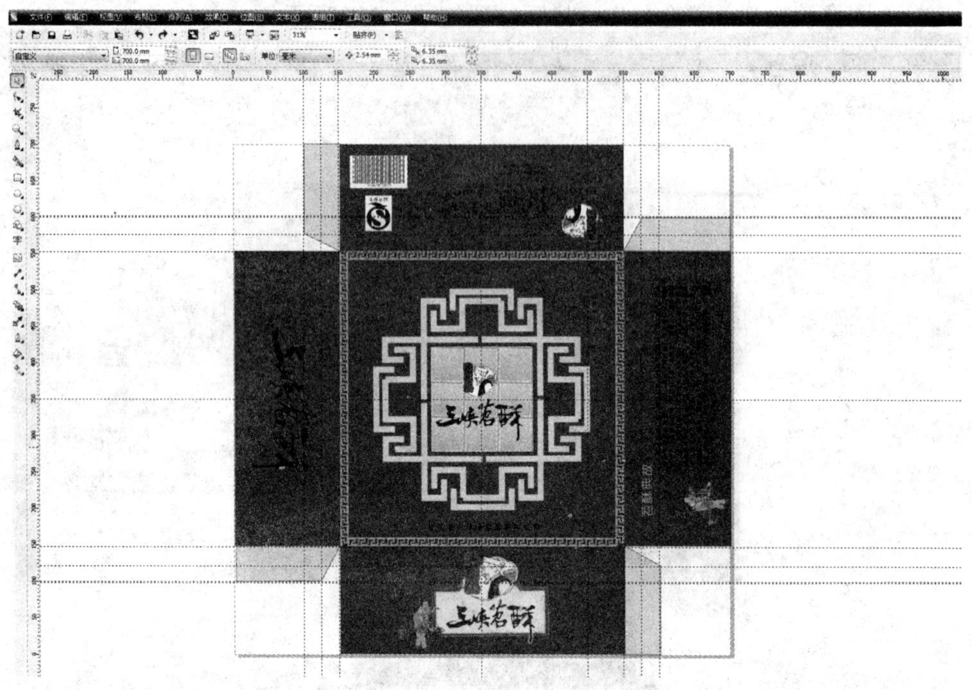

图 6-138　礼品盒装版面设计效果

（2）手提袋版面设计。

打开“手提袋平面展开图.cdr”文件，导入到“典故 1.jpg、典故 2.jpg”文件中，使其与辅助线对齐，如图 6-139 所示。

图 6-139　图片对齐效果

单击“交互式透明”工具，进行微调整。效果如图 6-140 所示。

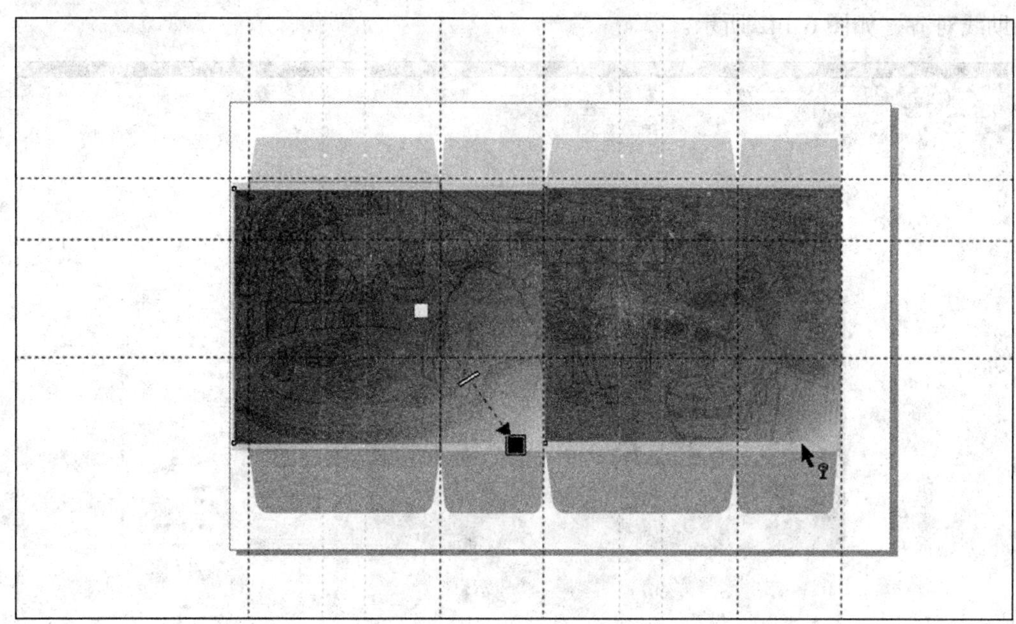

图 6-140　图片微调效果

单击“矩形”工具，绘制一个宽 5cm、高 9cm 的矩形。无填充，轮廓填充为 R 159 G 41 B 37，宽度 2.822mm。选中矩形，将其转换成曲线，调整位置，使其与辅助线对齐，如图 6-141 所示。

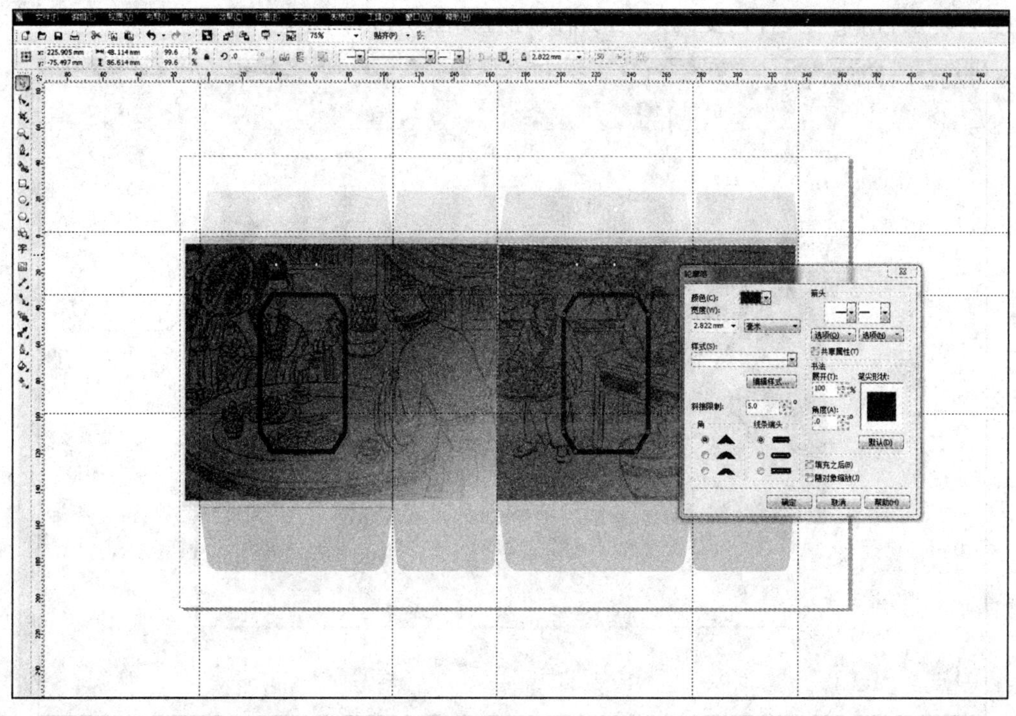

图 6-141　设置矩形

单击“手绘”工具，画一条线，填充为白黄，黄色 1.411mm 轮廓填充。进行微调，使其与辅助线对齐，如图 6-142 所示。

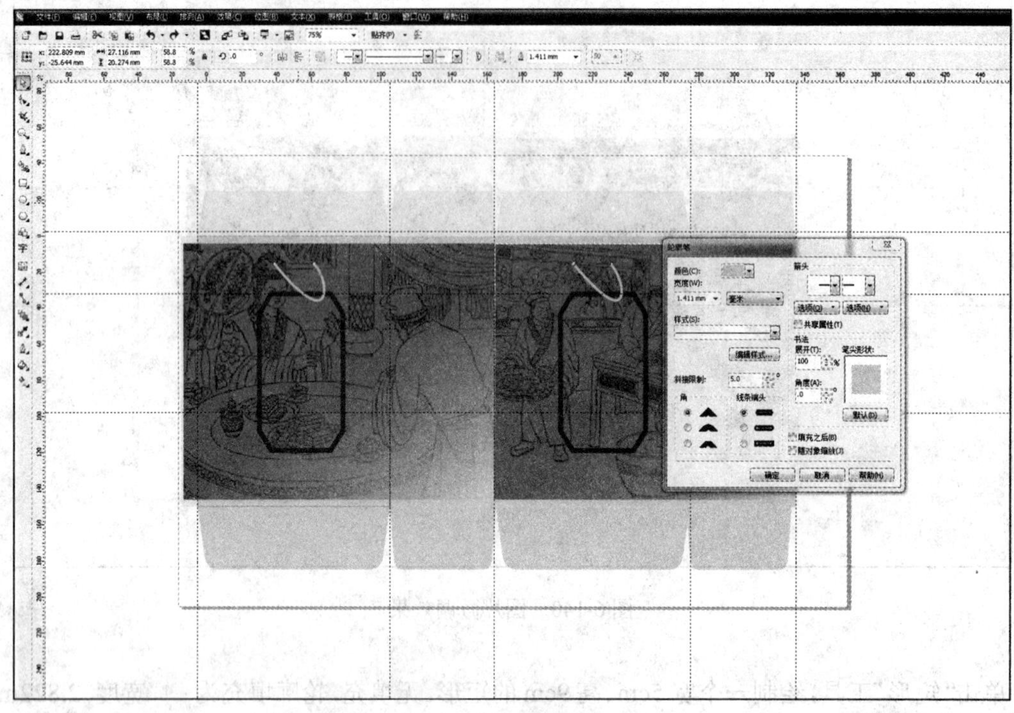

图 6-142　绘制拎手

导入“素材.jpg”文件，复制 1 次，排版位置如图 6-143 所示。

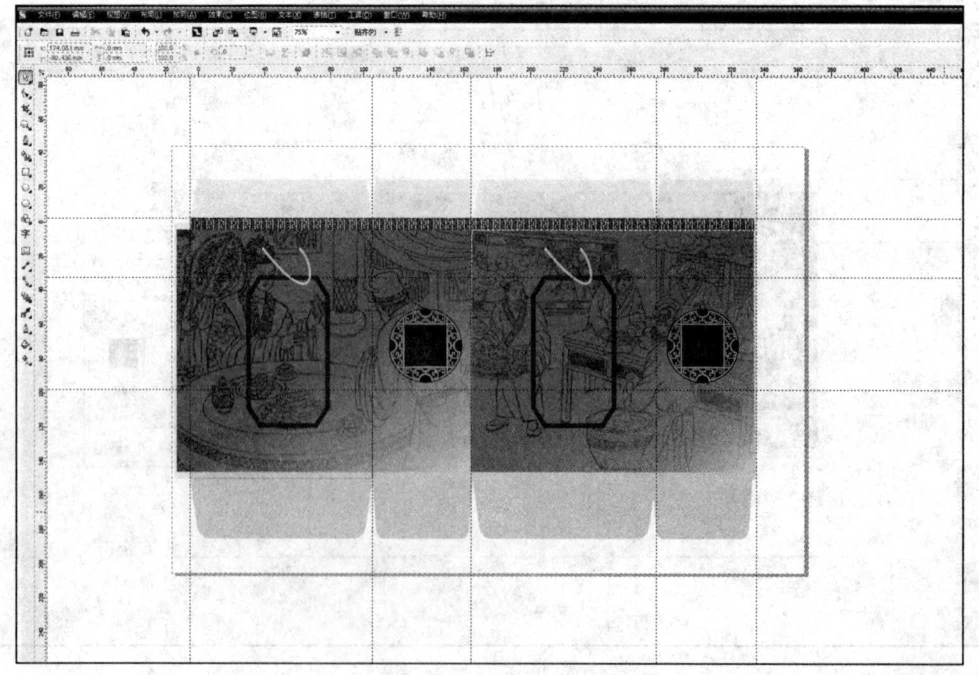

图 6-143　排版素材

采用素材二方连续图案 1、2 的制作方法，制作素材“二方连续图 3”：运行 CorelDRAW，新建图形，用网格工具画一个 11×6 的网格，用贝塞尔工具画出图 6-144 所示图形。

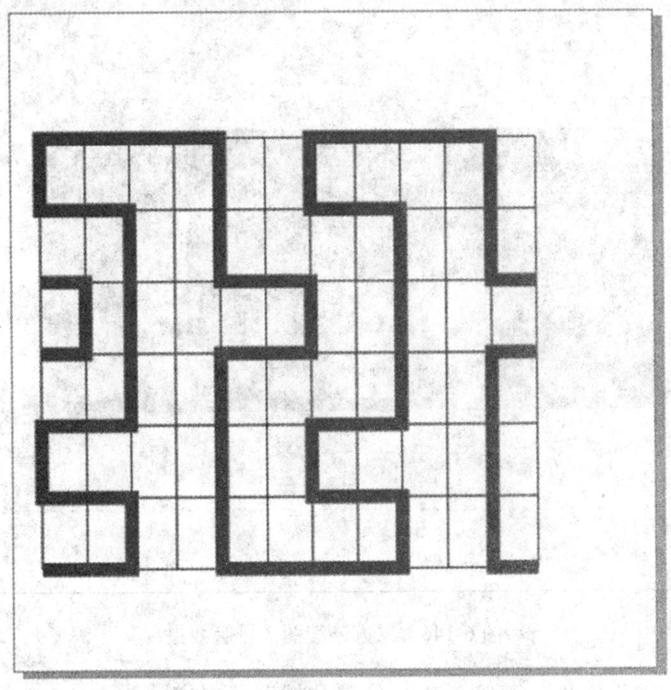

图 6-144 制作二方连续图 3 网格

删除网格图形，将其余全选并再制，再制距离为单一对象宽度，数量根据自己需要来定（在菜单栏选择“泊坞窗”→“变换”→“位置”→“应用到再制”命令），排版效果如图 6-145 所示。

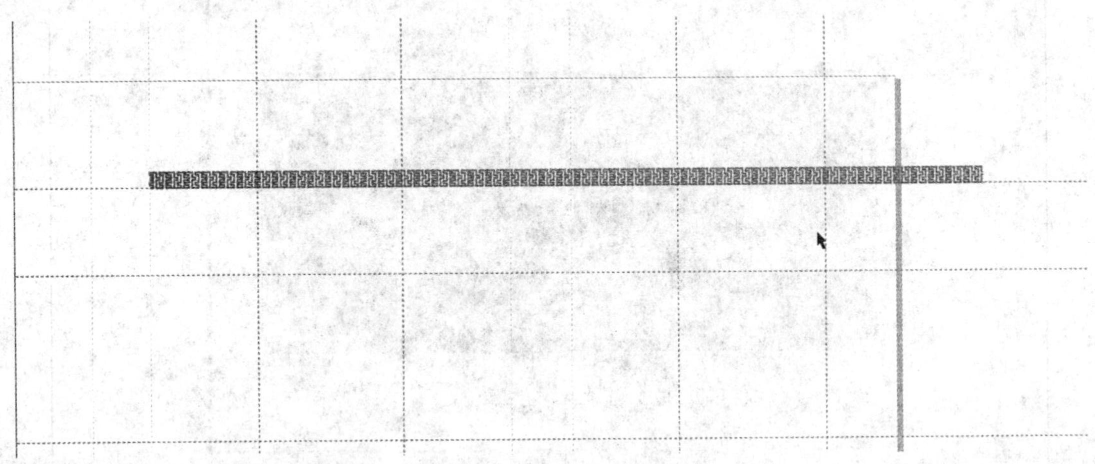

图 6-145 排版网格

全选并群组，保存为“二方连续图 3.cdr”文件，导入到“手提袋平面展开图.cdr”文件中，进行复制排版，效果如图 6-146 所示。

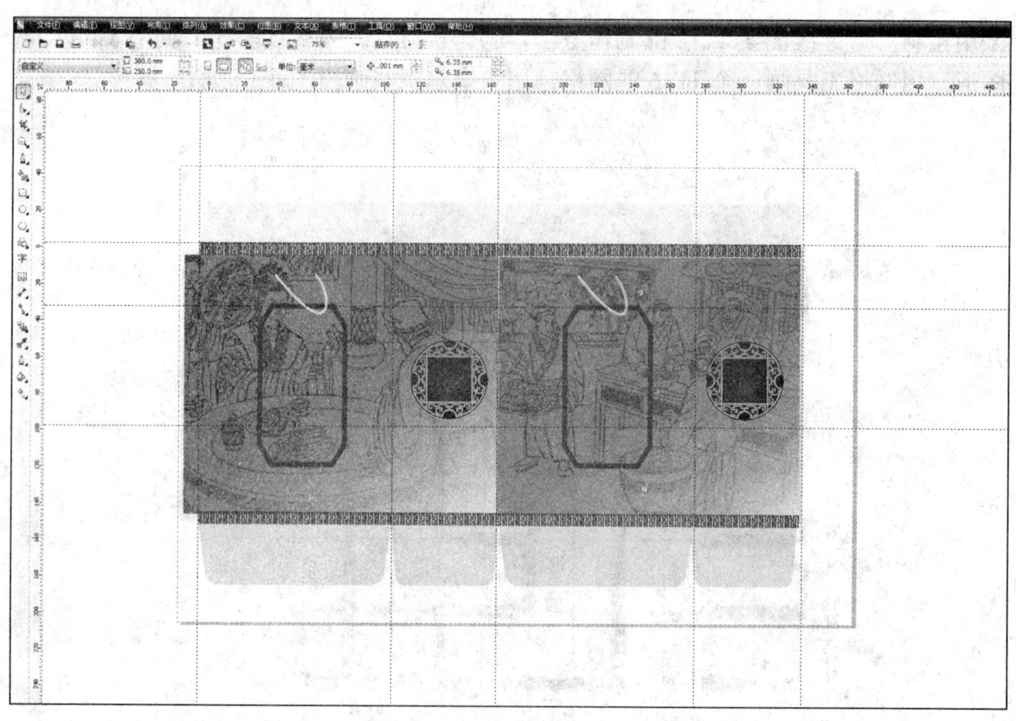

图 6-146　二方连续图 3 排版效果

导入“花边 1.psd”文件，复制 3 次，使其与辅助线对齐，如图 6-147 所示。

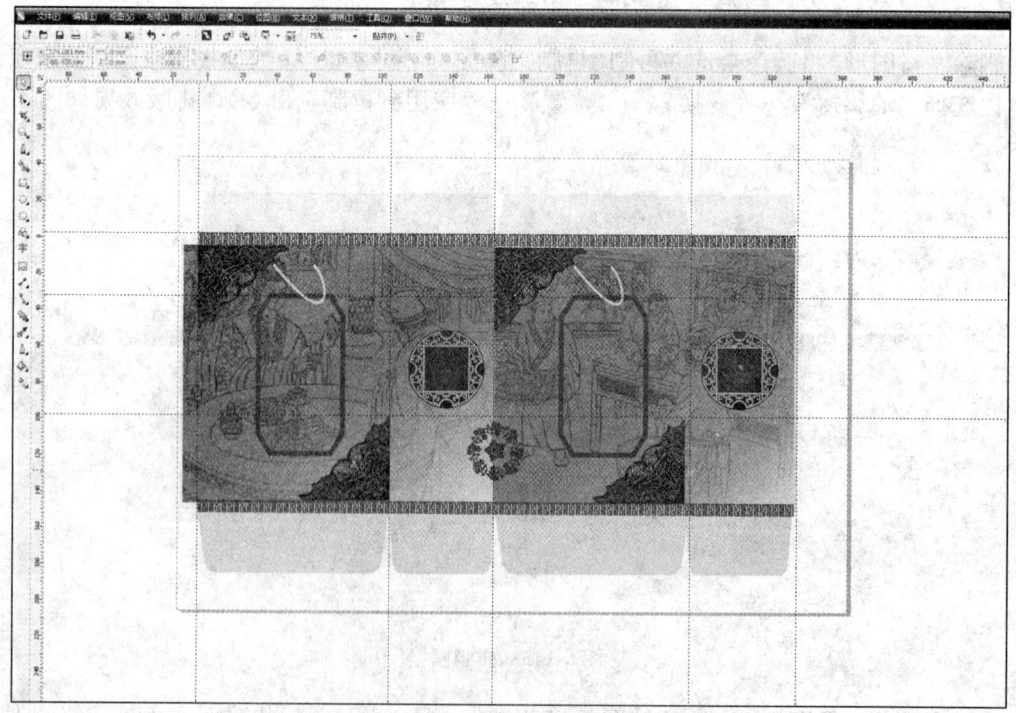

图 6-147　复制花边 1 的效果

导入素材“花边 2.cdr”文件，复制 4 次，使其与辅助线对齐，如图 6-148 所示。

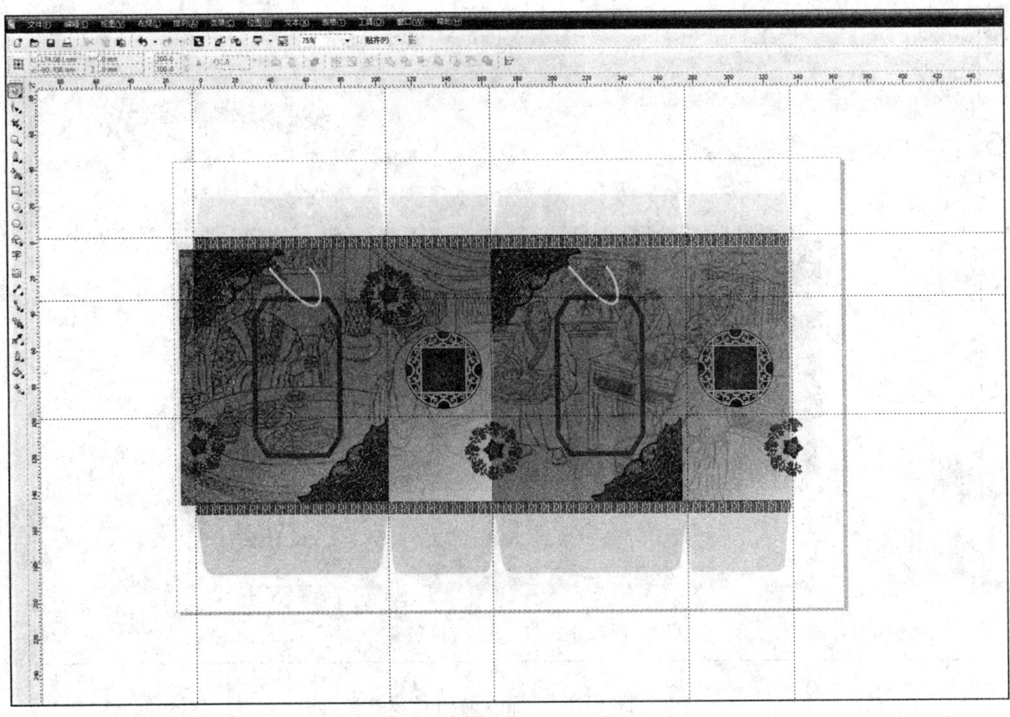

图 6-148　复制花边 2 的效果

选择“裁剪”工具，进行裁剪，效果如图 6-149 所示。

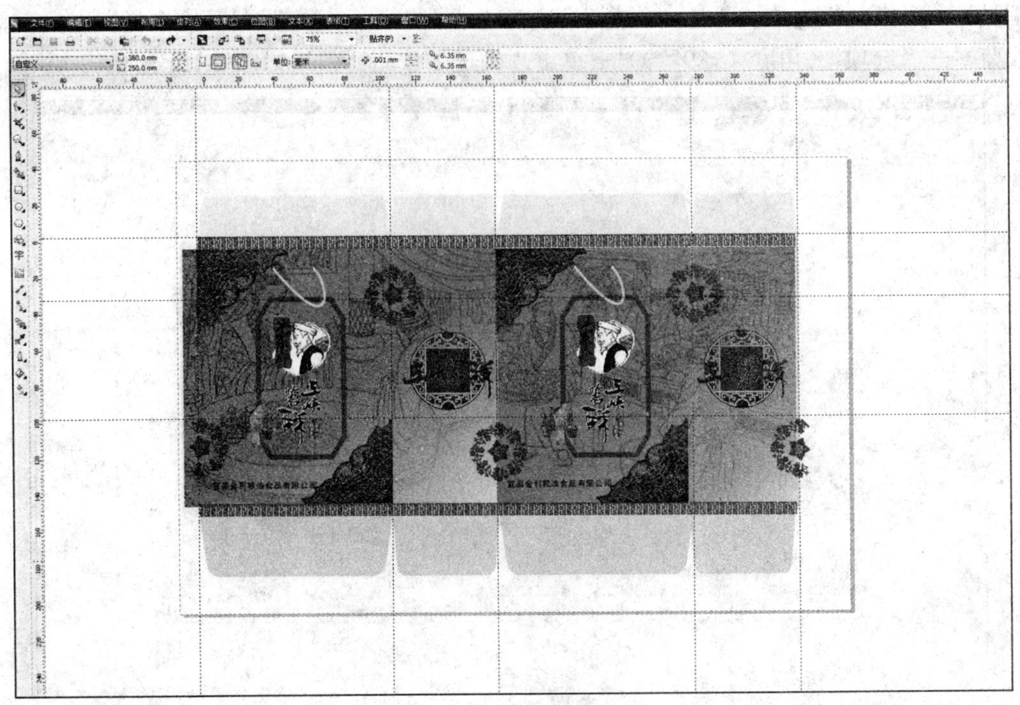

图 6-149　裁剪效果

将素材中的“标志”放入图像中合适的位置，输入公司名称即可，如图 6-150 所示。

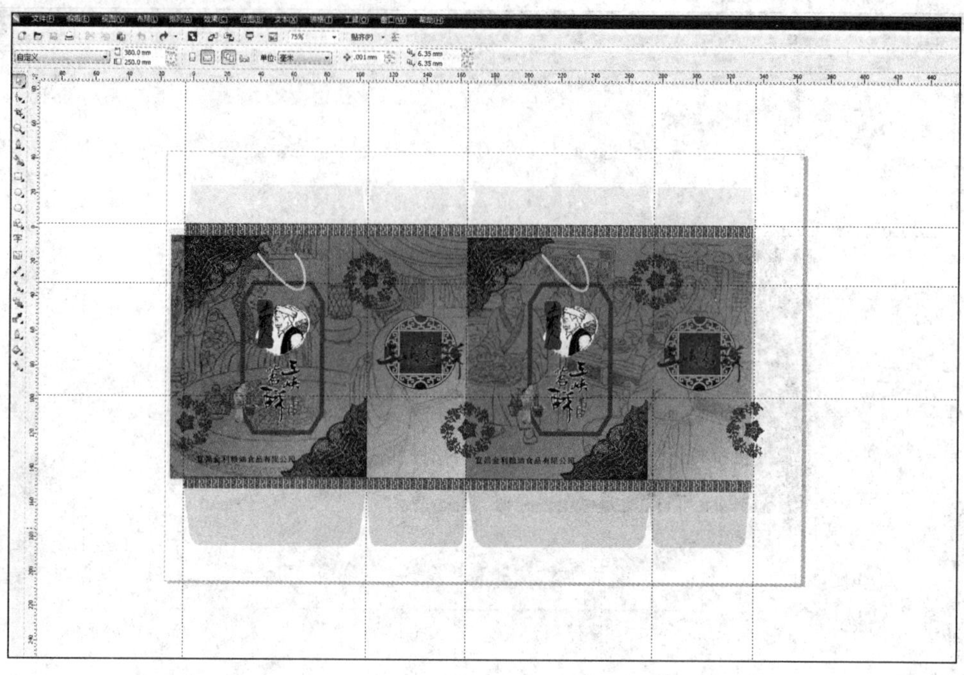

图 6-150　输入公司名称

（3）袋装包装主版面。

打开本节素材库中的“袋装平面展开图.cdr”文件，单击“挑选”工具，全选。使用“填充工具”→“渐变填充方式”→“类型”（选择“线性”）→“颜色调和”（选择自定义：蓝、黄、蓝）→“选项”（角度（-89°））→单击“确定”按钮。效果如图 6-151 所示。

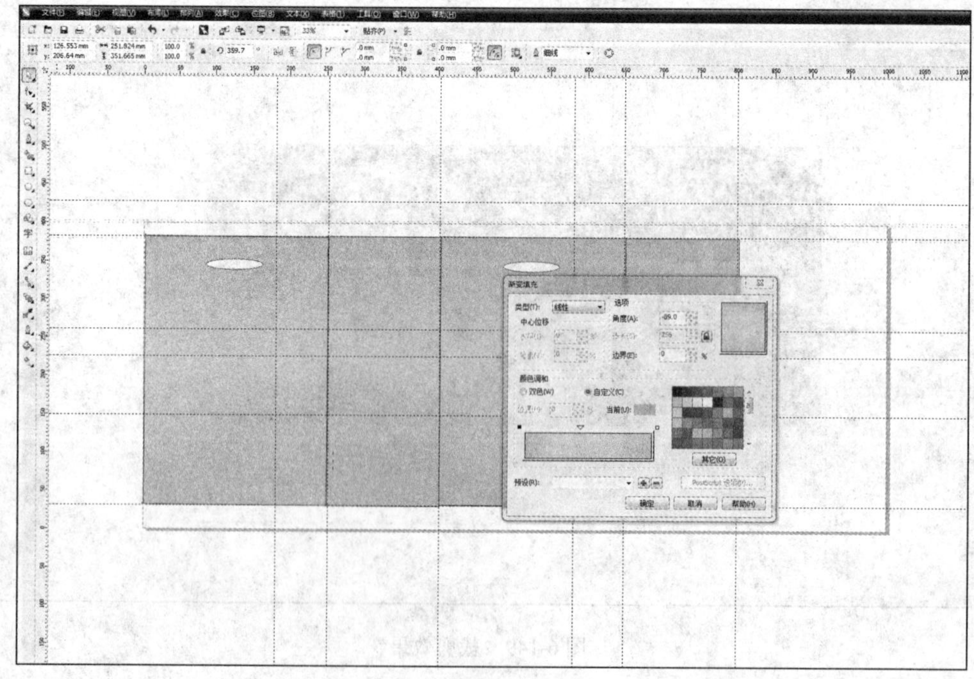

图 6-151　填充效果

运用礼品盒装二方连续图 1，将“二方连续图 1.cdr”文件导入到“盒装版面设计.cdr”文件中，进行复制排版，效果如图 6-152 所示。

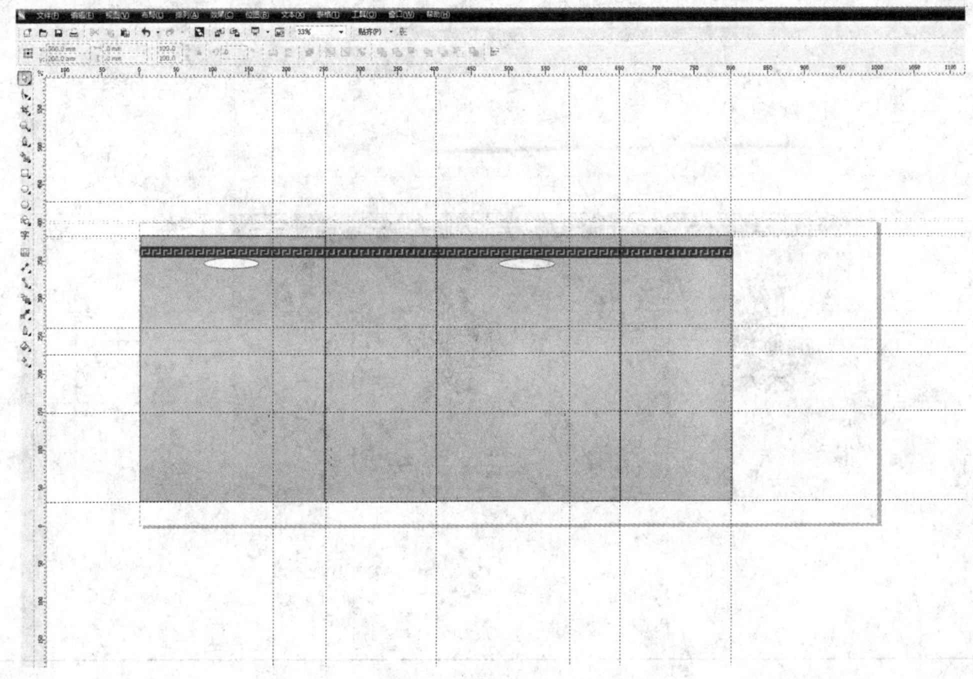

图 6-152 复制排版效果

导入“素材.jpg”文件，复制 1 次，排版位置如图 6-153 所示。

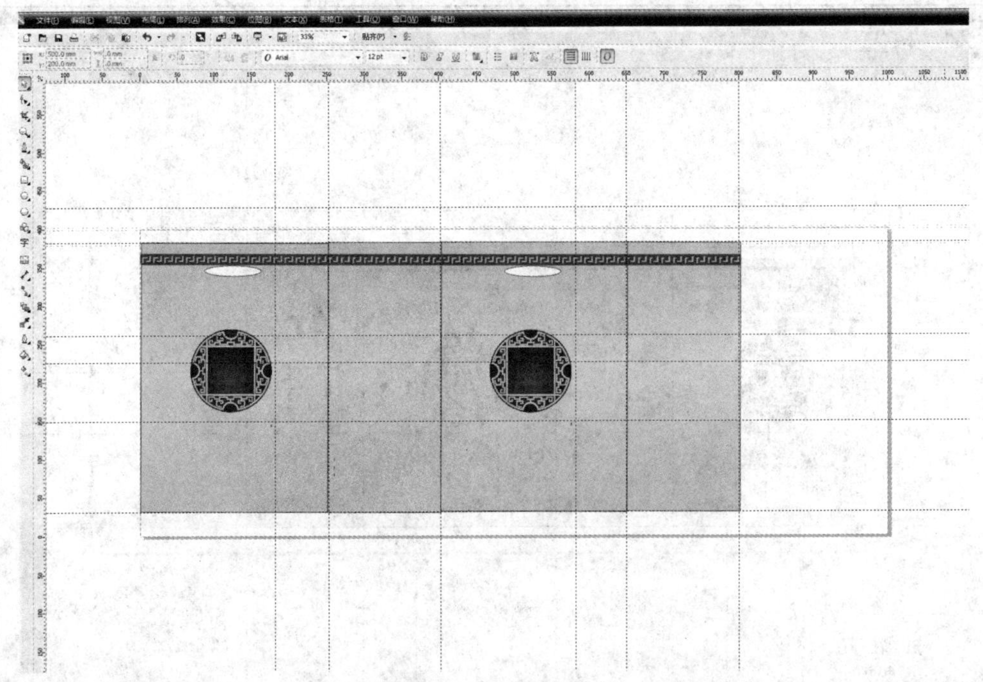

图 6-153 排版素材

将素材中的“标志”“条形码”和“质量认证”放入图像中合适的位置，如图 6-154 所示。

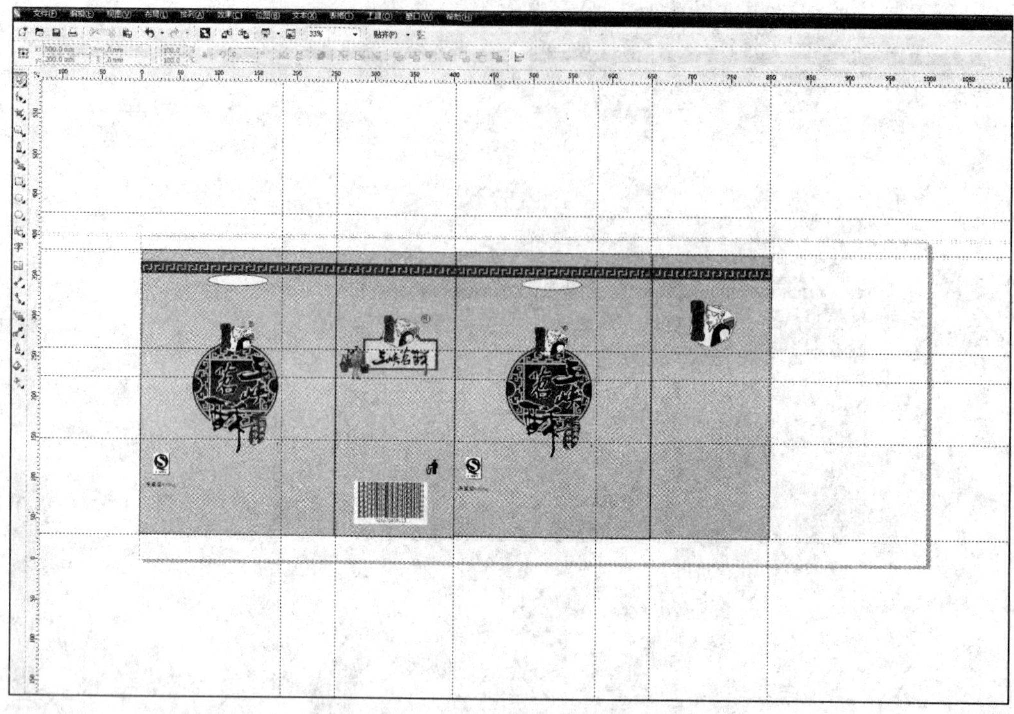

图 6-154　放入标志、条形码和质量认证

完成各种文字的输入和编辑，调整礼品盒装版面设计，效果如图 6-155 所示。

图 6-155　完成后的礼品盒装版面设计

3. 制作立体效果图

（1）礼品盒装立体效果图。

打开 CoverCommander，用左键双击新建方案，如图 6-156 所示。

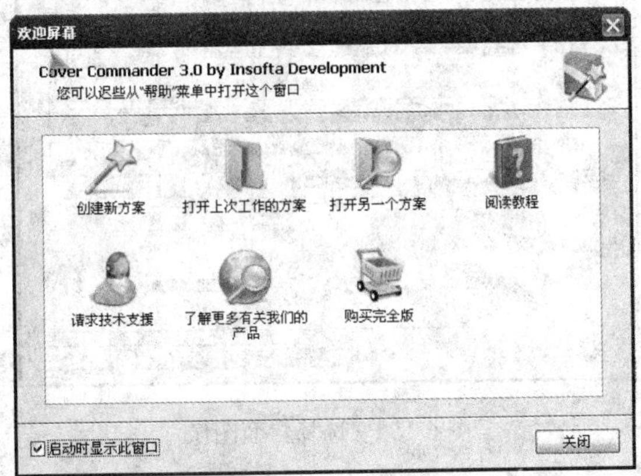

图 6-156　新建方案

选择样式类型，这里选择包装盒，如图 6-157 所示。

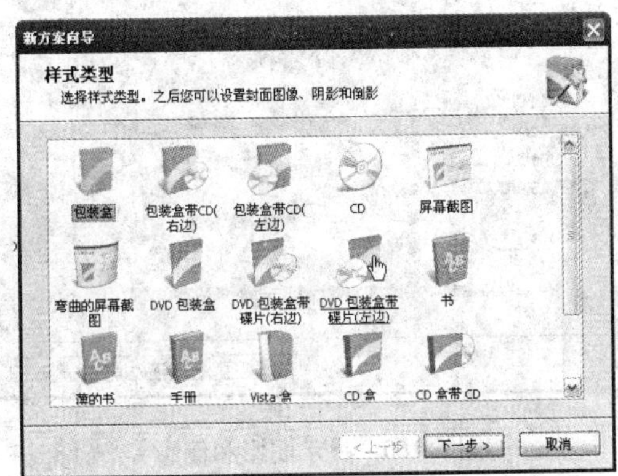

图 6-157　选择包装盒

选择模板 2，如图 6-158 所示。

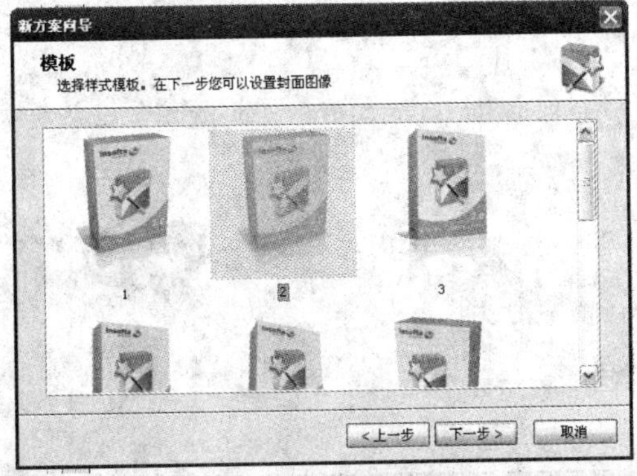

图 6-158　选择模板 2

选择封面图像，如图 6-159 所示。

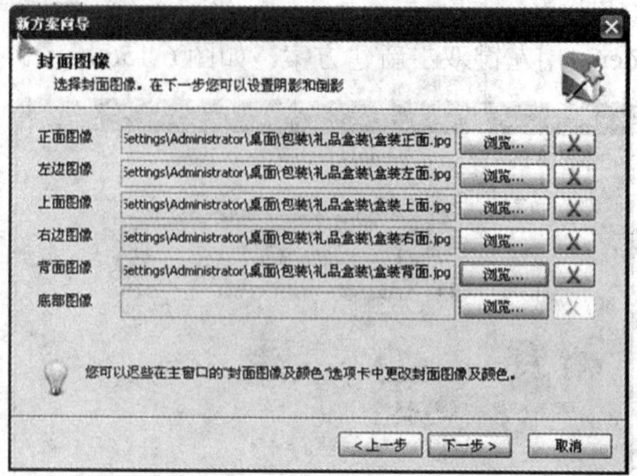

图 6-159　选择封面图像

选中“显示阴影”、“显示倒影”单选按钮，单击“完成”按钮，如图 6-160 所示。

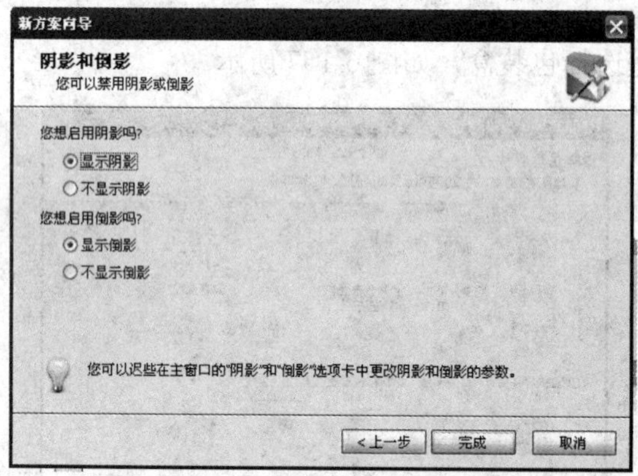

图 6-160　显示阴影和倒影

单击“适应大小到封面图像”按钮，如图 6-161 所示。

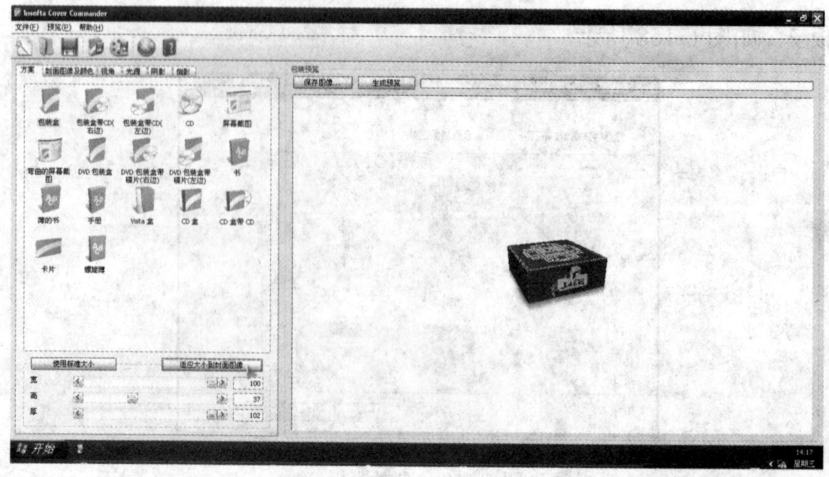

图 6-161　适应大小到封面图像

设置封面图像背景颜色、视角、光源、阴影、倒影。最终效果如图 6-162 所示。

图 6-162　其他相关设置

生成预览，保存图像。设置图像边缘空白：左右 30，上下 50。将图形保存为 JPEG 格式，立体效果如图 6-163 所示。

最终立体效果如图 6-164 所示。

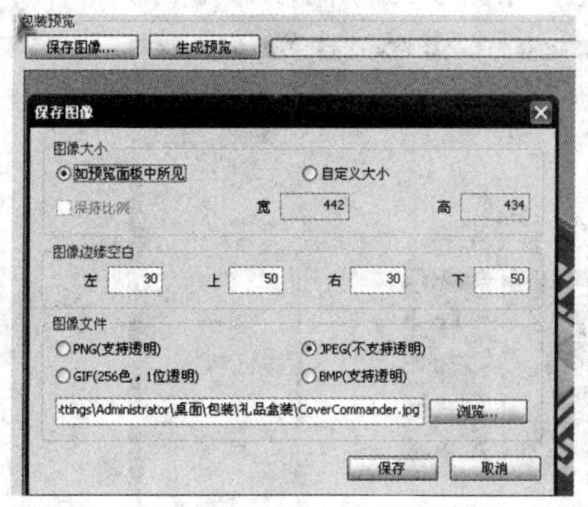

图 6-163　保存图像

图 6-164　立体效果图

（2）手提袋立体效果图。

打开 CoverCommander，左键双击新建方案，用于制作礼品盒装立体效果，用同样的方法制作手提袋立体效果图，这里就不再重复介绍了。最终效果如图 6-165 所示。

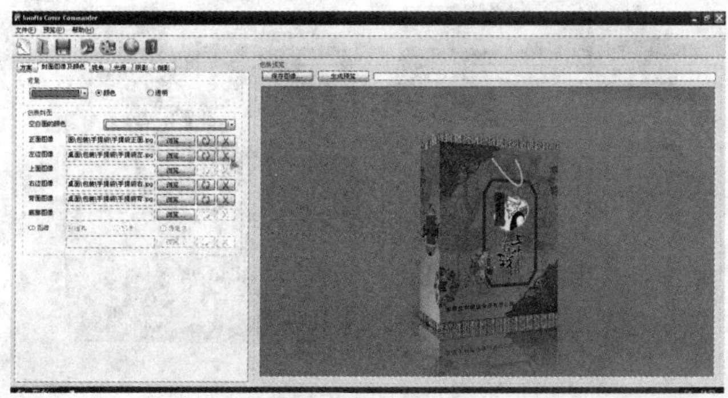

图 6-165　手提袋立体效果图

图像边缘空白：左右 30，上下 50。将图形保存为 JPEG 格式，最终立体效果如图 6-166 所示。

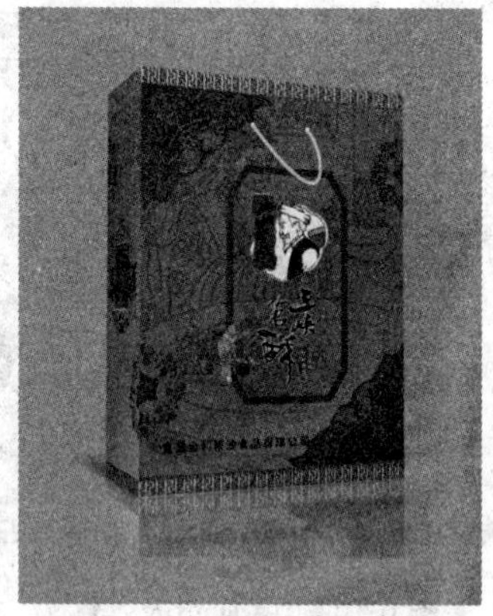

图 6-166　最终立体效果

（3）袋装立体效果图。

运行 CorelDRAW，打开“袋装版面设计.cdr”文件。

单击“挑选”工具，对 4 个矩形分别进行群组，如图 6-167 所示。

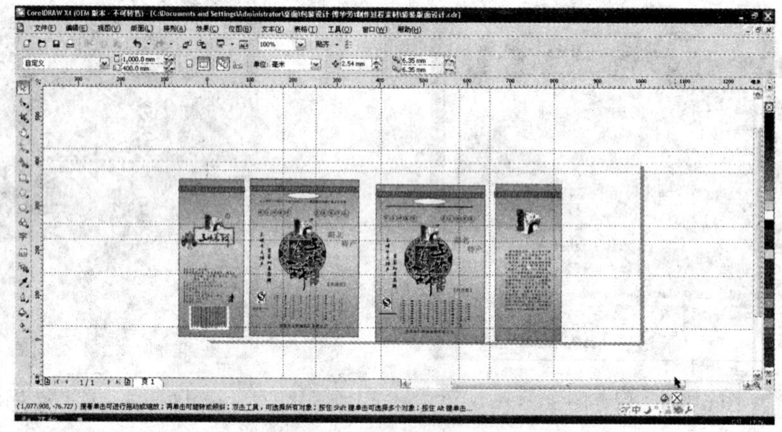

图 6-167　群组矩形

将矩形转换为曲线，调整曲线的位置，调整最终效果如图 6-168 所示。

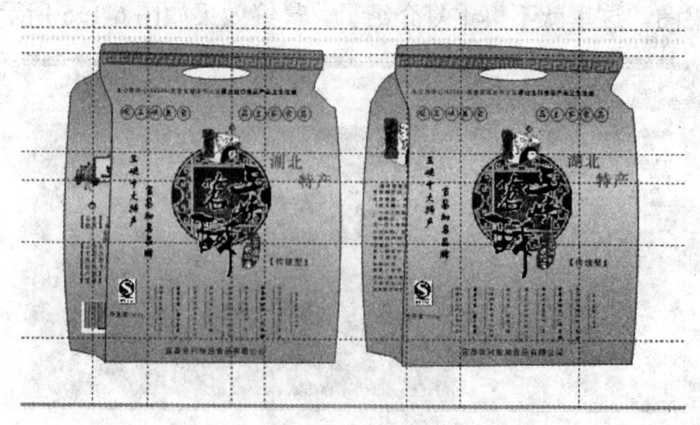

图 6-168　最终袋装效果图

系列包装最终效果如图 6-169 所示。

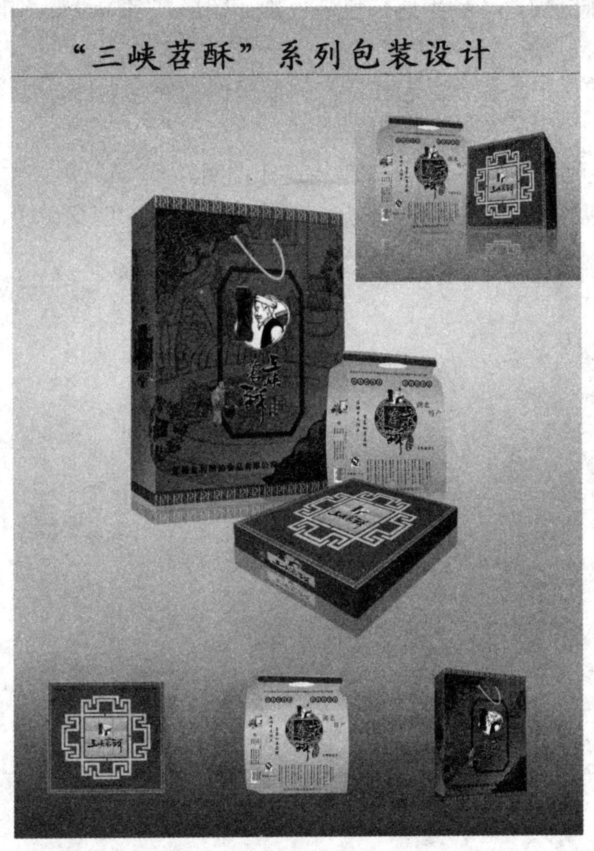

图 6-169　系列包装效果图

6.5　本章实践

1. 采用系列化包装设计或礼品包装的形式去开发设计一款家乡土特产品或名优产品包装。包装设计的课程设计题目定为：×××系列化（或礼品）包装设计。

2. 设计的内容包括以下几部分：

（1）各个包装设计平面展开图一套。

（2）包装设计效果图一套（独立包装效果各一幅、整体效果一幅）。

注意：以上平面展开图及效果图均分别存为 CDR 格式、JPG 格式电子版。

（3）包装设计说明书一份。

3. 设计要求：

（1）设计的土特产包装要体现独特的地方特色。

（2）包装设计一套（不少于 3 件），表现手法统一，规格、颜色可变化，长、方、扁、圆等不同形式任意选择。容器、盒子造型、结构合理，符合功能要求；每一套设计内容包含：容器（瓶式、袋式）、包装盒、手提袋。

（3）包装设计定位适当，合乎消费者需求。具有良好的识别性，有关说明资料齐全。

（4）平面构图安排合理，达到美感。包装色彩、图形、字体设计水准高，整体具有鲜明的审美特色。

（5）要强调产品的保护功能，考虑其特产的便携性与保存功能，要注意土特产品包装的容量大小。

（6）设计说明书标题统一为：×××包装设计说明。

条理清晰，内容包含产品包装定位分析、包装设计构思、创意说明、规格尺寸等。

参 考 文 献

[1] 崔嘉惠. 谈包装设计中的设计策划[J]. 大众文艺：学术版，2013
[2] 包装 [DB/OL]. http://www. doc88. com/p-5913422560286. html
[3] 赵侠. 产品包装的功能化设计 [J]. 包装工程，2012
[4] 徐子云. 现代包装装潢设计的探讨 [J]. 中国新技术新产品，2015
[5] 周娟. 包装设计与包装造型设计[J]. 大观周刊，2015
[6] 李欣. 论包装设计的色彩要素[J]. 大舞台，2011
[7] 陈茂流. 包装设计的构思[N]. 湖州职业技术学院学报，2016
[8] 吴爱峰. 汉字在标志设计中的运用[J]. 大众文艺：学术版，2013
[9] 标志设计[DB/OL]. http://wenku. baidu. com/view/e2d8a86d1eb91a37f1115c9e. html
[10] 代明月. 艺术设计分析概论[J]. 新一代，2011
[11] 标志设计 [DB/OL]. http://www. doc88. com/p-084717753025. html
[12] 保罗·B·卡罗尔. 设计创新策略四大原则[J]. 科技创业，2011
[13] 阚广滨. 包装设计的功能及设计原则[J]. 艺术教育，2013
[14] 揭开设计的面纱[DB/OL]. http://wenku. baidu. com/view/cd51d465f5335a8102d22084. html
[15] 包装结构设计[DB/OL]. http://wenku. baidu. com/view/0f35c327aaea998fcc220eeb. html
[16] 卢杨. 包装结构在包装设计中的运用[J]. 大观周刊，2011
[17] 阳培翔. 节约型社会纸包装结构设计应用[J]. 包装工程，2013
[18] 霍甜. 纸包装结构设计研究[J]. 黑龙江科技信息，2012
[19] 李文雅. 浅谈包装容器造型的设计创新[N]. 赤峰学院学报：自然科学版，2012
[20] 包装容器造型设计[DB/OL]. http://www. doc88. com/p-485420159606. html
[21] 叶晶晶. 论现代系列化包装[J]. 上海包装，2012
[22] 红酒文化锦集[DB/OL]. https://www. douban. com/group/topic/11499466/
[23] 曾蓉. 色彩在商品包装中的功能[J]. 当代教育，2013
[24] 张战天. 产品包装色彩设计的运用[J]. 艺海，2014
[25] 包装设计 [DB/OL]. http://www. doc88. com/p-9763399112145. html
[26] 苏淑娟. 包装视觉形象的图形设计[J]. 大舞台，2012
[27] 蔡婉云. 试析图形在包装设计中的艺术表现形式[J]. 文艺生活：下旬刊，2011
[28] 药品说明书和标签管理规定[DB/OL]. http://iask. sina. com. cn/b/wtrz9sBnOf. html
[29] 包装装潢设计构图[DB/OL]. http://max. book118. com/html/2015/0630/20147649. shtm
[30] 孟刚. 包装的平面设计研究[J]. 美术教育研究，2012
[31] 蒋璐璐. 杂志广告的编排与设计探微[J]. 美术教育研究，2015

举报电话：（010）88254396；（010）88258888

传　　真：（010）88254397

E-mail:　　dbqq@phei.com.cn

通信地址：北京市海淀区万寿路 173 信箱

　　　　　电子工业出版社总编办公室

邮　　编：100036